Springer-Lehrbuch

Klaus Weltner

Leitprogramm Mathematik für Physiker 2

Klaus Weltner
Universität Frankfurt
Institut für Didaktik der Physik
Max-von-Laue-Straße 1
60438 Frankfurt, Germany
weltner@em.unifrankfurt.de

ISSN 0937-7433
ISBN 978-3-642-25162-7 ISBN 978-3-642-25163-4 (eBook)
DOI 10.1007/978-3-642-25163-4

Die Deutsche Nationalbibliothek verzeichnet diese Publikation in der Deutschen Nationalbibliografie; detaillierte bibliografische Daten sind im Internet über http://dnb.d-nb.de abrufbar.

Springer Spektrum

Planung und Lektorat: Vera Spillner, Birgit Münch
Einbandabbildung: Gezeichnet von Martin Weltner, nachgezeichnet von Kristin Riebe
Einbandentwurf: WMXDesign, Heidelberg

Gedruckt auf säurefreiem Papier

Springer Spektrum ist eine Marke von Springer DE. Springer DE ist Teil der Fachverlagsgruppe Springer Science+Business Media
www.springer-spektrum.de

Vorwort

Das Lehrwerk „Mathematik für Physiker" besteht aus zwei gleichgewichtigen Teilen: dem Lehrbuch und den Leitprogrammen. Die Leitprogramme können nur in Verbindung mit dem Lehrbuch benutzt werden. Sie sind eine ausführliche Studienanleitung mit individualisierten Übungen und Zusatzerläuterungen. Das Konzept, der Aufbau und die Ziele der Leitprogramme sind im Lehrbuch Band 1 auf Seite 3 beschrieben und können dort nachgelesen werden. Nur ein Punkt sei genannt: Die Übungen und Aufgaben sind der aktuellen Kompetenz der Studierenden angepasst und können in der Regel richtig gelöst werden. Das führt zu hinreichend vielen Erfolgserlebnissen, und der Lernende gewinnt Selbstvertrauen und stabilisiert seine Lernmotivation.

Die Methodik, das selbständige Studieren durch Leitprogramme der vorliegenden Art zu unterstützen, hat sich in der Praxis seit Jahren bewährt. Vielen Studienanfängern der Physik, aber auch der Ingenieurwissenschaften und der anderen Naturwissenschaften, haben die Leitprogramme inzwischen geholfen, die Anfangsschwierigkeiten in der Mathematik zu überwinden und geeignete Studiertechniken zu erwerben und weiterzuentwickeln. So haben sie dazu beigetragen, Studienanfänger unabhängiger von Personen und Institutionen zu machen. Diese Leitprogramme haben sich als ein praktischer und wirksamer Beitrag zur Verbesserung der Lehre erwiesen. Niemand kann dem Studierenden das Lernen abnehmen, aber durch die Entwicklung von Studienunterstützungen kann ihm seine Arbeit erleichtert werden. Insofern sehe ich in der Entwicklung von Studienunterstützungen einen wirksamen Beitrag zur Studienreform.

Nun eine kurze Bemerkung zum Gebrauch dieses Buches:

Die Anordnung des Buches unterscheidet sich von der Anordnung üblicher Bücher. Es ist ein „verzweigendes Buch". Das bedeutet, beim Durcharbeiten wird nicht jeder Leser jede Seite lesen müssen. Je nach Lernfortschritt und Lernschwierigkeiten werden individuelle Arbeitsanweisungen und Hilfen gegeben.

Innerhalb des Leitprogramms sind die einzelnen Lehrschritte fortlaufend in jedem Kapitel neu durchnumeriert. Die Nummern der Lehrschritte stehen auf dem rechten Rand. Mehr braucht hier nicht gesagt zu werden, alle übrigen Einzelheiten ergeben sich bei der Bearbeitung und werden jeweils innerhalb des Leitprogramms selbst erklärt.

Frankfurt/Main, November 2011

Klaus Weltner

Inhaltsverzeichnis

Kapitel 13
Funktionen mehrerer Variablen Skalare Felder und Vektoren

K. Weltner, *Leitprogramm Mathematik für Physiker 2*.
DOI 10.1007/978-3-642-25163-4_13

1

Einleitung
Der Begriff der Funktion mehrerer Variablen

Der Funktionsbegriff wird für den Fall erweitert, dass mehr als zwei Variable voneinander abhängen. Das ist in der Praxis sehr oft der Fall.
Eine spezifische Arbeitstechnik beim Studium mathematischer und physikalischer Ableitungen ist, eine ähnliche Aufgabe wie die im Text Schritt für Schritt parallel zum Text zu bearbeiten. Führen Sie alle Überlegungen während der Arbeit mit dem Lehrbuch auch für die folgende Funktion durch

$$z = f(x,y) = e^{-(x^2+y^2)}$$

STUDIEREN SIE im Lehrbuch 13.1 Einleitung
13.2 Der Begriff der Funktion mehrerer Variablen
Lehrbuch Seite 7-14

BEARBEITEN SIE DANACH Lehrschritt ▷ 2

25

Leider Irrtum. Gehen wir Schritt für Schritt vor, um die Fläche zu gewinnen:

1. Schritt:
Schnitt mit der x-z-Ebene
Bedingung $y = 0$
$z = f(x, y = 0) = 3$

2. Schritt:
Schnitt mit der Ebene parallel zur x-z-Ebene
Im Abstand y_0
$z = f(x, y_0) = 3$

3. Schritt:
Schnitt mit der y-z-Ebene
Bedingung $x = 0$
$z = f(0, y) = 3$

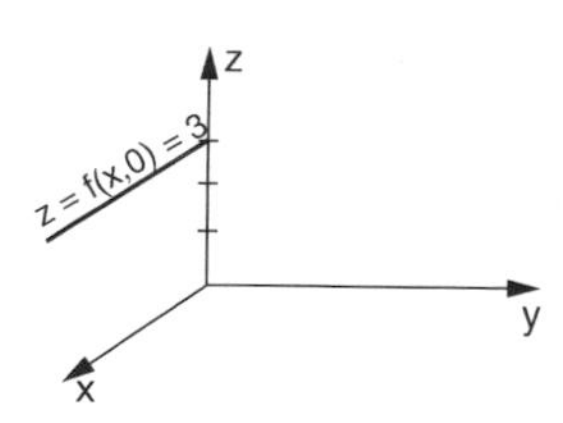

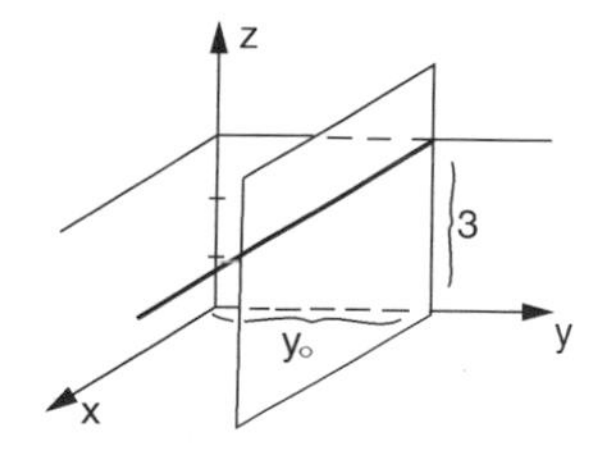

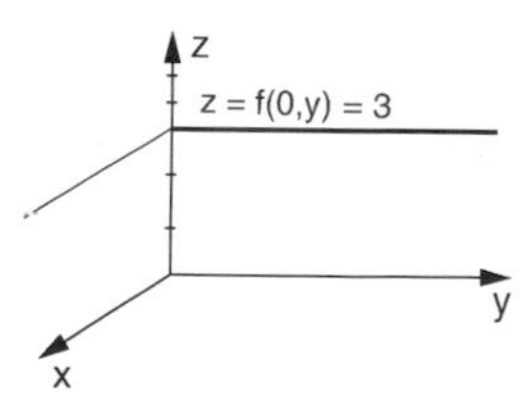

▷ 26

49

$$\vec{A}(1,\,0,\,0) = \frac{(0,\,1,\,0)}{\sqrt{1}} = (0,\,1,\,0)$$

$$\vec{A}(1,\,1,\,0) = \frac{(1,\,1,\,0)}{\sqrt{1+1}} = \frac{1}{\sqrt{2}}(1,\,1,\,0)$$

$$\vec{A}(0,\,1,\,0) = \frac{(1,\,0,\,0)}{\sqrt{1}} = (1,\,0,\,0)$$

Zeichnen Sie die Vektoren ein.

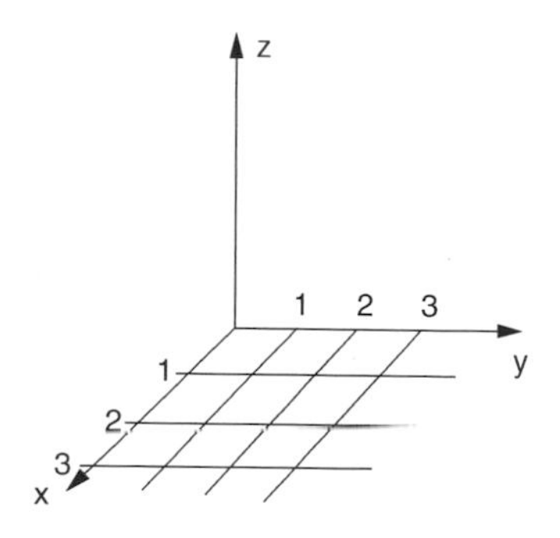

▷ 50

2

Haben Sie die Rechnung im Text parallel durchgeführt für die Funktion

$$z = f(x, y) = e^{-(x^2+y^2)}?$$

Ja ▷ 4

Nein ▷ 3

26

4. Schritt: Schnitt mit einer Ebene parallel zur y-z-Ebene im Abstand x_0

$$z = f(x_0, y) = 3$$

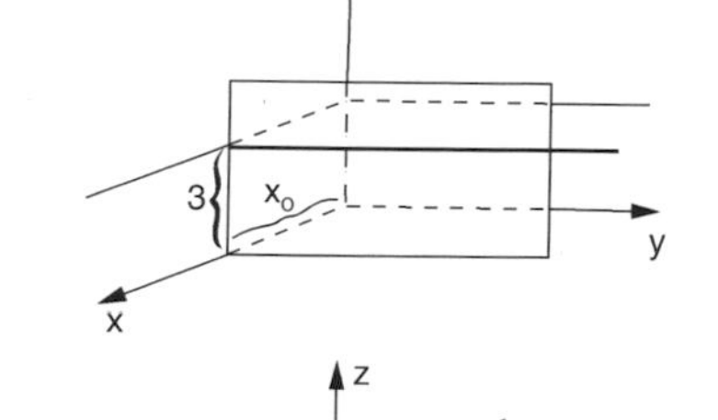

5. Schritt: Wir bringen die Schnittkurven in eine Skizze zusammen und nehmen weitere Schnittkurven hinzu.
Das ergibt die Skizze im Lehrschritt 24.

▷ 27

50

Berechnen Sie den Betrag dieser drei Vektoren. Sie werden sehen, dass sie den Betrag 1 haben.

▷ 51

3

Eigentlich sehr schade.

Die Technik, eine Aufgabe parallel zum Text zu rechnen, ist nur scheinbar unbequem. Natürlich dauert es dann länger. Aber Sie gewinnen ein sichereres Verständnis. Das spart Zeit in der Zukunft.

Ob es Ihnen nicht vielleicht doch möglich ist, die folgende Fläche parallel zum Lehrbuch, Abschnitt 13.2, zu skizzieren?

$$z = e^{-(x^2+y^2)}$$

----------------------▷ 4

27

Nun geht es weiter:
Gegeben sei die Funktion

$$z = x^2 + y^2$$

Skizzieren Sie die Schnitte mit

a) der x-z-Ebene $\quad y = 0$
b) der y-z-Ebene $\quad x = 0$

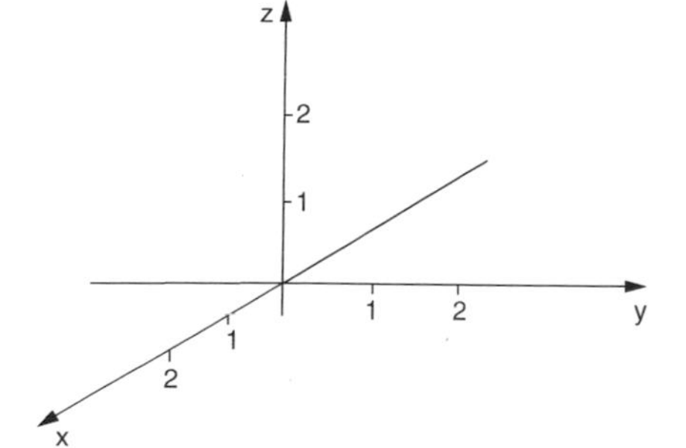

----------------------▷ 28

51

Nun geht es weiter mit dem 3. Schritt:

Wir berechnen die Vektoren $\vec{A}$ für eine weitere Ebene, z.B. für die Ebene, die im Abstand $z = 1$ parallel zu der x-y-Ebene liegt.

Wir wählen die Punkte

$P_4 = (1,0,1), \quad P_5 = (1,1,1) \quad P_6 = (0,1,1)$

Geben Sie den Vektor für P_4 an: $\vec{A}(1,0,1) = \ldots\ldots\ldots\ldots\ldots$

Erinnerung, es war: $\quad \vec{A}(x,y,z) = \dfrac{(y,x,0)}{\sqrt{x^2+y^2}}$

----------------------▷ 52

15

$dF_y = F_0 d\alpha$

....

Für die Steigung α gilt

1) $\alpha =$...........

Für das Differenzial, also die Differenz der Steigung, gilt

2) $d\alpha =$...........

Damit wirkt auf das Seilelement die Kraft in vertikaler Richtung

3) $dF_y =$...........

ZURÜCKBLÄTTERN ----------------- ▷ 16

30

Die möglichen Frequenzen sind durch $\sqrt{K} = \left(\frac{n\pi}{L}\right)$ auf bestimmte Werte eingeschränkt:

$\omega_n = v \cdot \frac{n\pi}{L}$

....

Die Abbildung zeigt drei Schwingungsformen einer beidseitig eingespannten Saite:

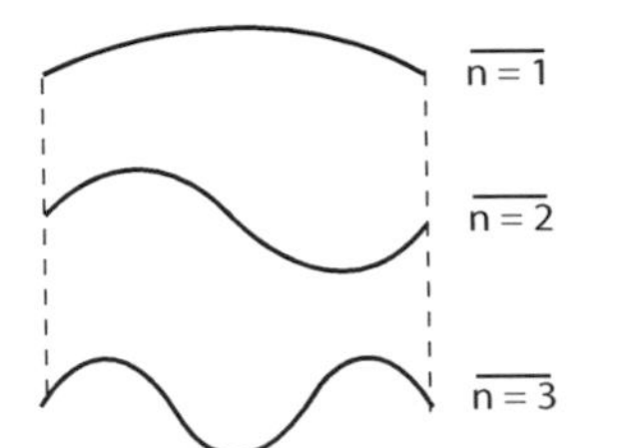

Es handelt sich um die ....

die ....

und die ....

ZURÜCKBLÄTTERN ----------------- ▷ 31

4

Sehr gut so.

Natürlich ist es mühsamer, statt rasch zu lesen, noch eine Rechnung parallel zum Text durchzuführen. Aber es ist ein weiterer Schritt zur Selbständigkeit.

Hier sind nun Hinweise für die Lösung $z = e^{-(x^2+y^2)}$

Werte gerundet

$e^{-1} \approx 0,4$
$e^{-4} \approx 0,02$

Wertematrix

y \ x	0	1	2
0	1	0,4	0,02
1	0,4	0,1	0,007
2	0,02	0,007	0,0003

-----▷ 5

28

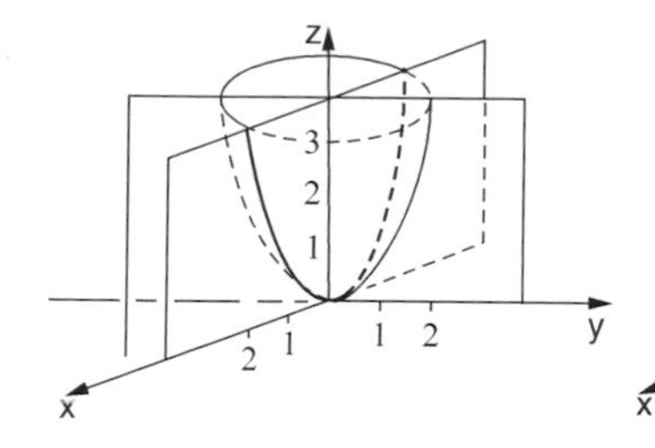

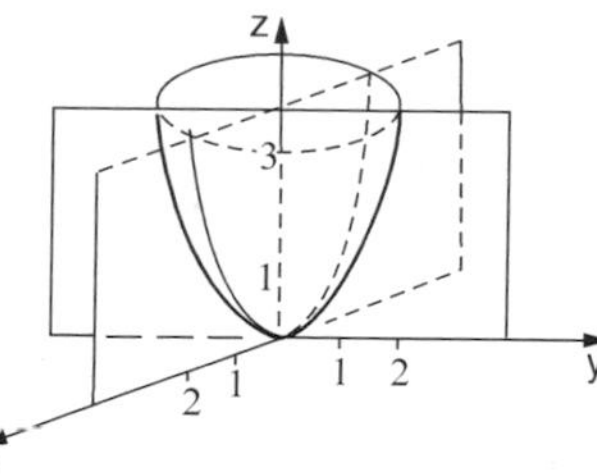

Hinweis:
Die Schnittkurven sind Parabeln.

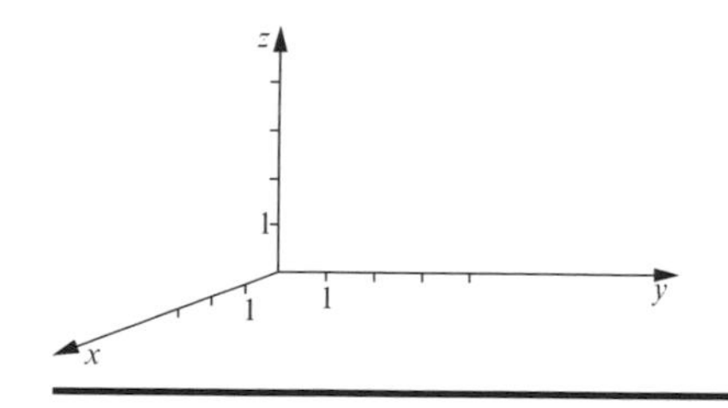

Skizzieren Sie nun noch die Schnitte mit Parallelen zur x-y-Ebene in den Höhen z = 1, z = 2, z = 3, z = 4 für $z = x^2 + y^2$

-----▷ 29

52

$$\vec{A}(1,0,1) = \frac{(0,1,0)}{\sqrt{1}} = (0,1,0)$$

Berechnen Sie $\vec{A}$ für die weiteren Punkte

$\vec{A}(1,0,1) = (0,1,0)$
$\vec{A}(1,1,1) = (\dots\dots\dots)$
$\vec{A}(0,1,1) = (\dots\dots\dots)$

Erinnerung: $\vec{A}(x,y,z) = \dfrac{(y,x,0)}{\sqrt{x^2+y^2}}$

Zeichnen Sie die Vektoren ein.

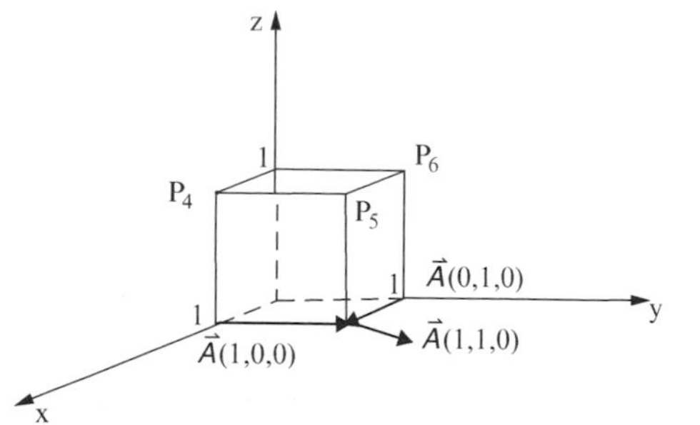

-----▷ 53

14

Ausgangspunkt ist die Berechnung der rücktreibenden Kraft auf das Seilelement wegen der unterschiedlichen Richtungen der Seilspannung an den Enden des Seilelementes.

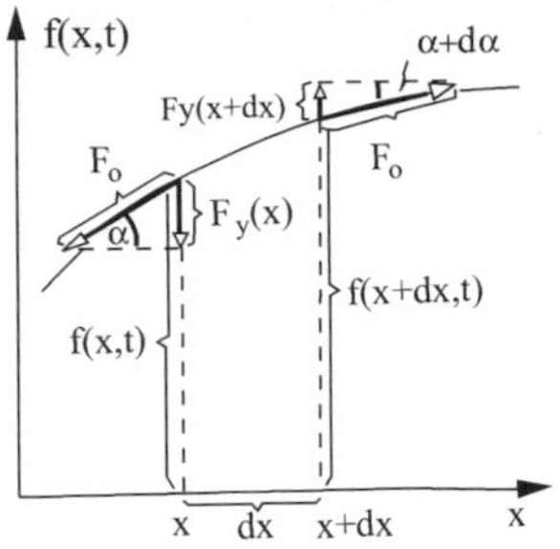

$dF_y = \ldots\ldots\ldots\ldots\ldots\ldots$

→ 15

29

$g(x) = D \cdot \sin\left(\frac{n\pi}{L} \cdot x\right)$ mit $n = 1, 2, 3 \ldots$

....

Welche Bedeutung hat dieses Resultat für die zeitabhängige Funktion und deren mögliche Frequenzen ω_n?

$h(t) = A cos\left(v\sqrt{K} \cdot t\right) + B sin\left(v\sqrt{K} \cdot t\right)$

Sagen Sie es mit Ihren Worten.

....

$\omega_n = \ldots\ldots\ldots$

→ 30

5

Rechts sind die Werte der Matrix eingetragen.
Skizzieren Sie Schnittlinien für $y = 0,\ y = 1,\ y = 2$

Skizzieren Sie danach Schnittlinien für $x = 0,\ x = 1,\ x = 2$

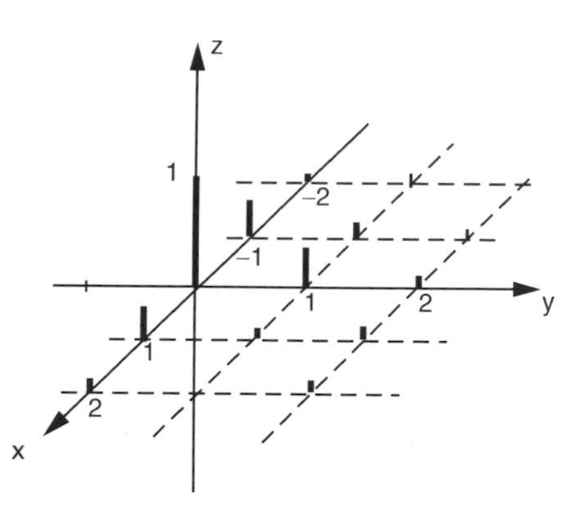

6

29

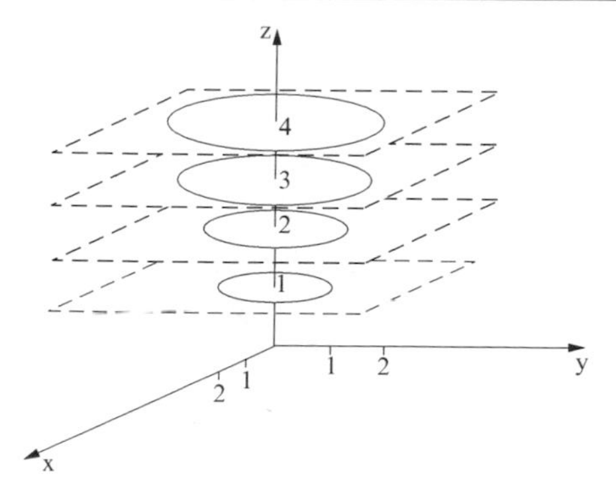

Die Schnittkurvenvon $z^2 = x^2 + y^2$ mit $z =$ const. sind Kreise. Versuchen Sie nun die Fläche zu skizzieren.

30

53

$$\vec{A}(1,0,1) = (0,1,0)$$

$$\vec{A}(1,1,1) = \frac{1}{\sqrt{2}}(1,1,0)$$

$$\vec{A}(0,1,1) = (1,0,0)$$

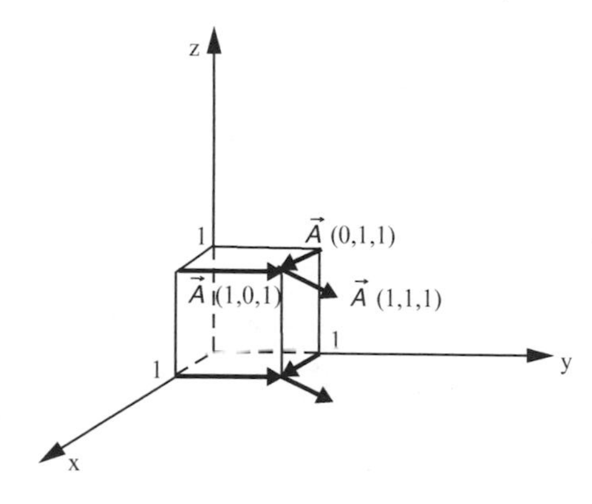

54

13

Leiten Sie anhand der Skizze die Bewegungsgleichung für ein Seilelement ab. Das Seil wird durch die Kraft F_0 gespannt. Die Auslenkung des Seilelementes aus der Ruhelage in y-Richtung sei $f(t,x)$, also eine Funktion von t und x.

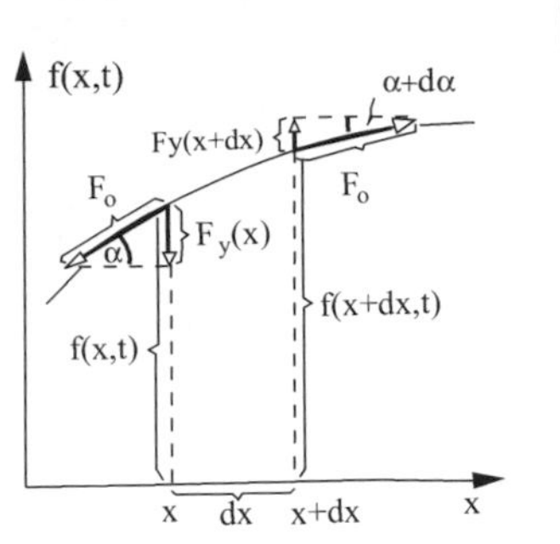

Die Bewegungsgleichung für ein Seilelement ist ....

Lösung selbstständig konstruiert --------------------- ▷ (17)

Detaillierte Hilfe bei der Herleitung --------------------- ▷ (14)

28

$C = 0$

$\sqrt{K} \cdot L = n \cdot \pi$ $n =$ ganze Zahl

$K = \left(\frac{n\pi}{L}\right)^2$

....

Mit diesem Ergebnis sind nur diskrete ortsabhängige Schwingungsformen möglich.

$g(x) =$ ....

--------------------- ▷ 

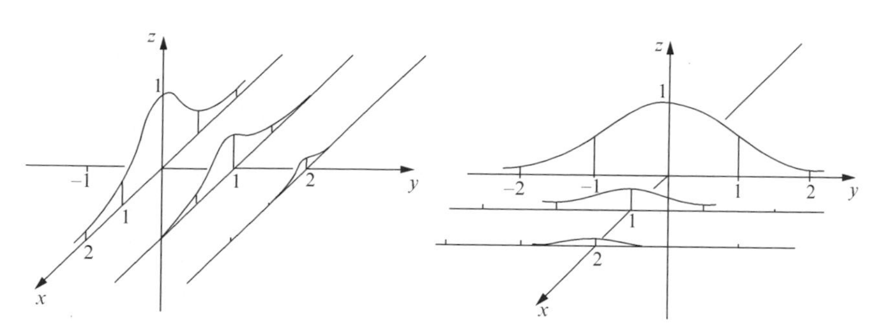

Es zeichnet sich ab ein Berg mit der Kuppe bei $x = 0$ und $y = 0$. Die Fläche ist der im Lehrbuch behandelten Fläche ähnlich. Im Folgenden wollen wir uns die Technik des Skizzierens von Funktionen mit zwei Veränderlichen systematisch erarbeiten. -------▷ (7)

30

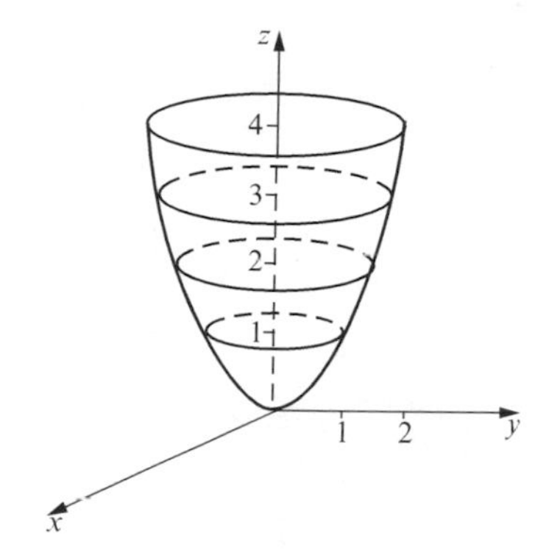

Aufgrund der Schnittkurven können wir sagen, dass die Gleichung $z = x^2 + y^2$ ein Paraboloid darstellt.

--------------------▷ (31)

54

Gegeben ist wieder $\vec{A}(x,y,z) = \dfrac{(y,x,0)}{\sqrt{x^2+y^2}}$

Berechnen und zeichnen Sie noch:

$\vec{A}(2,0,0) =$ ....

$\vec{A}(2,2,0) =$ ....

$\vec{A}(0,2,0) =$ ....

$\vec{A}(0,1,2) =$ ....

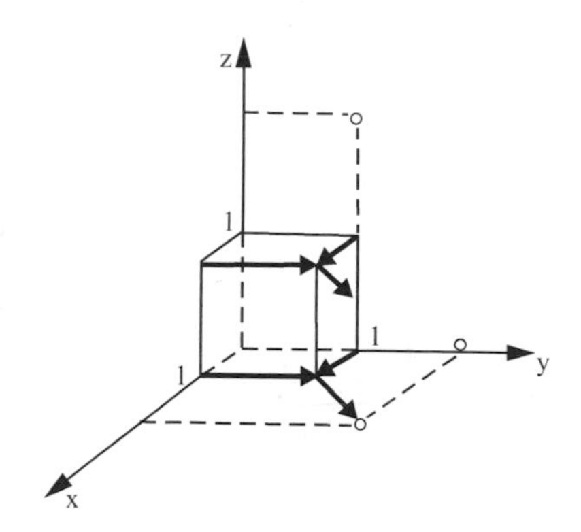

--------------------▷ (55)

12

25.2 Die Wellengleichung

Der folgende Abschnitt ist etwas umfangreich. Teilen Sie sich die Arbeit in zwei oder drei Arbeitsphasen auf und machen Sie Arbeitspausen.

STUDIEREN Sie 25.2 Die Wellengleichung
Lehrbuch Seite 219-225

▷ 13

27

$f(0, t) = f(L, t) = 0$

....

Damit gilt für die ortsabhängige Funktion

$$g(0) = g(L) = 0 = C \cdot \cos(\sqrt{K} \cdot 0) + D \cdot \sin(\sqrt{K} \cdot 0) = C \cdot \cos(\sqrt{K} \cdot L) + D \cdot \sin(\sqrt{K} \cdot L)$$

Daraus folgen:

$C =$.................

$\sqrt{K} \cdot L =$.................

$K =$.................

▷ 28

42

Sie haben nun das Ende dieser Einführung in die Mathematik und damit eine wichtige Etappe Ihres Studiums erreicht. Zwar liegen noch weitere Etappen vor Ihnen, aber Sie haben sich erfolgreich eine solide Grundlage für weitere Spezialisierungen erarbeitet.

Neben den mathematischen Kenntnissen haben Sie vor allem in den ersten Kapiteln Arbeits- und Studientechniken kennen gelernt und diese bei der Arbeit mit den Leitprogrammen angewendet und geübt.

Viel Glück bei Ihrem weiteren
Studium wünscht Ihnen

Klaus Weltner

7

Will man die Kurve für eine Funktion *einer* Veränderlichen skizzieren, kann man bekanntlich zwei Wege gehen.
Weg 1:
Man erstellt sich eine Wertetabelle für $y = f(x)$, überträgt die Punkt in das x-y-Koordinatensystem und legt eine Kurve durch die Punkte.

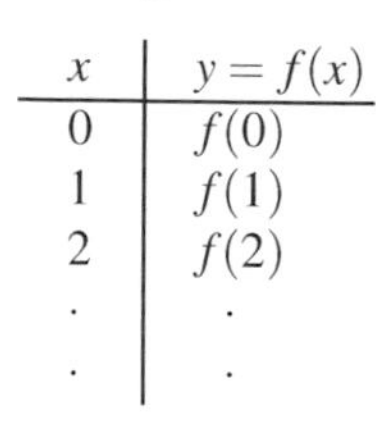

x	$y = f(x)$
0	$f(0)$
1	$f(1)$
2	$f(2)$
.	.
.	.

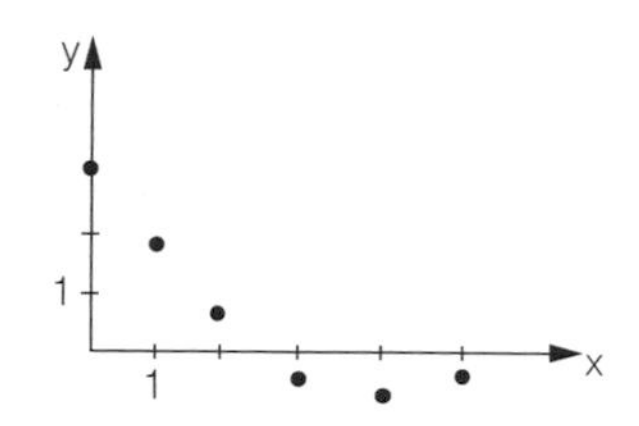

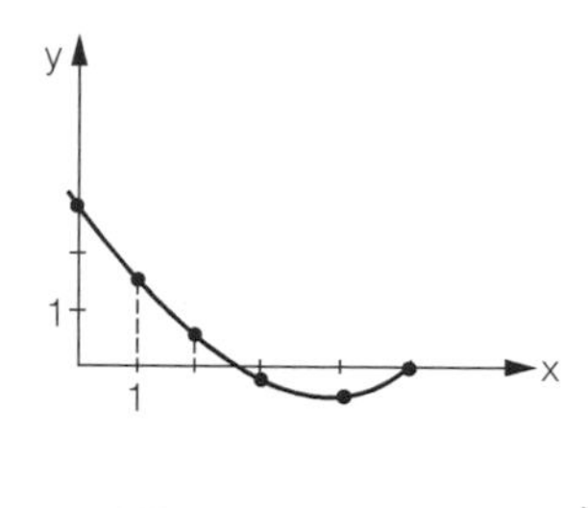

----------------------▷ 8

31

Es soll die folgende Funktion skizziert werden:

$$z = \sqrt{1 - \frac{x^2}{4} - \frac{y^2}{9}}$$

Zeichnen Sie zunächst den Schnitt mit der y-z-Ebene: $z(0, y) = \ldots\ldots\ldots\ldots\ldots$

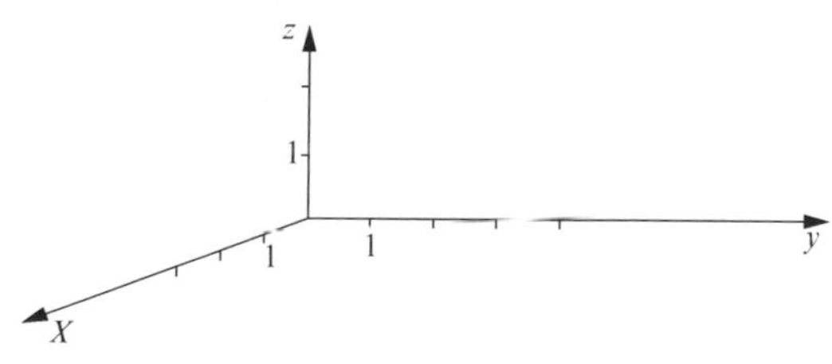

----------------------▷ 32

55

$$\vec{A}(2,0,0) = \frac{1}{2}(0,2,0) = (0,1,0)$$

$$\vec{A}(2,2,0) = \frac{1}{\sqrt{8}}(2,2,0) = \frac{1}{\sqrt{2}}(1,1,0)$$

$$\vec{A}(0,2,0) = \frac{1}{2}(2,0,0) = (1,0,0)$$

$$\vec{A}(0,1,2) = (1,0,0)$$

Setzen wir das Verfahren fort, erhalten wir das Bild rechts:

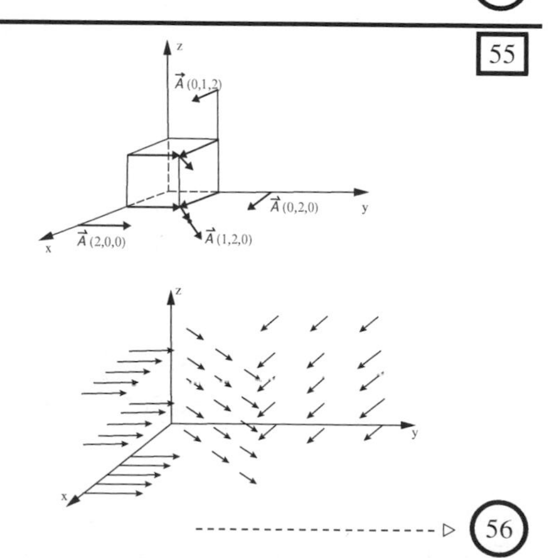

----------------------▷ 56

11

$$f_2(x,t) = A \cdot sin\left(\frac{2\pi}{\lambda} \cdot (vt + x)\right)$$

....

26

Die allgemeine Lösung der Wellengleichung ist das Produkt einer zeitabhängigen mit einer ortsabhängigen Funktion. Dabei ist K eine noch zu bestimmende Konstante. Die Funktionen seien:

$$h(t) = A\cos(v\sqrt{K} \cdot t) + B\sin(v\sqrt{K} \cdot t)$$

$$g(x) = C\cos\left(\sqrt{K} \cdot x\right) + D\sin\left(\sqrt{K} \cdot x\right)$$

Das Produkt ist: $f(x,t) = g(x) \cdot h(t)$

K muss den gegebenen Randbedingungen genügen. Geben Sie die Randbedingungen für die an den Stellen $x = 0$ und $x = L$ eingespannte Saite an:

....

41

Eine der wichtigsten, wirksamsten und nur scheinbar einfachen Regeln ist die Einteilung der Arbeit in Abschnitte, die Sie wirklich bewältigen können. Am Anfang waren diese Abschnitte klein, mit zunehmender Studienkompetenz sind diese Abschnitte größer geworden.

Manchmal werden Sie bei einem umfangreicheren Abschnitt den dringenden Wunsch verspürt haben, aufzuhören und etwas anderes, vielleicht auch nützliches, jedenfalls aber befriedigenderes und angenehmeres zu tun. Gut ist es, nicht jedem dieser Impulse zu folgen, sondern die Arbeitsaufgabe zu reduzieren und sich Zwischenziele zu setzen und die Arbeit mit einem, wenn auch geringeren, Erfolgserlebnis abzuschließen.

Ein Geheimnis für ein erfolgreiches Studium ist Ihre persönliche Arbeitsmotivation. Sie können sich diese Motivation erhalten und verstärken, wenn Sie Ihre Lernfortschritte wahrnehmen und spüren, dass sich Ihre Anstrengungen lohnen. Dabei helfen auch leichte Aufgaben, die Sie erfolgreich bewältigen, wie hier in den Leitprogrammen. Mancher demotivierte Student hat anhand der Leitprogramme wieder Selbstvertrauen und Arbeitszuversicht gewonnen und sich damit selbst motiviert.

Weg 2: Man sucht charakteristische Werte der Funktion wie

Schnittpunkte mit der x-Achse	(indem man y = 0 setzt)
Schnittpunkte mit der y-Achse	(x = 0)
Maxima und Minima	$y' = 0;\ y'' < 0$ bzw. $y'' > 0$)
Asymptoten	$\left(\lim\limits_{x\to\infty} f(x)\right)$
Wendepunkte	$(y'' = 0)$ Polstellen $(y \to \infty)$

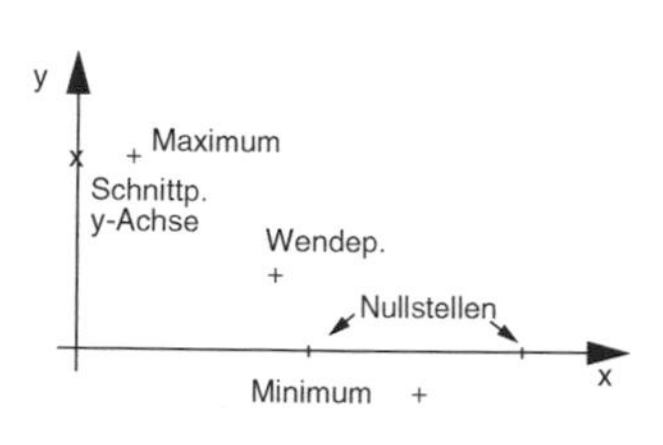

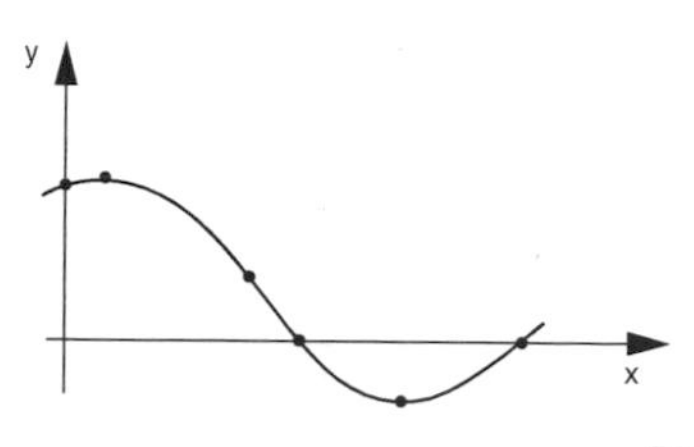

Damit kann die Kurve oft grob skizziert werden.

32

$z(0,y) = \sqrt{1 - \frac{y^2}{9}}$ Dies ist eine Ellipse.

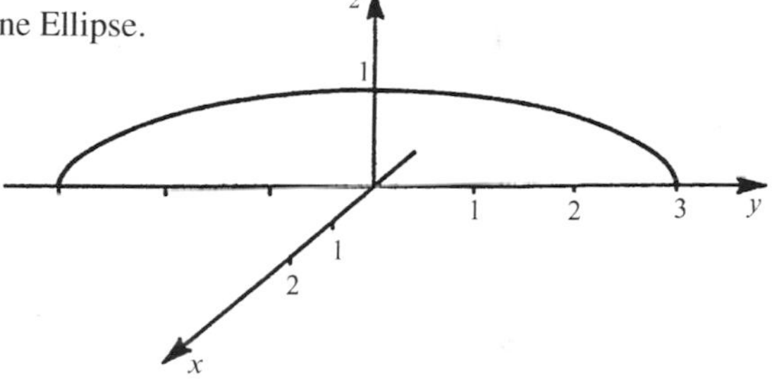

Zeichnen Sie jetzt den Schnitt mit der x-z-Ebene dazu.

$z(x,0) = \ldots\ldots\ldots\ldots\ldots$

33

56

Spezielle Vektorfelder

Skizzieren Sie während der Bearbeitung des Abschnittes jeweils die diskutierten Vektorfelder auf Zetteln.

STUDIEREN SIE im Lehrbuch 13.5 Spezielle Vektorfelder
Lehrbuch, Seite 19-22

BEARBEITEN SIE DANACH Lehrschritt 57

10

Es war $f_1(t,x) = A \cdot sin\left(2\pi\nu \cdot t + 2\pi\frac{x}{\lambda}\right)$

Die Aufgabe ist, λ durch v und ν zu ersetzen. Dabei benutzen wir die bekannte Beziehung $v = \lambda \cdot \nu$, die wir nur oben einzusetzen brauchen, um zu erhalten:

$f_2(t,x) = \ldots\ldots\ldots\ldots$

25

$$f(t,x) = A \cdot sin\left(\omega t - \frac{2\pi x}{\lambda}\right) = A \cdot sin\left(\frac{2\pi}{\lambda}(vt - x)\right)$$

Auf Seite 222 im Lehrbuch wird der Produktansatz erläutert, der in einigen Fällen, wie bei stehenden Wellen, zu Lösungen führt.
Studieren Sie den Abschnitt „Stehende Wellen" noch einmal und rechnen Sie die Umformungen mit.

Schon vor langem wurde eine nützliche Maxime erwähnt: „Reading without a pencil is daydreaming".

Danach 

$v = 880\frac{m}{sec}$

Knoten : $x_{k1} = 0cm$ $x_{k2} = 25cm$ $x_{k3} = 50cm$ $x_{k4} = 75cm$ $x_{k5} = 100cm$

Bäuche : $x_{b1} = 12{,}5cm$ $x_{b2} = 37{,}5cm$ $x_{b3} = 62{,}5cm$ $x_{b4} = 87{,}5cm$

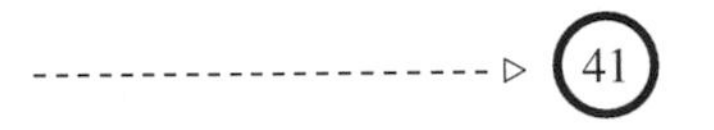

9

Bei einer Funktion zweier Variablen (Fläche im Raum) gehen wir genauso vor. Allerdings ist das Verfahren meist langwieriger. denn eine Fläche im Raum ist ein komplizierteres Gebilde als eine Kurve in der Ebene.

Weg 1: Der Wertetabelle entspricht die Wertematrix

x \ y	0	1	2	...
0				
1	z = f(x=1, y=0)		z = f(x=1, y=2)	
2				

Jedem Wertepaar (x,y) entspricht ein z-Wert, der aus der Gleichung $z = f(x,y)$ berechnet wird. Die Punkte (x,y,z) werden in das Koordinatensystem eingetragen und verbunden.

▷ 10

33

$z(x,0) = +\sqrt{1 - \frac{x^2}{4}}$

Auch dies ist eine Ellipse.

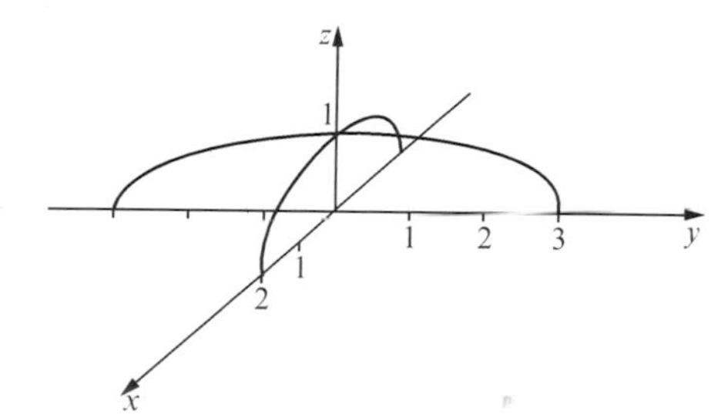

Jetzt zeichnen Sie ein den Schnitt mit der x-y-Ebene. $0 = \sqrt{1 - \frac{x^2}{4} - \frac{y^2}{9}}$

Lösen Sie auf. $y =$ ....

▷ 34

57

Im Abschnitt „Spezielle Vektorfelder" wurden 3 Typen von Vektorfeldern beschrieben:

1. ....

2. ....

3. ....

▷ 58

9

Ihre Erklärung könnte lauten:
Für eine Welle muss das Argument für einen bestimmten Wellenberg (oder ein Wellental) konstant bleiben. An einem festgehalten Ort x_0 schwingt die Welle mit der Kreisfrequenz $\omega = 2\pi\nu$. Damit wächst das Argument der Wellenfunktion um $\omega \cdot t$ oder $2\pi\nu \cdot t$.
Gleichzeitig läuft die Welle um die Strecke $x = \mathrm{v}t$ weiter.
Damit das Argument für einen Wellenberg konstant bleibt, müssen wir im Argument einen mit x anwachsenden Betrag abziehen. So erhalten wir

$$f_l(t,x) = A \cdot sin\left(2\pi\nu \cdot t + 2\pi\frac{x}{\lambda}\right) \text{ oder } f_l(t,x) = A \cdot sin\left(\omega t + 2\pi\frac{x}{\lambda}\right)$$

Um einen anderen gleichwertigen Ausdruck zu erhalten, ersetzen Sie λ durch v und ν.

$f_2(t,x) = \dots\dots\dots\dots$

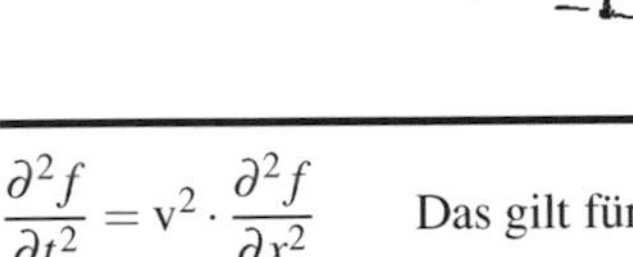

Aufgabe gelöst --------------------▷ 11

Kleine Hilfe --------------------▷ 10

24

$$\frac{\partial^2 f}{\partial t^2} = \mathrm{v}^2 \cdot \frac{\partial^2 f}{\partial x^2}$$ Das gilt für jede Funktion $f(\mathrm{v} \cdot t - x)$.

Physikalische Bedeutung: Das Argument $(\mathrm{v} \cdot t - x)$ bleibt konstant für jeden Punkt, der mit der Geschwindigkeit v nach rechts läuft.

Zeigen Sie noch einmal, dass die nach rechts laufende Sinuswelle eine Funktion der Form $f(\mathrm{v}t - x)$ ist:

$$f(t,x) = A \cdot sin\left(\omega t - \frac{2\pi x}{\lambda}\right) = \dots\dots\dots\dots$$

--------------------▷ 25

39

$$f(x,t) = \frac{C_n}{2}\left(\sin\left(n\frac{\pi}{L}\mathrm{v}t - n\frac{\pi}{L}x + \varphi_0\right) + \sin\left(n\frac{\pi}{L}\mathrm{v}t + n\frac{\pi}{L}x + \varphi_0\right)\right)$$

Eine gespannte Saite der Länge 100 cm habe die Grundfrequenz 440 Hz.
Wie groß ist die Wellengeschwindigkeit?

v = ...

An welchen Stellen x befinden sich Schwingungsknoten und Schwingungsbäuche für die vierte Oberschwingung

Knoten: x_k = ..., ..., ..., ..., ...

Bäuche: x_b = ..., ..., ..., ..., ...

--------------------▷ 40

10

Hier ist eine Skizze, wie sie: dann entstehen könnte.

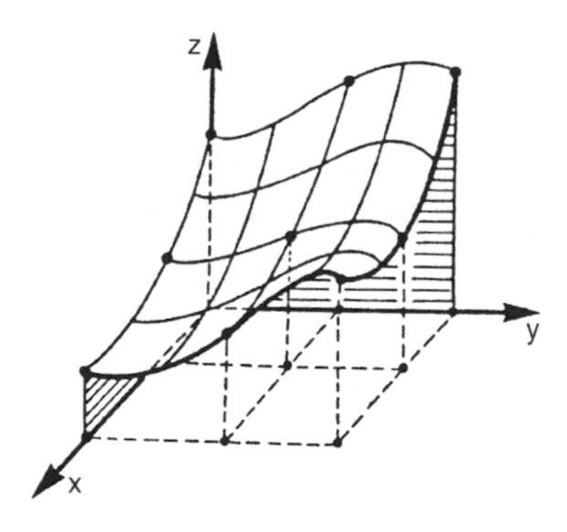

----> 11

34

$y = 3\sqrt{1 - \frac{x^2}{4}}$ Auch dies ist eine Ellipse.

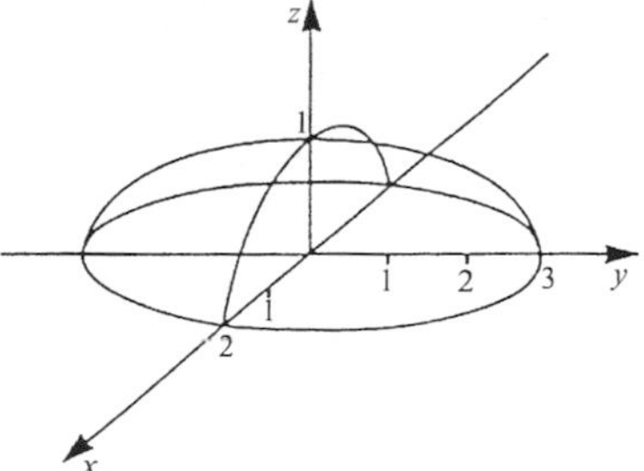

$z = \sqrt{1 - \frac{x^2}{4} - \frac{y^2}{9}}$ stellt den über der x-y-Ebene gelegten Halbellipsoiden dar.

Hatten Sie von den beiden letzten Aufgaben mindestens eine richtig gelöst?

Ja ----> 36

Nein ----> 35

58

Homogene Vektorfelder, Radialsymmetrische Vektorfelder, Ringförmige Vektorfelder

Klassifizieren Sie die folgenden Vektorfelder:

$\vec{A}(x,y,z)$	homogen	radial-symmetrisch	ringförmig	nicht speziell
$\vec{r}\,\frac{1}{r^3}$				
$(-y,x,0)$				
$(a,0,b)$				
$a(y,x,0)$				
(b,y,c)				

8

$$f_1(x,t) = A \cdot sin\left(\omega t + \frac{2\pi x}{\lambda} - \varphi_0\right)$$

$$f_2(x,t) = A \cdot sin\left(\frac{2\pi}{\lambda}(vt + x - \varphi_0)\right)$$

....

Geben Sie mit Ihren Worten die Begründung für die Wellengleichung f_1 wieder, so als ob Sie sie einem anderen erklären wollen.

....

....

- - - - - - - - - - - - - - - - ▷ (9)

23

$$\frac{\partial f}{\partial x} = \frac{\partial f}{\partial z}(-1)$$

$$\frac{\partial^2 f}{\partial x^2} = \frac{\partial^2 f}{\partial z^2}$$

....

Wir stellen unsere soeben erarbeiteten Zwischenergebnisse zusammen:

$$\frac{\partial^2 f}{\partial t^2} = \frac{\partial^2 f}{\partial z^2} \cdot v^2$$

$$\frac{\partial^2 f}{\partial x^2} = \frac{\partial^2 f}{\partial z^2}$$

Jetzt eliminieren wir $\frac{\partial^2 f}{\partial z^2}$ und erhalten: ....

- - - - - - - - - - - - - - - - ▷ (24)

38

Das Ergebnis gilt auch für die Oberschwingungen.

Zum Beweis braucht man nur von der allgemeinen Form der Schwingungsgleichung auszugehen.

$$f(x,t) = C_n \cos(n\omega t - \varphi_n) \cdot \sin\left(n\frac{\pi}{L}x\right)$$

Daraus folgt für die $n - te$ Oberschwingung:

$$f(x,t) = \frac{C_n}{2}\left[\sin\left(n\omega t - \varphi_n + n\frac{\pi}{L}x\right) + \sin\left(n\omega t - \varphi_n - n\frac{\pi}{L}x\right)\right]$$

Drücken Sie $f(x,t)$ als Funktion der Wellengeschwindigkeit v aus.

$f(x,t) =$ ....

Hinweis: Für die Grundschwingung der eingespannten Saite gilt $\lambda = 2L$,

für die n-te Oberschwingung gilt $\lambda_n = \frac{2L}{n}$.

- - - - - - - - - - - - - - - - ▷ (39)

11

Weg 2: Man sucht charakteristische Werte wie

Schnitt mit der x-z-Ebene	(indem man $y = 0$ setzt)
Schnitt mit der y-z-Ebene	$(x = 0)$
Schnitt mit der x-y-Ebene	$(z = 0)$
Schnitte mit parallelen Ebenen	
zu der x-y-Ebene	(indem man $z = z_0$ setzt)
zu der x-z-Ebene	$(y = y_0)$
zu der y-z-Ebene	$(x = x_0)$
Verhalten für	$x \to \infty,\ y \to \infty$

Mit diesen Schnittkurven wird die Fläche skizziert. Manchmal erkennt man noch sehr einfach, wo das Maximum oder Minimum der Fläche liegt.

35

Suchen Sie den Fehler und versuchen Sie, die Ursache zu identifizieren.

Falls es ein Flüchtigkeitsfehler war, weiter auf ----▷ 36

Falls es *kein* Flüchtigkeitsfehler war, noch einmal
das Leitprogramm bearbeiten ab ----▷ 23

59

$\vec{A}(x,y,z)$	homogen	radial-symmetrisch	ringförmig	nicht speziell
$\vec{r}\,\frac{1}{\cdot r^3}$		X		
$(-y,x,0)$			X	
$(a,0,b)$	X			
$a(y,x,0)$			X	
(b,y,c)				X

Skizzieren Sie das Vektorfeld $A(x,y,z) = \vec{r} \cdot r^2$

7

$\frac{2\pi}{\lambda} \cdot v \cdot t =$ Zahl der Schwingungen in der Zeit t, multipliziert mit 2π.

$\frac{2\pi}{\lambda} \cdot x =$ Zahl der Wellenlängen auf der Strecke x, die ein Wellenberg in der Zeit t zurückgelegt hat, multipliziert mit 2π.

Damit das Argument der Wellenfunktion für einen Wellenberg gleich bleibt, müssen sich beide Terme gegenseitig kompensieren.

Geben Sie die beiden Formen der Wellengleichung für eine nach *links* laufende Welle an:

$f_1(x,t) =$ ....

$f_2(x,t) =$ ....

---------------------▷ 8

22

$$\frac{\partial f}{\partial t} = \frac{\partial f}{\partial z} \cdot \frac{\partial z}{\partial t} = \frac{\partial f}{\partial z} \cdot v$$

$$\frac{\partial^2 f}{\partial t^2} = \frac{\partial^2 f}{\partial z^2} \cdot v^2$$

Bilden Sie die Ableitungen von $f(z)$ nach x.

Erinnerung : $\frac{\partial z}{\partial t} = v \qquad \frac{\partial z}{\partial x} = -1$

$\frac{\partial f}{\partial x} =$ ....

$\frac{\partial^2 f}{\partial x^2} =$ ....

---------------------▷ 23

37

$$f(x,t) = \frac{C}{2}\left[\sin\left(\omega t + \varphi_0 + \frac{\pi}{L} \cdot x\right) + \sin\left(\omega t + \varphi_0 - \frac{\pi}{L} \cdot x\right)\right]$$

Wir erhalten die Überlagerung einer nach links laufenden und einer nach rechts laufenden Welle.

Gilt dieses Ergebnis auch für die Oberschwingungen?....................................
Könnten Sie das beweisen?

---------------------▷ 38

12

Hier ist ein Beispiel, das dann entstehen könnte.

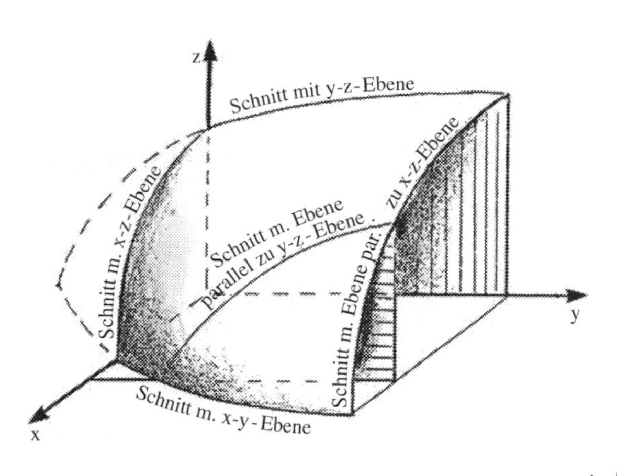

▷ 13

36

Sie wissen jetzt, wie man Funktionen mit zwei Veränderlichen graphisch darstellt.

Funktionen mit drei Veränderlichen können wir nicht mehr darstellen, dazu benötigen wir 4 Dimensionen.

60

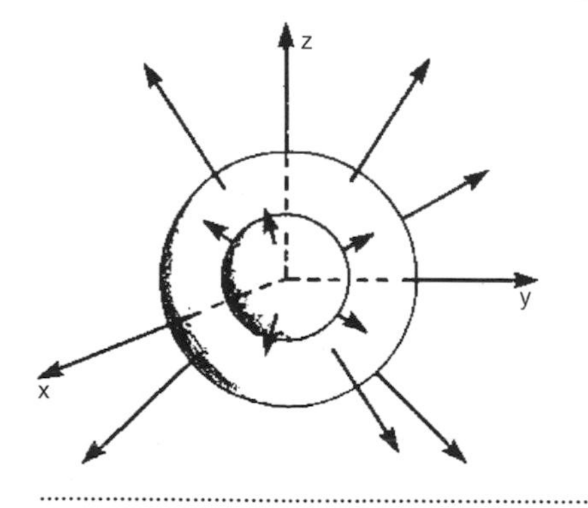

Das Vektorfeld $A(x,y,z) = \vec{r} \cdot r^2$ ist radialsymmetrisch. Sein Betrag hängt nur von $\vec{r}$ ab: $|\vec{A}| = r^3$

....

Das Vektorfeld $\vec{A} = (0,0,c)$ ist .... Fertigen Sie eine Skizze dieses Vektorfeldes an.

▷ 61

6

ωt = Zahl der Schwingungen in der Zeit t multipliziert mit 2π

$2\pi \cdot \frac{x}{\lambda}$ = Zahl der Wellenlängen auf der Strecke x, die ein Wellenberg in der Zeit t zurückgelegt hat, multipliziert mit 2π.

Damit das Argument der Wellenfunktion für einen Wellenberg gleich bleibt, müssen sich beide Terme kompensieren.

....

Was bedeuten die Terme im folgenden Ausdruck? $f_2(x,t) = A \cdot sin\left(\frac{2\pi}{\lambda}(vt - x - \varphi_0)\right)$

$\frac{2\pi}{\lambda} \cdot v \cdot t =$ ....

$\frac{2\pi}{\lambda} \cdot x =$ ....

-----------------------▷ (7)

21

Zu beweisen ist, dass jede Funktion der Form $f(x,t) = f(vt - x)$ eine Lösung der folgenden Wellengleichung ist:

$$\frac{\partial^2 f}{\partial t^2} = v^2 \frac{\partial f}{\partial x^2}$$

Wir substituieren $z = (vt - x)$ mit den Ableitungen $\frac{\partial z}{\partial t} = v$ $\frac{\partial z}{\partial x} = -1$

Bilden Sie die Ableitungen von $f(z)$ nach t.

$\frac{\partial f}{\partial t} =$ ....

$\frac{\partial^2 f}{\partial t^2} =$ ....

-----------------------▷ (22)

36

Gegeben sind:

$$\sin\alpha \cdot \cos\beta = \frac{1}{2}[\sin(\alpha + \beta) + \sin(\alpha - \beta)]$$

$$f(x,t) = C \cdot cos(\omega t + \varphi_0) \cdot sin\left(\frac{\pi}{L} \cdot x\right)$$

Wir substituieren $\alpha = (\omega t + \varphi_0)$

$$\beta = \frac{\pi}{L} \cdot x$$

Dies wird in den Ausdruck für $f(x,t)$ eingesetzt und mit der obigen trigonometrischen Beziehung umgeformt. Danach wird rücksubstituiert.

$f(x,t) =$ ....

-----------------------▷ (37)

13

An dem Beispiel $z = f(x,y) = x+1$ wollen wir beide Wege vorführen.

Weg 1: Aufstellung einer Wertematrix
Gegeben ist $z = x+1$
Füllen Sie die Wertematrix aus!

x \ y	−2	−1	0	1	2

----------------------▷ 14

37

Das skalare Feld

STUDIEREN SIE im Lehrbuch 13.3 Das skalare Feld
Lehrbuch, Seite 14-15

BEARBEITEN SIE DANACH Lehrschritt ----------------------▷ 38

61

homogen
$\vec{A}$ ist von keiner der drei Variablen x,y,z abhängig.

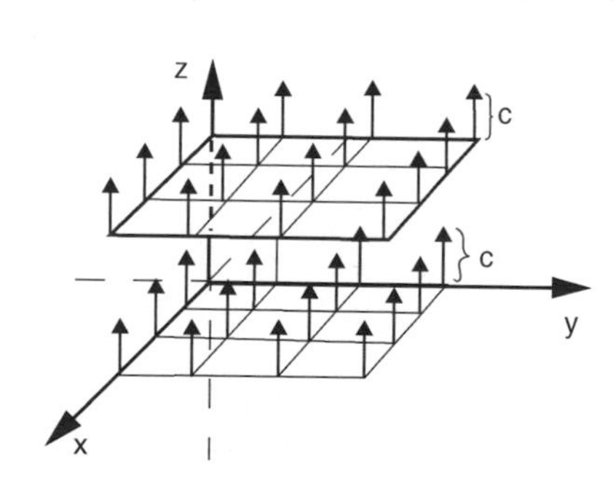

Gegeben sei das Vektorfeld $\vec{A}(x,y,z) = \frac{(x,y,z)}{\sqrt{x^2+y^2+z^2}} = \frac{\vec{r}}{r}$

Es ist ein .... Vektorfeld

Berechnen Sie den Betrag von $\vec{A}$: $|\vec{A}| =$............... ----------------------------▷

5

$$f_1(x,t) = A \cdot sin\left(\omega t - \frac{2\pi x}{\lambda} - \varphi_0\right) \quad f_2(x,t) = A \cdot sin\left(\frac{2\pi}{\lambda}(\mathrm{v}t - x - \varphi_0)\right)$$

Es ist nützlich, immer auch die physikalische Bedeutung der Terme zu verstehen.
Geben Sie mit Ihren Worten wieder, was die einzelnen Terme im Argument der folgenden Sinusfunktion bedeuten.

$$f_1(x,t) = A\,sin\left(\omega t - \frac{2\pi x}{\lambda} - \varphi_0\right)$$

$\omega t = \ldots\ldots\ldots\ldots$

$2\pi \cdot \frac{x}{\lambda} = \ldots\ldots\ldots\ldots$

→ 6

20

$$\frac{\partial^2 f}{\partial t^2} = \mathrm{v}^2 \frac{\partial f}{\partial x^2}$$

Zeigen Sie, dass jede Funktion der Form $f(x,t) = f(\mathrm{v}t - x)$ eine Lösung der obigen Wellengleichung ist. Wiederholen Sie den Beweis von Seite 221 des Lehrbuches.

Beweis nachvollzogen → 24

Hilfe erwünscht → 21

35

$$\sin\alpha \cdot \cos\beta = \frac{1}{2}[\sin(\alpha+\beta) + \sin(a-\beta)]$$

Wenden Sie die obige Beziehung an auf den Ausdruck für die Grundschwingung der stehenden Welle

$$f(x,t) = C \cdot cos(\omega t + \varphi_0) \cdot sin\left(\frac{\pi}{L} \cdot x\right)$$

$f(x,t) = \ldots\ldots\ldots\ldots$

Lösung gefunden → 37

Hilfe erwünscht → 36

Wertematrix für $z = x + 1$
z hängt nicht von y ab, daher war die Matrix einfach auszufüllen.

x \ y	−2	−1	0	1	2
−2	−1	−1	−1	−1	−1
−1	0	0	0	0	0
0	1	1	1	1	1
1	2	2	2	2	2
2	3	3	3	3	3

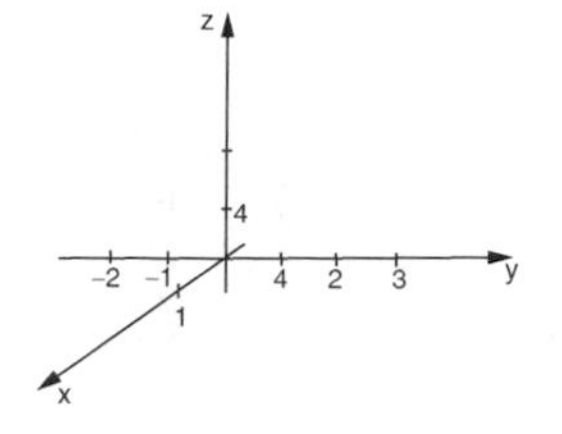

Zeichnen Sie die Punkte ein für $x = 0$ und $y = -2, -1, 0, 1, 2$

15

38

Stellt der folgende Ausdruck ein skalares Feld dar? ....

$$u = \pm\sqrt{R^2 - x^2 - y^2}, \qquad x^2 + y^2 \leq R^2$$

39

radialsymmetrisches Vektorfeld $\qquad |\vec{A}| = 1$

Skizzieren Sie jetzt das Feld $\vec{A} = \dfrac{(x, y, z)}{\sqrt{x^2 + y^2 + z^2}}$

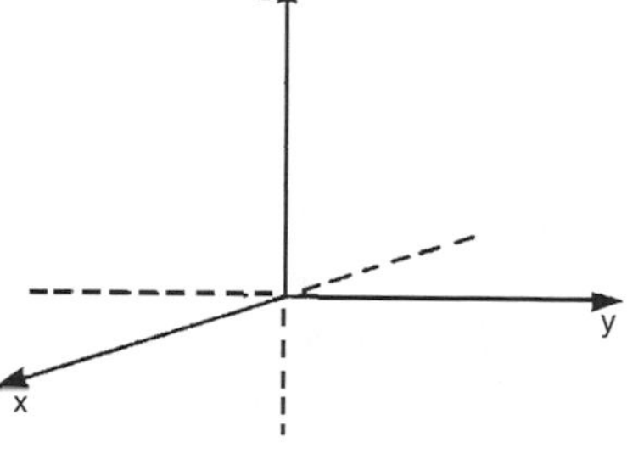

Lösung
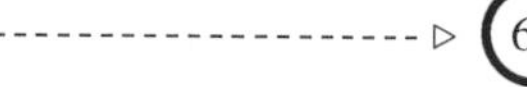
66

Hilfe und Erläuterung
63

4

Wegen $\lambda = \frac{v}{\nu}$ ist $\lambda_1 = 3{,}30\,m$

$\lambda_2 = 33\,cm$

$\lambda_3 = 3{,}30\,cm$

Geben Sie die Wellenfunktion für eine allgemeine nach rechts laufende Sinuswelle an als Funktion von x, ω, t und λ.
Ob eine Welle durch eine Sinusfunktion oder eine Kosinusfunktion dargestellt wird, ist gleichwertig.

$f_1(x,t) = \ldots\ldots\ldots\ldots$

Geben Sie die gleiche Wellenfunktion an als Funktion von x, v, t und λ.

$f_2(x,t) = \ldots\ldots\ldots\ldots$

▷ 5

19

Partielle Differentialgleichung

Als Wellengleichung wird die folgende Form einer partiellen Differentialgleichung bezeichnet

$\ldots\ldots\ldots\ldots$

▷ 20

34

$f(x,t) = C \cdot cos(\omega t + \varphi_0) \cdot sin\left(\frac{\pi}{L} \cdot x\right)$

Im Lehrbuch auf Seite 225 ist (als Fußnote) die folgende Beziehung zwischen den Winkelfunktionen zur Erinnerung noch einmal hergeleitet:

$\sin\alpha \cdot \cos\beta = \ldots\ldots\ldots\ldots$

▷ 35

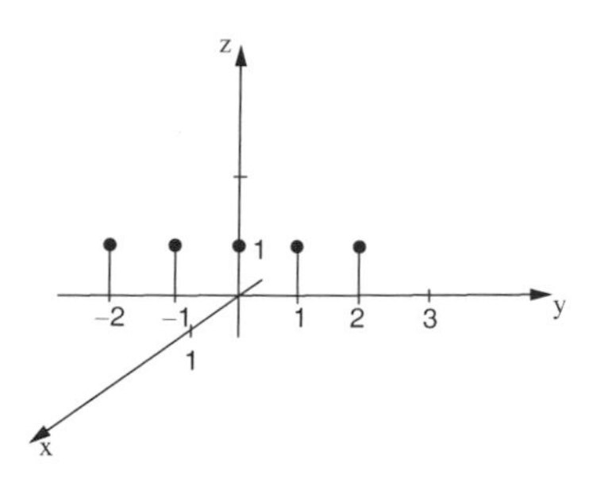

x \ y	−2	−1	0	1	2
−2	−1	−1	−1	−1	−1
−1	0	0	0	0	0
0	1	1	1	1	1
1	2	2	2	2	2
2	3	3	3	3	3

Zeichnen Sie nun die Punkte für $x = 1$ und $y = -2, -1, 0, 1, 2$ dazu.

▷ 16

39

Nein.
Zwar ist u ein Skalar, aber die Zuordnungsvorschrift ist durch die beiden Vorzeichen nicht eindeutig, und sie ist daher keine Funktion.

Ist der folgende Ausdruck ein skalares Feld? ....

$$\varphi(x,y,z) = \frac{c}{x+y+z}; \qquad x+y+z \neq 0$$

▷ 40

63

Betrachten wir das Feld $\vec{A} = (x,\ y,\ z)$
Machen Sie sich zunächst klar, welche Richtungen die Vektoren haben. Das Feld ist ....
Dann überlegen Sie, wie die Beträge vom Abstand vom Koordinatenursprung abhängen.
Wenn wir auf einem Radialstrahl nach außen gehen

- ☐ nimmt der Betrag von $\vec{A}$ zu
- ☐ bleibt der Betrag von $\vec{A}$ gleich
- ☐ nimmt der Betrag von $\vec{A}$ ab

▷ 64

3

Ihre Begründung könnte lauten: In einem beliebigen Zeitintervall Δt erfolgen an einem fixen Ort $n = \frac{\Delta t}{T}$ Schwingungen. Dabei ist die Welle um die Strecke $\Delta x = n \cdot \lambda$ weiter gelaufen.

Damit gilt für die Wellengeschwindigkeit $v = \frac{\Delta x}{\Delta t} = \frac{n \cdot \lambda}{n \cdot T} = \frac{\lambda}{T} = \nu \cdot \lambda$

Wegen $\omega = \nu \cdot 2\pi$ oder $\nu = \frac{\omega}{2\pi}$ ist die Geschwindigkeit als Funktion der Kreisfrequenz: $v = \frac{\omega \cdot \lambda}{2\pi}$

Geben Sie die Wellenlängen an für Schallwellen. Schallgeschwindigkeit $v = 330 \frac{m}{sec}$

$\nu_1 = 100\,Hz$, tiefer Ton $\lambda_1 = \ldots\ldots\ldots\ldots$

$\nu_2 = 1000\,Hz$, mittlere Tonlage $\lambda_2 = \ldots\ldots\ldots\ldots$

$\nu_3 = 10000\,Hz$, hoher Ton $\lambda_3 = \ldots\ldots\ldots\ldots$

--------------------▷ 4

18

$$F_0 \frac{\partial^2 f(x,t)}{\partial x^2} = \rho \frac{\partial^2 f(x,t)}{\partial t^2} \quad oder \quad \frac{\partial^2 f(x,t)}{\partial x^2} = \frac{\rho}{F_0} \frac{\partial^2 f(x,t)}{\partial t^2}$$

....

Dieser Typ von Gleichungen heißt ....

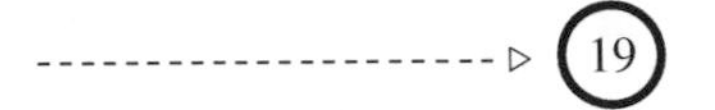

--------------------▷ 19

33

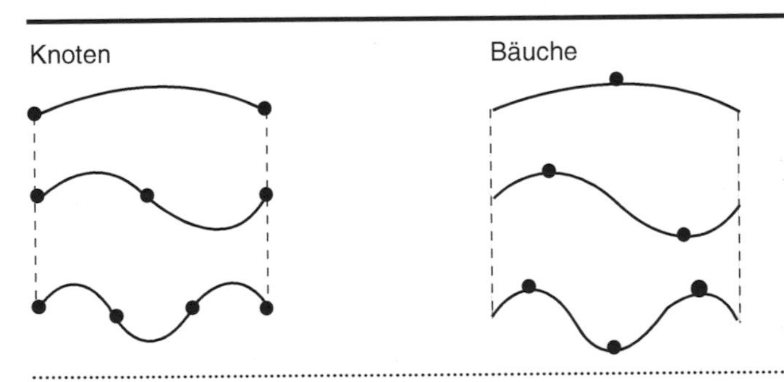

....

Zusammenhang zwischen stehenden Wellen und laufenden Wellen. Eine stehende Welle kann, wie gezeigt, als Produkt einer zeitabhängigen und einer ortsabhängigen Funktion dargestellt werden. Die Grundschwingung ist gegeben durch

$f(x,t) = \ldots\ldots\ldots\ldots\ldots\ldots\ldots\ldots$

--------------------▷ 34

16

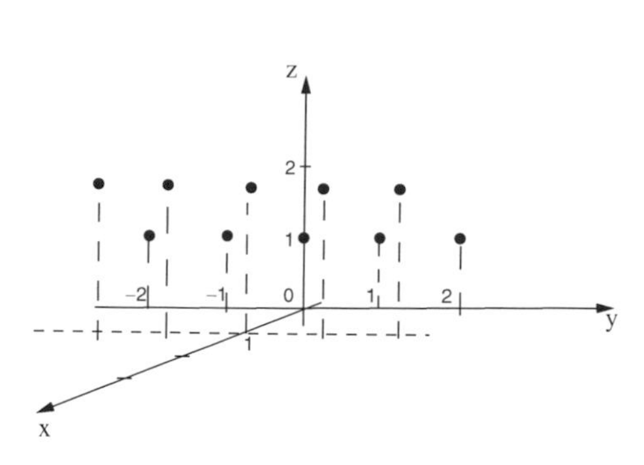

Zeichnen Sie nun noch die Funktionswerte für $x = 2$ und $y = -2, -1, 0, 1, 2$ in die obige Zeichnung ein und versuchen Sie, die Fläche zu skizzieren.

--------------------▷ 17

40

Ja

φ ist eine eindeutige Funktion von x, y und z.
φ ist damit eine skalare Größe.

--------------------▷ 41

64

$\vec{A} = (x, y, z)$ ist ein radialsymmetrisches Vektorfeld.

Wenn wir auf einem Radialstrahl nach außen gehen, nimmt der Betrag von $\vec{A}$ zu.

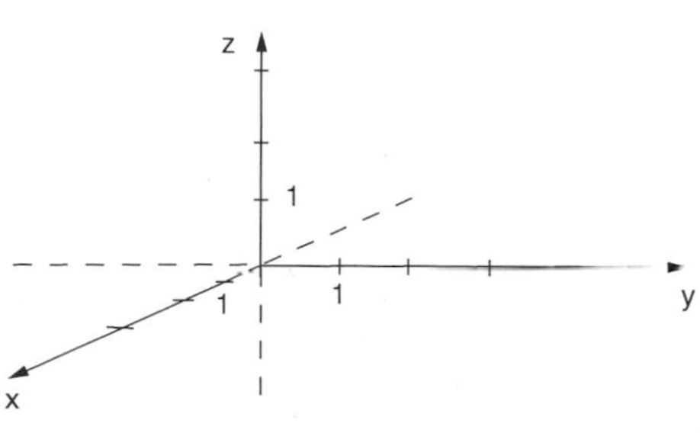

Skizzieren Sie jetzt $\vec{A} = (x, y, z)$

--------------------▷ 

2

Leiten Sie selbständig den Zusammenhang ab zwischen Wellengeschwindigkeit v, Wellenlänge λ und Schwingungsdauer T.

Begründen Sie stichwortartig den Zusammenhang, denn es ist immer gut, wenn man sich derart fundamentale Beziehungen selbst rekonstruieren kann.

....

Stellen Sie die Geschwindigkeit v dar als Funktion der Kreisfrequenz ω:

v = ...

--------------------▷

17

$$dF_y = dm \cdot \frac{\partial^2 f(t)}{\partial t^2} = \rho dx \frac{\partial^2 f(t)}{\partial t^2}$$

....

Mit der soeben berechneten Kraft auf das Seilelement erhalten wir dann die Bewegungsgleichung

....

--------------------▷
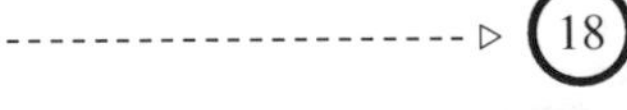

32

$\omega_2 = 2 \cdot \omega_1$ $\omega_3 = 3 \cdot \omega_1$ $\omega_n = n \cdot \omega_1$

....

Markieren Sie in den Zeichnungen alle Schwingungsbäuche und alle Schwingungsknoten

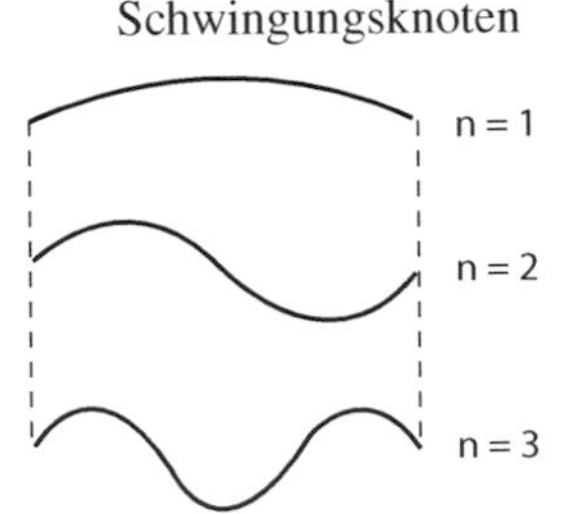

--------------------▷

17

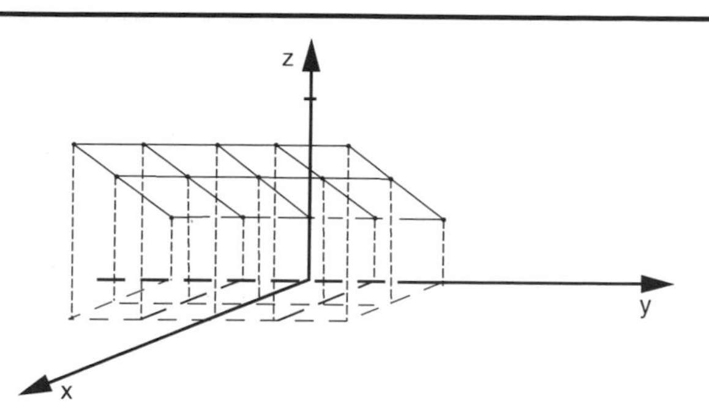

Wir erhalten eine Ebene parallel zur y-Achse, die in Richtung der positiven x-Achse ansteigt. Wichtig ist, dass Sie hier selbst zeichnen lernen. Dabei braucht Ihre Skizze nur in der Sache, nicht in der Ausführung mit dieser übereinzustimmen.

18

41

Das Vektorfeld

STUDIEREN SIE im Lehrbuch 10.4 Das Vektorfeld
Lehrbuch, Seite 15-18

BEARBEITEN SIE DANACH Lehrschritt

42

65

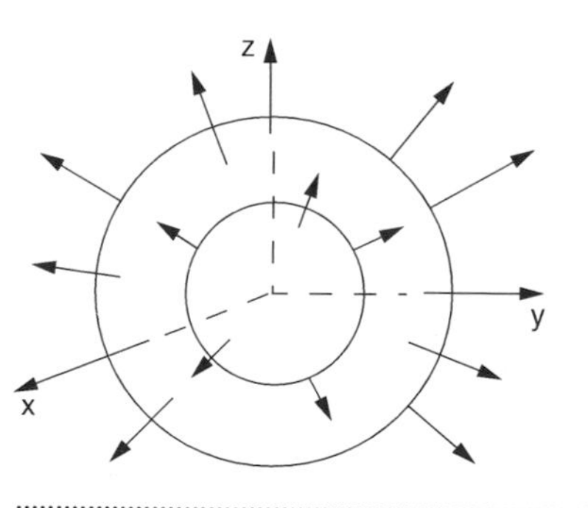

$\vec{A}$ nimmt mit größerem Abstand vom Nullpunkt zu.

Skizzieren Sie nun $\vec{A} = \dfrac{(x, y, z)}{\sqrt{x^2 + y^2 + z^2}}$ 66

1

25.1 Wellenfunktionen

Studieren Sie den ersten Abschnitt 25.1 Wellenfunktionen
Lehrbuch Seite 217-219

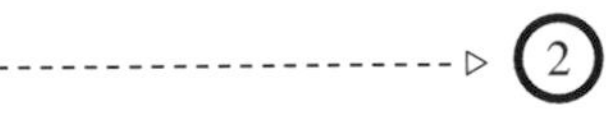

→ 2

16

1) $\alpha = \frac{\partial f}{\partial x}$

2) $d\alpha = \frac{\partial \alpha}{\partial x} \cdot dx = \frac{\partial^2 f}{\partial x^2} \cdot dx$

3) $dF_y = F_0 \cdot \frac{\partial^2 f}{\partial x^2} \cdot dx$

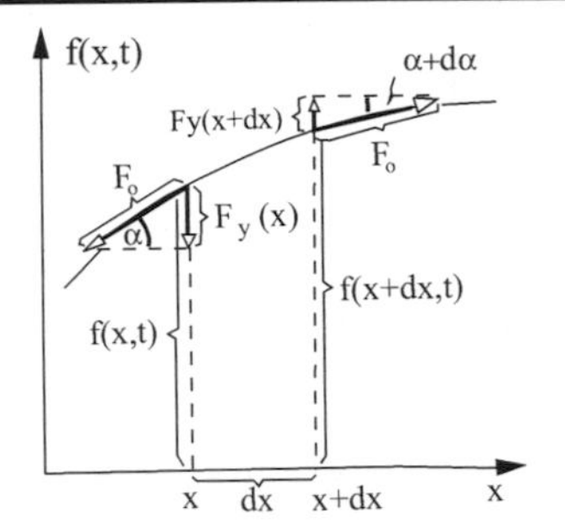

....

Jetzt können Sie das allgemeine Bewegungsgesetz $F = m \cdot a$ für das Seilelement formulieren, wobei gilt: $dm = \rho \cdot dx$

$dF_y = \ldots\ldots\ldots\ldots\ldots\ldots$

→ 17

31

Grundschwingung

erste Oberschwingung

zweite Oberschwingung

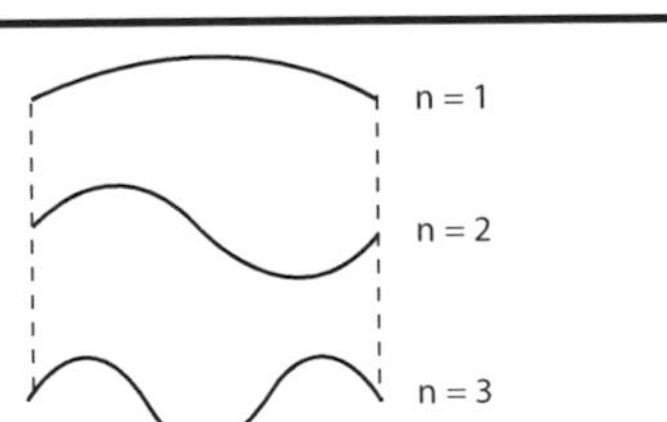

....

Die Grundschwingung habe die Kreisfrequenz ω_1.
Dann sind die Frequenzen der Oberschwingungen
$\omega_2 = \ldots\ldots\ldots\ldots\ldots\ldots$
$\omega_2 = \ldots\ldots\ldots\ldots\ldots\ldots$
Allgemein ist die Frequenz der $n - ten$ Oberschwingung
$\omega_n = \ldots\ldots\ldots\ldots\ldots\ldots$

→ 32

18

Weg 2: Wir suchen charakteristische Werte oder Kurven. Gegeben sei wieder $z = x + 1$

a) Schnitt mit der y-z-Ebene. $(x = 0)$.

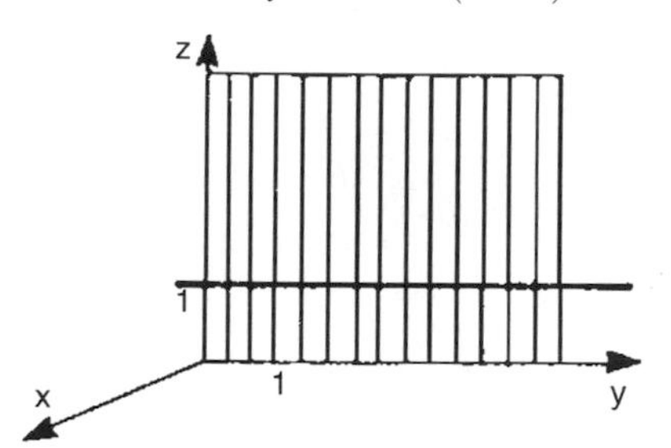

Für ihn gilt: $(x = 0)$

Eingesetzt ergibt das : $z = 1$

Wir erhalten eine Parallele zur y-Achse, die in der y-z-Ebene liegt.

b) Schnitt mit der x-z-Ebene. Hier gilt $y = 0$. Tragen Sie den Schnitt ein.

▷ 19

42

Die Windgeschwindigkeit sei als Funktion der Höhe z gegeben durch

$$\vec{v} = (1 + z)\vec{e}_x$$

Die Gleichung beschreibt ein

☐ Vektorfeld

☐ Skalarfeld

▷ 43

66

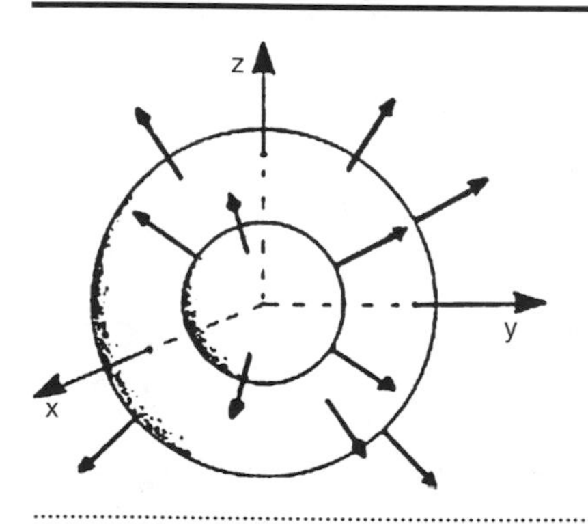

Die Richtung von $\vec{A} = \frac{(x,y,z)}{\sqrt{x^2+y^2+z^2}}$ ist durch den Vektor (x,y,z) festgelegt. Dies ist ein Radialvektor. Der Betrag von $\vec{A}$ ist wegen des Nenners in diesem Fall unabhängig vom Ort $|\vec{A}| = 1$

....

Von welchem Typ ist das Vektorfeld $\vec{A} = \left(\frac{3}{2}, \frac{3}{2}, 0\right)$? ....

Versuchen Sie das Vektorfeld zu skizzieren.

▷ 67

Kapitel 25
Die Wellengleichungen

K. Weltner, *Leitprogramm Mathematik für Physiker 2.*
DOI 10.1007/978-3-642-25163-4_25

19

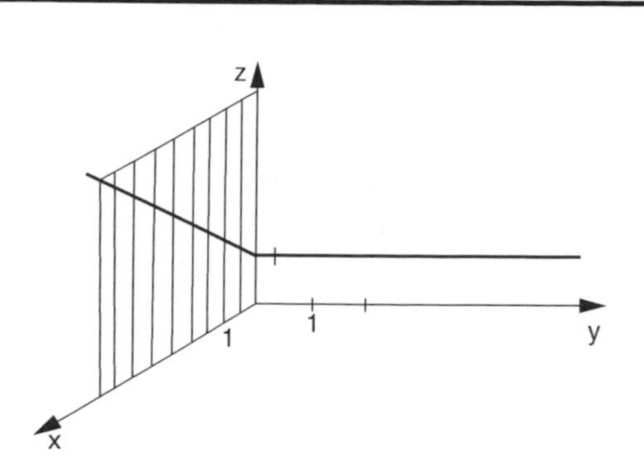

Für die x-z-Ebene gilt $y = 0$
Eingesetzt ergibt das $z = x + 1$
Das ist eine Gerade in der x-z-Ebene.

Tragen Sie weitere Schnitte mit Parallelebenen zur x-z-Ebene ein für:
$y = 1;\ y = 2;\ y = 3.$

▷ 20

43

Vektorfeld
Begründung: $\vec{v}$ beschreibt eine Richtung, angegeben durch den Einheitvektor $\vec{e}_x$ in x-Richtung
Skizzieren Sie das Vektorfeld

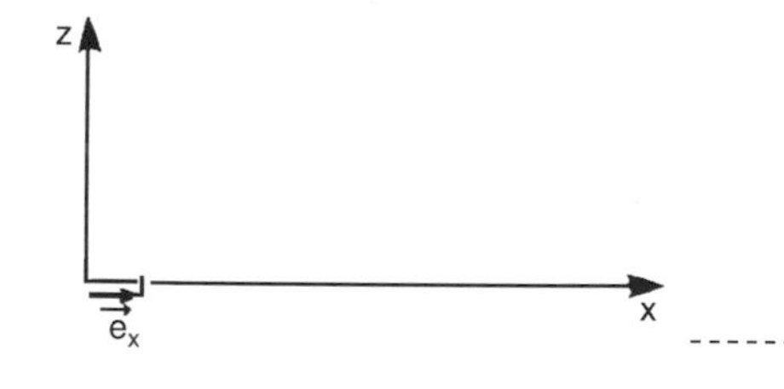

▷ 44

67

$\vec{A}\ (x,y,z) = \left(\frac{3}{2}, \frac{3}{2}, 0\right)$ ist ein homogenes Vektorfeld. Es ist von den Koordinaten x,y,z unabhängig. Es hat in allen Raumpunkten den gleichen Betrag und die gleiche Richtung.

$\vec{A}$ hat den konstanten Betrag: $|\vec{A}| = \sqrt{\frac{3^2}{2^2} + \frac{3^2}{2^2}} = \frac{3}{2}\sqrt{2}$

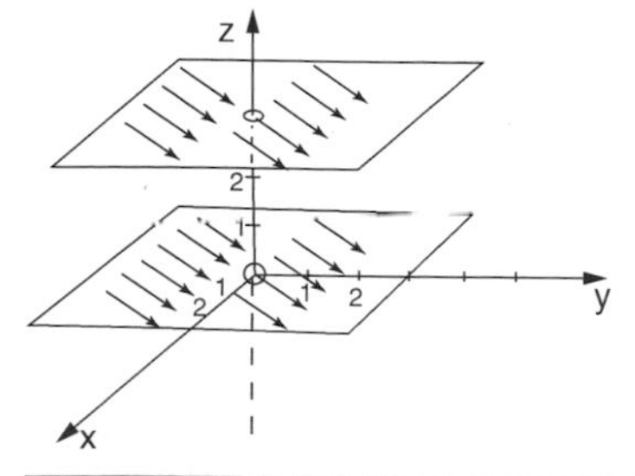

Die Vektoren $\vec{A}$ liegen in Ebenen parallel zur x-y-Ebene
Sie stehen senkrecht auf der z-Achse.

▷ 68

49

$\cos 2t = 1 - 2\sin^2 t$

....

Damit sind wir am Ziel und können $\sin^2 t$ angeben

$\sin^2 t = \ldots\ldots\ldots$

BITTE ZURÜCKBLÄTTERN

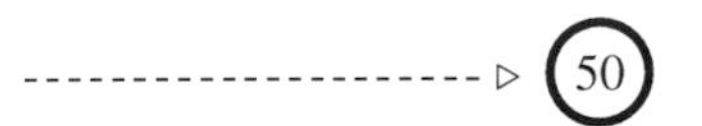

▷ 50

98

$$s^2 \cdot \mathcal{L}(s) - sy_0 - \dot{y}_0 = \frac{-g}{s}$$

$$\mathcal{L}(s) = \frac{-g}{s^3} + \frac{\dot{y}_0}{s^2} + \frac{y^0}{s}$$

$$y(t) = \frac{-g}{2} \cdot t^2 + \dot{y}_0 \cdot t + y_0$$

Das ist die bekannte Gleichung für den freien Fall.

ZURÜCKBLÄTTERN ▷ 99

147

$$y(t) = -1 + \frac{3}{2} \cdot e^{-\frac{t}{6}} - \frac{1}{2} e^{-\frac{t}{2}}$$

....

Damit haben wir die vollständige Lösung des Gleichungssystems ermittelt zu

$$x(t) = 1 - \frac{1}{2}\left(e^{-\frac{t}{6}} + e^{-\frac{t}{2}}\right) \qquad y(t) = -1 + e^{-\frac{t}{6}} - e^{-\frac{t}{2}}$$

Sie haben erfolgreich das Ende dieses nicht ganz leichten Kapitels erreicht und dürfen sich gratulieren, dass Sie durchgehalten haben!

des Kapitels 24

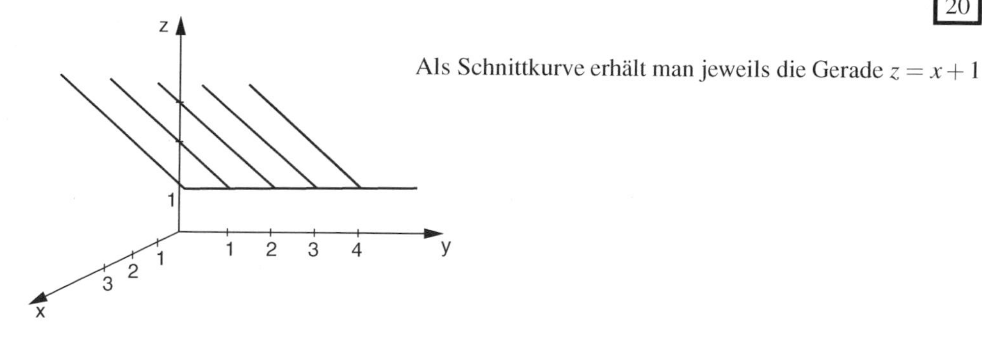

Als Schnittkurve erhält man jeweils die Gerade $z = x + 1$

Zeichnen Sie in die Zeichnung die Schnitte mit Parallelebenen zur y-z-Ebene ein für $x = 1$; $x = 2$; $x = 3$.

----------------------▷ (21)

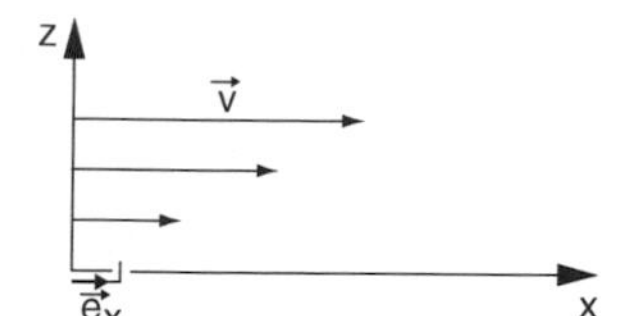

Eine Ladung Q liege im Koordinatenursprung. Dann ist nach dem Coulomb'schen Gesetz der Betrag der Kraft auf eine zweite Ladung q gegeben durch

$$F(r) = \frac{1}{4\pi\,\varepsilon_0} \cdot \frac{qQ}{r^2}$$

Beschreibt diese Ausdruck ein Vektorfeld? □ Ja □ Nein ------------------------▷ (45)

68

Skizzieren Sie die drei homogenen Vektorfelder:

a) $\vec{A}(x, y, z) = (5, 0, 0)$ b) $\vec{A}(x, y, z) = (0, 2, 0)$ c) $\vec{A}(x, y, z) = (1, 1, 2)$

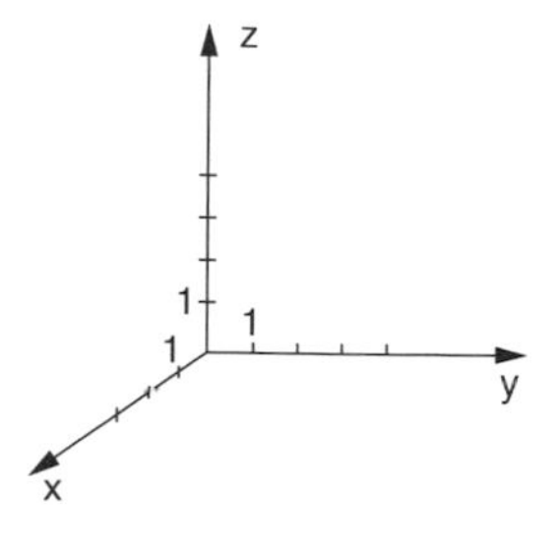

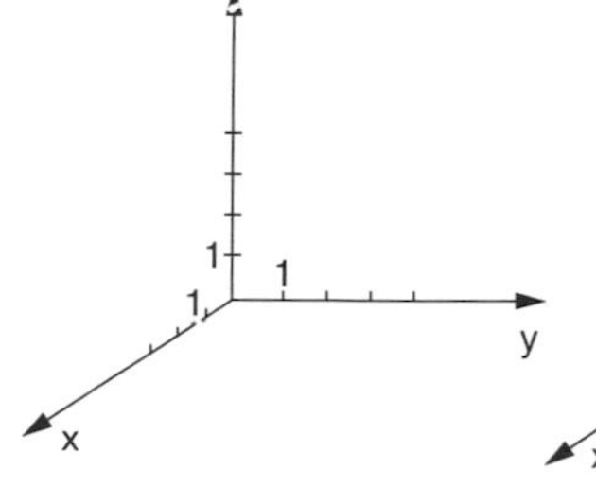

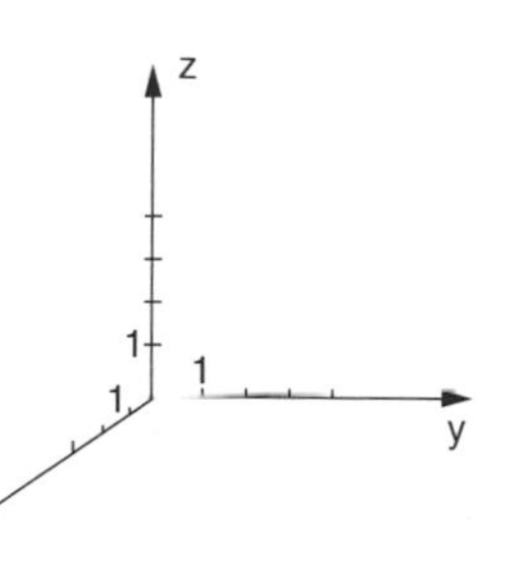

----------------------▷ (69)

48

$\cos 2t = \cos^2 t - \sin^2 t$

....

Jetzt verwenden wir den Satz des Pythagoras.
Wegen $\cos^2 t = 1 - \sin^2 t$ können wir $\cos^2 t$ eliminieren

$\cos 2t = \ldots\ldots\ldots\ldots$

--------------------▷ 49

97

$$y(t) = \frac{1}{2} + \frac{1}{2}e^{4t} - e^{2t}$$

....

Eine letzte kleine Aufgabe, die Ihnen aus der Physik gut bekannt sein dürfte, betrifft die Bewegungsgleichung im Gravitationsfeld auf der Erdoberfläche.
Wie allgemein in der Physik üblich, bezeichnen wir die Zeit durch t und die Ableitung nach der Zeit durch $\dot{y}$. Die y-Koordinatenachse weise nach oben. Dann ist die Beschleunigung nach unten gerichtet und damit negativ.

$\ddot{y} = -g$

Laplace-Transformation ....

Auflösung nach $\quad \mathcal{L}(s) = \ldots\ldots\ldots\ldots$

Rücktransformation $\quad y(t) = \ldots\ldots\ldots\ldots$

--------------------▷ 98

146

$$\mathcal{L}[y] = -\frac{1}{s} + \frac{3}{2}\frac{1}{\left(s+\frac{1}{6}\right)} - \frac{1}{2}\frac{1}{\left(s+\frac{1}{2}\right)}$$

....

Jetzt folgt die Rücktransformation mit Hilfe der Tabelle, denn niemand kann alle Formeln im Kopf haben. Das Ergebnis ist:

$y(t) = \ldots\ldots\ldots\ldots\ldots\ldots$

--------------------▷ 147

21

Wir sehen, dass eine Ebene entsteht, die parallel zur y-Achse verläuft und mit einem Winkel von 45° gegen die x-y-Ebene geneigt ist.

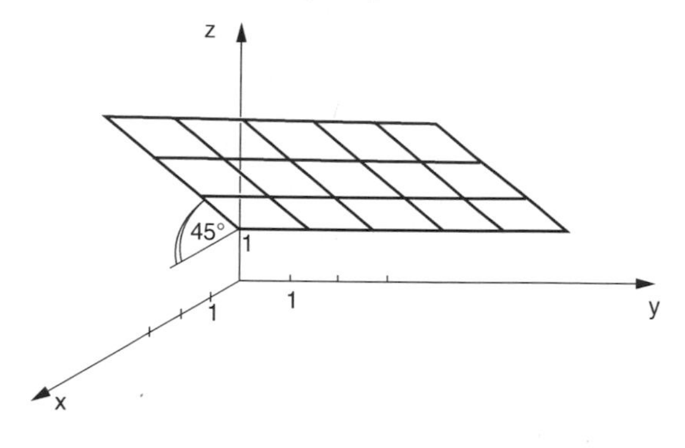

22

45

NEIN

Die vorgelegte Beziehung beschreibt den *Betrag* der Coulomb'schen Kraft, also eine skalare Größe.

Das Vektorfeld für die Kraft ist

$$\vec{F} = \frac{1}{4\pi\varepsilon_0} \cdot \frac{qQ}{r^2} \vec{e}_r$$

($\vec{e}_r$ ist ein Einheitsvektor, der von Q auf q zeigt, $\vec{e}_r = \frac{\vec{r}}{|r|}$)

46

69

a)

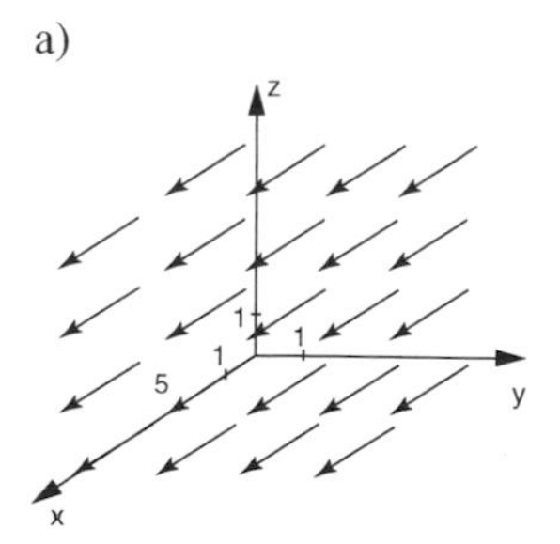

b)

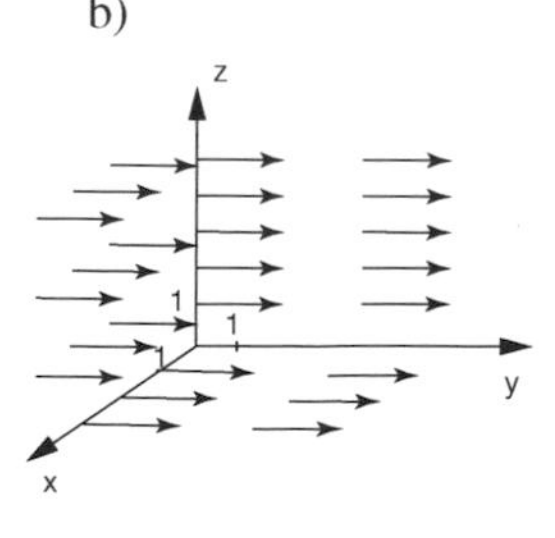

c)

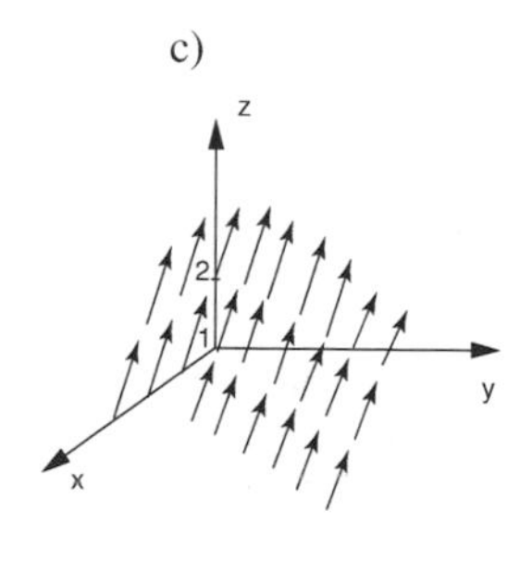

70

47

Wir erinnern uns an das Additionstheorem $\cos(n+m) = \cos n \cdot \cos m - \sin n \cdot \sin m$

Damit wird $\cos(t+t) = \cos 2t = \ldots\ldots\ldots\ldots\ldots\ldots$

--------------------▷ (48)

96

$$F(s) = \frac{1}{2s} - \frac{1}{(s-2)} + \frac{1}{2}\frac{1}{(s-4)}$$

Jetzt können wir den dritten Schritt, die Rücktransformation, durchführen.
Mit Benutzung der Tabelle Seite 214 erhalten wir:

$y(t) = \ldots\ldots\ldots\ldots\ldots\ldots\ldots\ldots\ldots$

--------------------▷ (97)

145

$A = -12$ $\qquad B = \frac{3}{2}$ $\qquad C = -\frac{1}{2}$

Damit wird

$$\mathcal{L}[y] = \frac{-1}{s \cdot 12\left(s+\frac{1}{6}\right)\cdot\left(s+\frac{1}{2}\right)} = \ldots\ldots\ldots\ldots\ldots\ldots$$

--------------------▷ 

22

In der Praxis verwendet man meist den zweiten Weg für das Zeichnen von Schnittkurven. Sie entstehen durch Schnitte der Fläche $z = f(x,y)$ mit Ebenen parallel zu den Ebenen, die durch die Koordinatenachsen aufgespannt werden. Denn oft möchte man sich nur ein grobes, qualitatives Bild von der Funktion $f(x,y)$ machen.

Nur wenn die Funktion $z = f(x,y)$ zu kompliziert ist, sollte man die Funktionswerte berechnen und damit die Funktion skizzieren. So gehen Computer vor, für die der Rechenaufwand praktisch nicht zählt. Daher benutzt man in der Praxis meist Computer, um analytisch durch Gleichungen gegebene Flächen darzustellen.

46

Schreiben Sie V für Vektorfeld und S für Skalarfeld und 0, wenn keines von beiden vorliegt.

1. $\varphi = \frac{\varphi_0}{r^2}$ ☐
2. $\vec{f} = \frac{1}{4\pi\varepsilon_0} \cdot \frac{Q}{r} \cdot \frac{\vec{r}}{|r|}$ ☐
3. $v = v_0(1 + 0,2 \cdot z)$ ☐
4. $u = u_0 \frac{1}{v}$ ☐
5. $z = \pm\sqrt{x^2 + y^2}$ ☐
6. $p = p_0(1 - \varphi \cdot z)$ ☐

70

Von welchem Typ ist das Vektorfeld
$\vec{A}(x,y,z) = (-y,x,0)$?

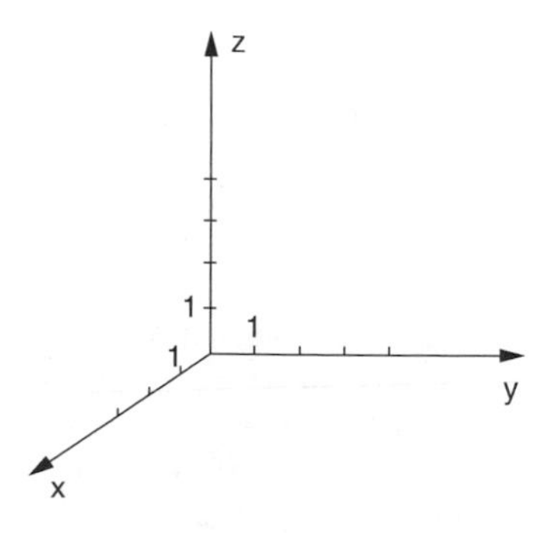

Fertigen Sie eine Skizze an!

71

46

Wir finden die Transformierte weder in der Tabelle noch in unseren Aufzeichnungen.
Daher müssen wir versuchen, die Funktion $f(t) = 3\sin^2(2t)$ so umzuformen, dass wir die Laplace-Transformation durchführen können.

Wir formen mit Hilfe der Additionstheoreme und des Satzes von Pythagoras so um, dass keine Quadrate von trigonometrischen Funktionen mehr vorkommen.

$\sin^2(2t) = \ldots\ldots\ldots\ldots\ldots\ldots\ldots\ldots$

Lösung dieses Zwischenschritts gefunden - - - - - - - - - - ▷ (50)

Weitere Hilfe erwünschst - - - - - - - - - - ▷ (47)

95

$A = \frac{1}{2}$ $B = -1$ $C = \frac{1}{2}$

....

Damit erhalten wir die Bildfunktion

$F(s) = \ldots\ldots\ldots\ldots\ldots\ldots\ldots\ldots$

- - - - - - - - - - ▷ (96)

144

$$\mathcal{L}[y] = \frac{-1}{s \cdot 12\left(s+\frac{1}{6}\right) \cdot \left(s+\frac{1}{2}\right)}$$

....

Damit kommen wir zur Partialbruchzerlegung um rücktransformierbare Terme zu erhalten:

$$\mathcal{L}[y] = \frac{-1}{s \cdot 12\left(s+\frac{1}{6}\right) \cdot \left(s+\frac{1}{2}\right)} = \frac{A}{12s} + \frac{B}{\left(s+\frac{1}{6}\right)} + \frac{C}{\left(s+\frac{1}{2}\right)}$$

Das ergibt:

$A = \ldots\ldots\ldots$ $B = \ldots\ldots\ldots$ $C = \ldots\ldots\ldots$

- - - - - - - - - - ▷ (145)

23

Ein weiteres Beispiel:
Skizzieren Sie in das nebenstehene Koordinatensystem die Funktion

$z = f(x,y) = 3$

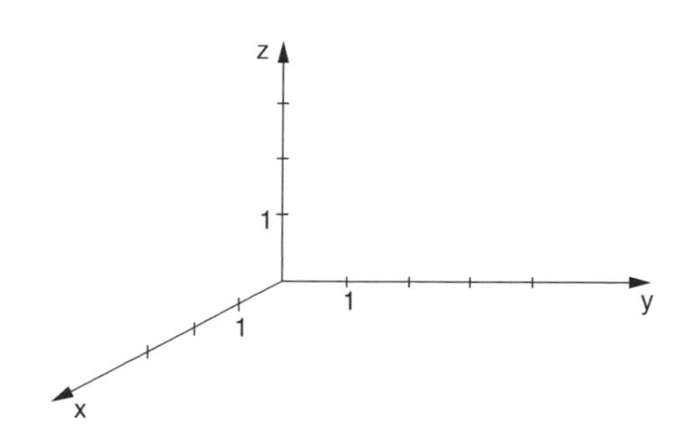

47

1. S 2. V 3. S
4. S 5. 0 6. S

Als nächstes werden wir uns zu gegebenen analytischen Ausdrücken ein qualitatives zeichnerisches Bild von Vektorfeldern schaffen.
Wir setzen die Komponentenschreibweise als bekannt voraus.

$\vec{A} = (A_x, A_y, A_z)$

Ebenso wird als bekannt vorausgesetzt, dass ein Vektor bei gegebenen Komponenten in ein räumliches Koordinatensystem eingetragen werden kann.

71

$\vec{A}(x,y,z) = (-y,x,0)$ ist ein ringförmiges Vektorfeld.

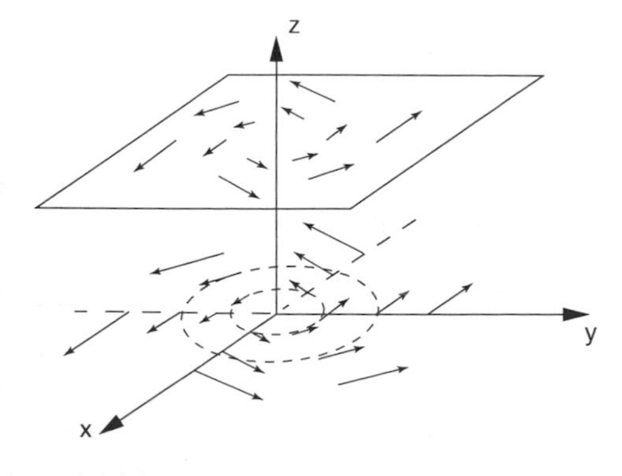

72

45

Gegeben sei: $f(t) = 3\sin^2(2t)$

Gesucht: $F(s) = \ldots\ldots\ldots\ldots\ldots\ldots$

Lösung der etwas kniffeligen Aufgabe gelungen ----------> 51

Hilfe gewünscht ----------> 46

94

Aus der ersten Bestimmungsgleichung folgt $A = \frac{1}{2}$

Wir setzen $A = \frac{1}{2}$ ein in: $A + B + C = 0$ und $-6A - 4B - 2C = 0$

Daraus folgt: $\frac{1}{2} + B + C = 0$ und $-3 - 4B - 2C = 0$

Wir formen um und addieren

$$2B + 2C = -1$$
$$-4B - 2C = +3$$

Daraus folgt: $B = \ldots\ldots\ldots$ und $C = \ldots\ldots\ldots$

----------> 95

143

Nach $\mathcal{L}[y]$ aufzulösen ist:

$$4s\mathcal{L}[x] - s\mathcal{L}[y] + \mathcal{L}[x] = \frac{1}{s}$$
$$4s\mathcal{L}[x] - 4s\mathcal{L}[y] - \mathcal{L}[y] = \frac{1}{s}$$

Wir eliminieren in bekannter Weise $\mathcal{L}[x]$ und erhalten

$\mathcal{L}[y] = \ldots\ldots\ldots\ldots\ldots$

----------> 144

24

Die Fläche $z = 3$ ist eine Ebene, die mit dem Abstand 3 parallel zur x-y-Ebene liegt.

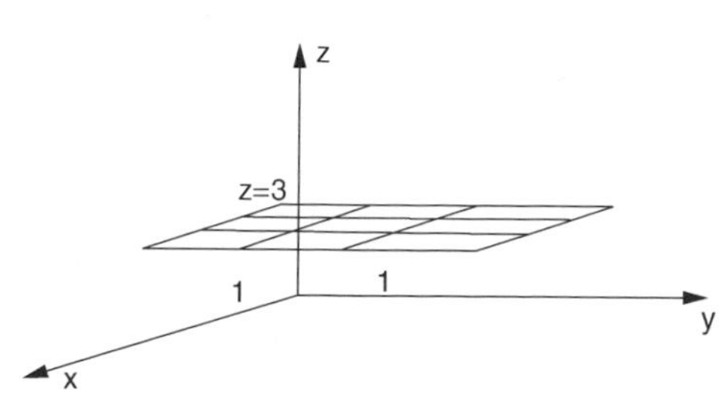

Stimmt Ihre Skizze mit der obigen in der Sache überein?

Nein ▷ 25

Ja ▷ 27

Lehrschritt 25 finden Sie unter Lehrschritt 1

48

Zu skizzieren sei das Vektorfeld $\vec{A}(x,y,z) = \frac{(y,x,0)}{\sqrt{x^2+y^2}}$

1. Schritt: Wir legen in der x-y-Ebene ein Netz von Koordinatenlinien.
2. Schritt: Wir berechnen die Vektoren $\vec{A}(x,y,0)$

   für die Punkte $P_1 = (1,\ 0,\ 0)$
   $P_2 = (1,\ 1,\ 0)$
   $P_3 = (0,\ 1,\ 0)$

   Dazu werden die Koordinaten der Punkte in $\vec{A}(x,y,z)$ eingesetzt.

   $\vec{A}(1,0,0) = \ldots\ldots\ldots$ $\vec{A}(1,1,0) = \ldots\ldots\ldots$ $\vec{A}(0,1,0) = \ldots\ldots\ldots$

▷ 49

Lehrschritt 49 finden Sie unter Lehrschritt 25

72

Sie haben das 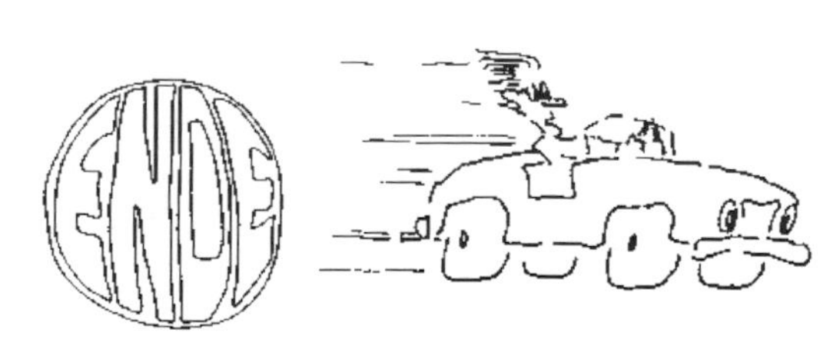 des Kapitels erreicht.

44

$f(t) = r^3 \qquad F(s) = \frac{3!}{s^4} = \frac{6}{s^4}$

Weiter --------------------▷ 45

93

$4 = s^2[A+B+C] + s[-6A-4B-2C] + 8A$

Die Gleichung ist nur dann erfüllt, wenn die rechte Seite unabhängig von s und s^2 ist. Das ist der Fall, wenn beide Klammern gleich 0 sind. Daraus gewinnen wir die Bestimmungsgleichungen.

$4 = 8A$

$0 = A+B+C$

$0 = -6A-4B-2C$

Bestimmen Sie A, B und C

$A = \ldots\ldots\ldots$

$B = \ldots\ldots\ldots$

$C = \ldots\ldots\ldots$ Lösung gefunden --------------------▷ 95

Letzte Hilfe --------------------▷ 94

142

$x(t) = 1 - \frac{3}{4}e^{-\frac{t}{6}} - \frac{1}{4}\cdot e^{-\frac{t}{2}}$

Es bleibt noch die Berechnung von $\mathfrak{L}[y]$ und y.
Die Laplace-Transformation haben Sie bereits im Lehrschritt 139 durchgeführt mit folgendem Ergebnis:

$4s\mathfrak{L}[x] \quad - s\mathfrak{L}[y] + \mathfrak{L}[x] = \frac{1}{s}$

$4s\mathfrak{L}[x] - 4s\mathfrak{L}[y] - \mathfrak{L}[y] = \frac{1}{s}$

Berechnen Sie nun: $y(t) = \ldots\ldots\ldots\ldots$

Lösung glücklich gefunden --------------------▷ 147

Schrittweise Lösung mit Angabe der Zwischenergebnisse --------------------▷ 143

Kapitel 14
Partielle Ableitung, Totales Differential und Gradient

K. Weltner, *Leitprogramm Mathematik für Physiker 2*.
DOI 10.1007/978-3-642-25163-4_14

43

$$\mathcal{L}[t \cdot e^{-at}] = \frac{1}{(s-a)^2}$$

....

Gegeben sei: $f(t) = t^3$

Gesucht: $F(s) = \ldots\ldots$

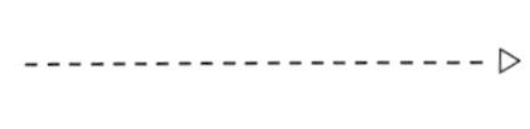

92

$$\frac{4}{s(s-2)\cdot(s-4)} = \frac{A\cdot(s-2)\cdot(s-4)+B\cdot s(s-4)+C\cdot s(s-2)}{s(s-2)\cdot(s-4)}$$

....

Beide Zähler müssen gleich sein. Die rechte Seite wird ausmultipliziert und nach Potenzen von s geordnet.

$4 = \ldots\ldots\ldots\ldots\ldots\ldots\ldots\ldots\ldots\ldots\ldots\ldots\ldots\ldots\ldots$

141

$$\mathcal{L}[x] = \frac{1}{s} - \frac{3}{4}\cdot\frac{1}{\left(s+\frac{1}{6}\right)} - \frac{1}{4}\cdot\frac{1}{\left(s+\frac{1}{2}\right)}$$

....

3. Schritt: Rücktransformation

$x(t) = \ldots\ldots\ldots\ldots\ldots\ldots\ldots\ldots\ldots\ldots$

--------------------▷ 142

Zunächst eine kurze Wiederholung der Funktionen mehrerer Variablen. Diese Kenntnisse brauchen Sie, um das neue Kapitel verstehen zu können.
Berechnen Sie die Funktion

$z = f(x, y) = \sqrt{9 - x^2 - y^2}$ an den Punkten
$P_1 = (1, 2)$ und $P_2 = (2, 0)$.

$f(1, 2) = \ldots\ldots\ldots\ldots\ldots$
$f(2, 0) = \ldots\ldots\ldots\ldots\ldots$

- - - - - - - - - - ▷ 

26

Die partielle Ableitung der Funktion $f(x,y) = +\sqrt{1 - x^2 - y^2}$ ist jetzt schon mehrfach vorgekommen, Sie müsste Ihnen bekannt sein.

$$f_x = \frac{-x}{+\sqrt{1 - x^2 - y^2}}$$

Gesucht ist f_x im Punkt $P = (1,0)$. Sie müssen nun einsetzen in f_x die Werte $x = 1$ und $y = 0$.

Hinweis: $\frac{1}{0} = \infty$. Im Zweifel Skizze im Lehrschritt 21 einsehen.

$f_x(1, 0) = \ldots\ldots\ldots\ldots\ldots$

- - - - - - - - - - ▷ 

51

$$\text{grad } f = \frac{\partial f}{\partial x}\vec{e}_x + \frac{\partial f}{\partial y}\vec{e}_y$$

$$\text{grad } f = \left(\frac{\partial f}{\partial x}, \frac{\partial f}{\partial y}\right) \quad \text{oder} \quad \text{grad } f = (f_x, f_y)$$

....

Gegeben sei die Funktion

$f(x, y) = x^2 + y^2.$

Gesucht ist

$\text{grad } f = \ldots\ldots\ldots\ldots\ldots$

- - - - - - - - - - ▷ 52

42

$$\frac{d}{ds}[f(s)] = \frac{-1}{(s+a)^2}$$

....

Damit wird

$$\frac{d}{ds}[F(s)] = \frac{1}{(s+a)^2} = -\mathcal{L}[t \cdot e^{-at}]$$

Somit ist die Transformierte der Originalfunktion $t \cdot e^{-at}$ gefunden:

$\mathcal{L}[t \cdot e^{-at}] = \ldots\ldots\ldots\ldots\ldots\ldots$

--------------------▷ (43)

91

Unser Ansatz zur Partialbruchzerlegung ist:

$$\frac{4}{s(s-2)\cdot(s-4)} = \frac{A}{s} + \frac{B}{(s-2)} + \frac{C}{(s-4)}$$

Zu bestimmen sind A, B und C.

Wir bringen die Partialbrüche auf der rechten Seite der Gleichung auf den Hauptnenner und erhalten

$$\frac{4}{s(s-2)\cdot(s-4)} = \frac{(\ldots\ldots\ldots\ldots\ldots\ldots)}{s(s-2)\cdot(s-4)}$$

--------------------▷ (92)

140

$$\mathcal{L}[x] = \frac{3s+1}{s \cdot 12\left(s+\frac{1}{6}\right)\cdot\left(s+\frac{1}{2}\right)}$$

....

Partialbruchzerlegung, um rücktransformierbare Terme zu erhalten:

$\mathcal{L}[x] = \ldots\ldots\ldots\ldots\ldots\ldots$

--------------------▷ (141)

2

$f(1, 2) = \sqrt{9-1-4} = 2$

$f(2, 0) = \sqrt{9-4-0} = \sqrt{5} \approx 2{,}236$

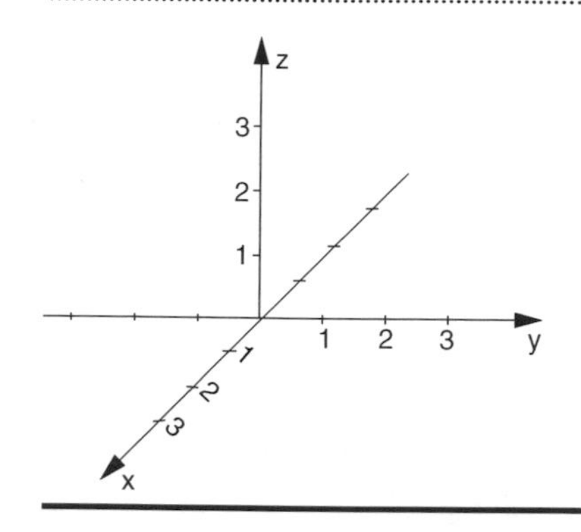

Skizzieren Sie die Fläche $z = \sqrt{9 - x^2 - y^2}$.

-------------------▷ 

27

$f_x(1, 0) = \infty$ Hinweis: Die Steigung der Tangente in y-Richtung ist unendlich, die Tangente verläuft parallel zur z-Achse. Im Zweifel in Skizze im Lehrschritt 21 verifizieren.

Nun berechnen Sie für die gleiche Funktion der Halbkugel die Steigungen in x-Richtung und in y-Richtung für den Punkt $P = (\frac{\sqrt{2}}{2}, 0)$. $f = z = +\sqrt{1 - x^2 - y^2}$

$f_x = (\frac{\sqrt{2}}{2}, 0) = \ldots\ldots\ldots\ldots$

$f_y = (\frac{\sqrt{2}}{2}, 0) = \ldots\ldots\ldots\ldots$

-------------------▷ 

52

$\text{grad } f = 2x\vec{e}_x + 2y\vec{e}_y = (2x,\ 2y)$

Beschäftigen wir uns jetzt mit dem Gradienten in drei Dimensionen.
Gegeben sei das skalare Feld

$f(x, y, z) = -x^2 - y^2 + z$

$\text{grad } f = \ldots\ldots\ldots\ldots$

-------------------▷ 53

41

Für $f(t) = e^{-at}$ ist $F(s) = \frac{1}{s+a}$

Es war die Ableitung einer Bildfunktion zu $f(t)$:

$$\frac{d}{ds}[F(s)] = -\mathfrak{L}[t \cdot f(t)]$$

Wir betrachten $F(s) = \frac{1}{s+a}$

Dann lösen wir $\frac{d}{ds}[F(s)] = \ldots\ldots\ldots\ldots$

▷ 42

Hoffentlich überflüssiger Hinweis: $\frac{1}{s+a} = (s+a)^{-1}$

90

$$F(s) = \frac{4}{s(s-2)\cdot(s-4)}$$

Jetzt kann der Bruch durch Partialbruchzerlegung aufgelöst und in die folgende Form gebracht werden, die dann rücktransformiert werden kann.

$$\frac{4}{s(s-2)\cdot(s-4)} = \frac{A}{s} + \frac{B}{(s-2)} + \frac{C}{(s-4)}$$

$$\frac{4}{s(s-2)\cdot(s-4)} = \ldots\ldots\ldots\ldots$$

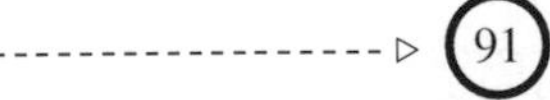

Lösung gefunden ▷ 95

Hilfe ▷ 91

139

$$4s\mathfrak{L}[x] - s\,\mathfrak{L}[y] + \mathfrak{L}[x] = \frac{1}{s}$$

$$4s\mathfrak{L}[x] - 4s\,\mathfrak{L}[y] - \mathfrak{L}[y] = \frac{1}{s}$$

2. Schritt: Auflösung nach $\mathfrak{L}[x]$:

$\mathfrak{L}[x] = \ldots\ldots\ldots\ldots$

▷ 140

3

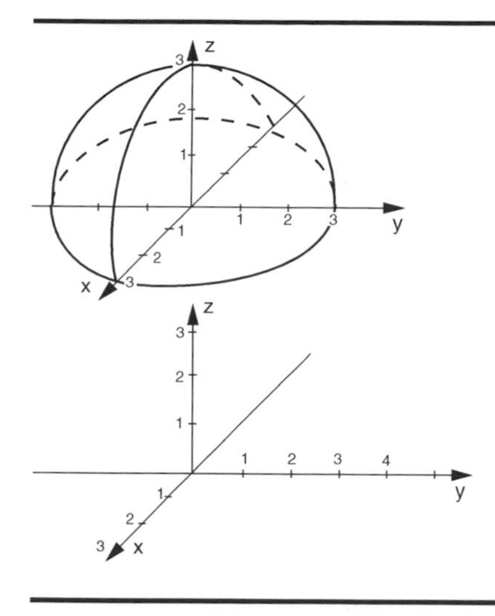

Die Funktion $z = \sqrt{9-x^2-y^2}$ stellt eine Halbkugelschale über der x-y-Ebene dar.

....

Berechnen Sie das Vektorfeld

$\vec{A}(x,y,z) = 3(x,y,z)$

für den Punkt $P = (1,\ 1,\ 1)$ und zeichnen Sie den Vektor $\vec{A}(1,\ 1,\ 1)$ ein.

$\vec{A}(1,\ 1,\ 1) = \ldots\ldots\ldots\ldots\ldots$

28

$$f_x = \frac{-x}{+\sqrt{1-x^2-y^2}} \text{ also gilt } f_x = (\tfrac{\sqrt{2}}{2},0) = -\frac{\sqrt{2}}{2\cdot\sqrt{\frac{1}{2}}} = -1$$

$$f_y = \frac{-y}{+\sqrt{1-x^2-y^2}} \text{ also gilt } f_y = (\tfrac{\sqrt{2}}{2},0) = 0$$

....

Im Lehrbuch wurde die mehrfache partielle Ableitung f_{xy} gebildet für die Funktion $f(x,y,z) = \frac{x}{y} + 2z$. Es war $f_{xy} = -\frac{1}{y^2}$

Berechnen Sie die Ableitung f_{yx} für die Funktion $f = \frac{x}{y} + 2z$

$f_{yx} = \ldots\ldots\ldots\ldots$

Sind f_{xy} und f_{yx} gleich oder ungleich?

53

$$grad\ f = (\frac{\partial f}{\partial x}, \frac{\partial f}{\partial y}, \frac{\partial f}{\partial z}) = (-2x, -2y, 1) \quad \text{oder} \quad grad\ f = -2x\vec{e}_x - 2y\vec{e}_y + 1\vec{e}_z$$

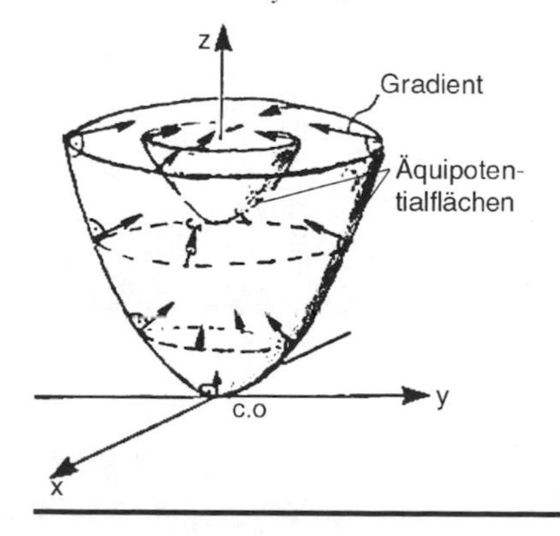

Falls Sie das obige Ergebnis nicht haben, führen Sie selbständig eine Fehleranalyse durch.

Die Skizze veranschaulicht dieses Vektorfeld. Zwei Äquipotentialflächen sind eingezeichnet.

--------------------- ▷ 54

40

Im Lehrbuch ist die Transformierte der Ableitung einer Bildfunktion zu $f(t)$ angegeben:

$$\frac{d}{ds}[F(s)] = -\mathcal{L}[t \cdot f(t)]$$

In unserem Fall kennen wir die Bildfunktion $F(s)$ für $f(t) = e^{-at} =$ ....

In Ihren Notizen, im Lehrbuch oder in der Tabelle im Lehrbuch Seite 213 nachsehen.

--------------------▷ 

89

Es ist umzuformen

$$F(s) = \frac{4}{s(s^2 - 6s + 8)}$$

Die Klammer im Nenner kann in folgende Form gebracht werden:

$$(s^2 - 6s + 8) = (s - a) \cdot (s - b)$$

Hinweis: Entweder probieren oder die quadratische Gleichung $s^2 - 6s + 8 = 0$ lösen.

$$F(s) = \frac{4}{s(s \ldots\ldots\ldots) \cdot (s \ldots\ldots\ldots)}$$

--------------------▷ 

138

Gegeben

$4\dot{x} \quad -\dot{y} \; +x = 1$

$4\dot{x} \; -4\dot{y} \; -y = 1$ Für $t = 0$ gilt: $x_0 = y_0 = 0$

1. Schritt: Laplace-Transformation und Einsetzen der Anfangsbedingungen ergibt

....

....

--------------------▷ 139

4

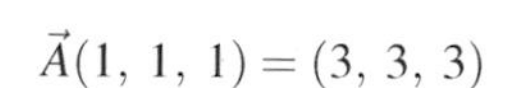

$\vec{A}(1,\ 1,\ 1) = (3,\ 3,\ 3)$

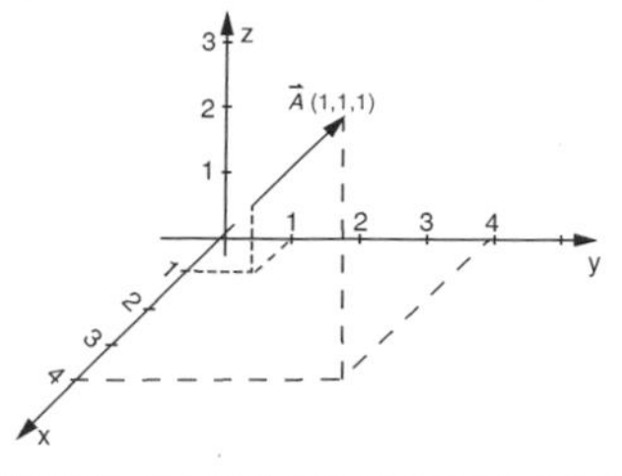

....

Welches der folgenden Vektorfelder ist homogen und welches ist radial-symmetrisch?

a) $\sqrt{x^2+y^2+z^2}\cdot(1,\ 2,\ 7)$

b) $(x,y,z)\cdot\sqrt{x^2+y^2+z^2}$

c) $(1, 7, 23/2)$

d) $(25, 3, z)$

e) $(-5,\ -3,\ -1)$

f) $\dfrac{(x,y,z)}{\sqrt{x^2+y^2+z^2}}$

homogen sind: .... radialsymmetrisch sind: .... -------------▷ 5

29

$\frac{\partial}{\partial y}\left(\frac{\partial f}{\partial x}\right) = f_{yx} = -\frac{1}{y^2}$

$f_{xy} = f_{yx}$.

Diese Aussage gilt für die meisten in der Physik vorkommenden Funktionen (Ihre partiellen Ableitungen müssen stetig sein).

Gilt auch $f_{xz} = f_{zx}$ für die Funktion $f(x,y,z) = \dfrac{x}{y} + 2z^2$?

Bilden Sie die Ableitungen

$f_{xz} =$ ....

$f_{zx} =$ ....

---------------------▷ 30

54

Berechnen Sie den Gradienten für das skalare Feld $\varphi(x,y,z) = x^2 + y^2$.
grad $\varphi =$ .... Fertigen Sie eine Skizze für grad φ an.

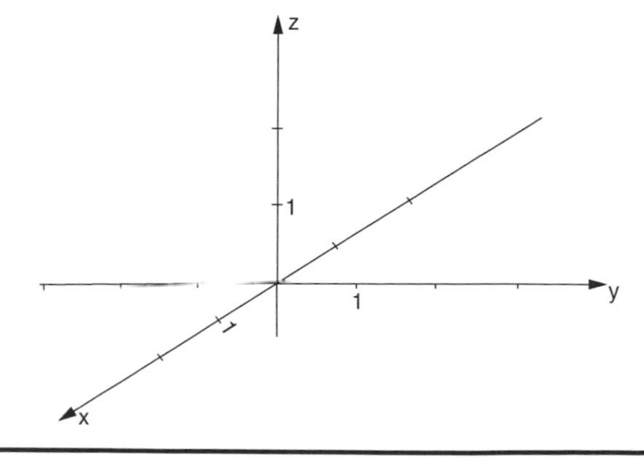

---------------------▷ 55

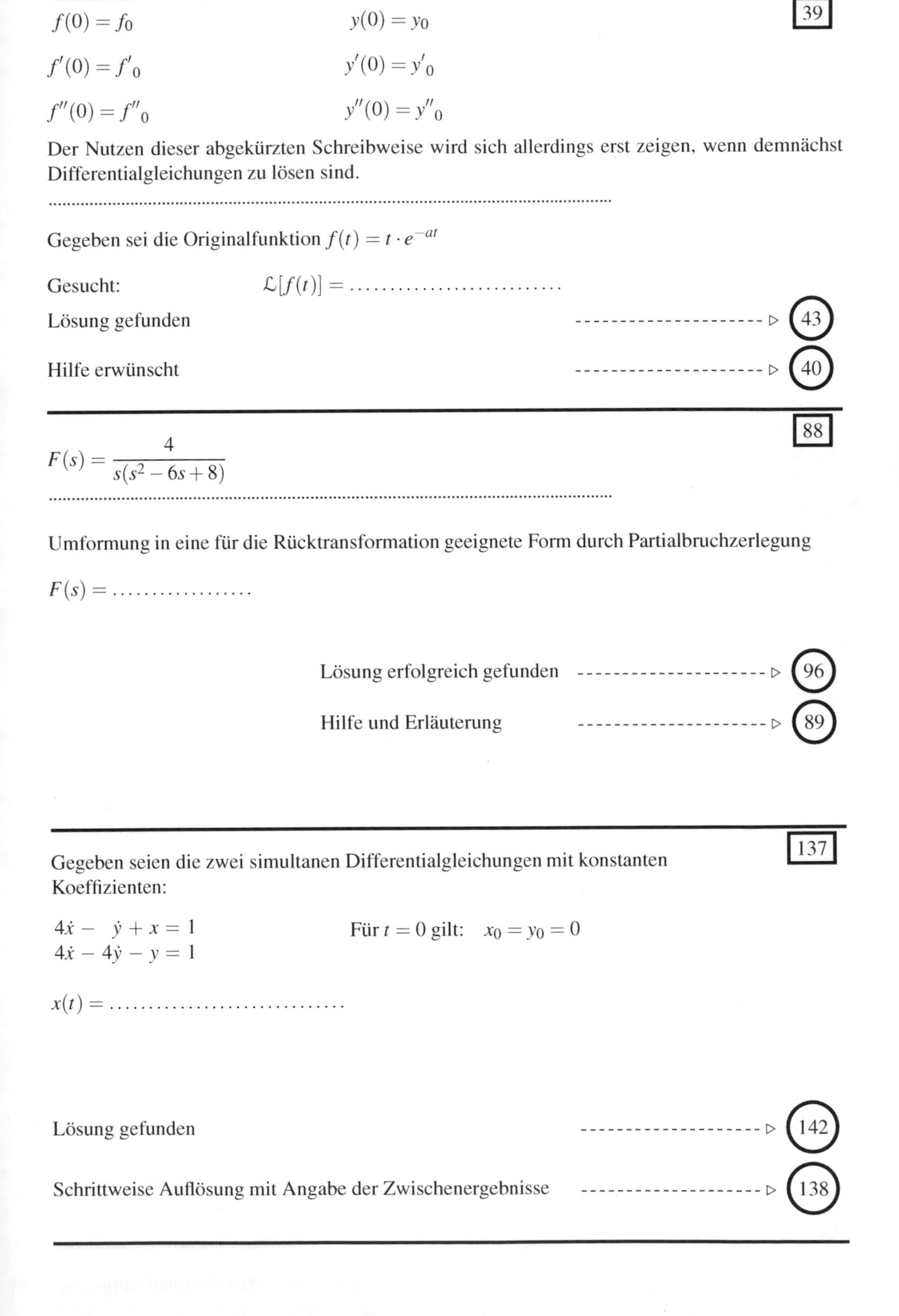

39

$f(0) = f_0$ $\qquad$ $y(0) = y_0$

$f'(0) = f'_0$ $\qquad$ $y'(0) = y'_0$

$f''(0) = f''_0$ $\qquad$ $y''(0) = y''_0$

Der Nutzen dieser abgekürzten Schreibweise wird sich allerdings erst zeigen, wenn demnächst Differentialgleichungen zu lösen sind.

....

Gegeben sei die Originalfunktion $f(t) = t \cdot e^{-at}$

Gesucht: $\qquad \mathcal{L}[f(t)] = \ldots\ldots\ldots\ldots\ldots\ldots$

Lösung gefunden --------------------▷ 43

Hilfe erwünscht --------------------▷ 40

88

$$F(s) = \frac{4}{s(s^2 - 6s + 8)}$$

....

Umformung in eine für die Rücktransformation geeignete Form durch Partialbruchzerlegung

$F(s) = \ldots\ldots\ldots\ldots\ldots$

Lösung erfolgreich gefunden --------------------▷ 96

Hilfe und Erläuterung --------------------▷ 89

137

Gegeben seien die zwei simultanen Differentialgleichungen mit konstanten Koeffizienten:

$4\dot{x} - \dot{y} + x = 1$ $\qquad$ Für $t = 0$ gilt: $\quad x_0 = y_0 = 0$

$4\dot{x} - 4\dot{y} - y = 1$

$x(t) = \ldots\ldots\ldots\ldots\ldots\ldots\ldots$

Lösung gefunden --------------------▷ 142

Schrittweise Auflösung mit Angabe der Zwischenergebnisse --------------------▷ 138

5

homogen: c), e) radialsymmetrisch: b), f)

Hatten Sie Schwierigkeiten grundsätzlicher Art, also keine Flüchtigkeitsfehler, so wäre es angebracht, jetzt noch einmal das Kapitel 13 zu wiederholen. Im folgenden wird nämlich vorausgesetzt, dass Sie das Kapitel kennen. Fehlt Grundlagenwissen, scheint das Neue oft unverhältnismäßig schwierig zu sein.

▷ 6

30

$f_{xz} = 0$
$f_{zx} = 0$

Das Ergebnis einer mehrfachen partiellen Ableitung ist unabhängig von der Reihenfolge der Ableitungen. (Stetigkeit der 1. Ableitung und Existenz der 2. Ableitung vorausgesetzt).

Entscheiden Sie selbst, wie Sie vorgehen wollen:

Weitere Übungsaufgaben ▷ 31

Nächster Abschnitt ▷ 33

55

grad $\varphi = (2x, 2y, 0)$

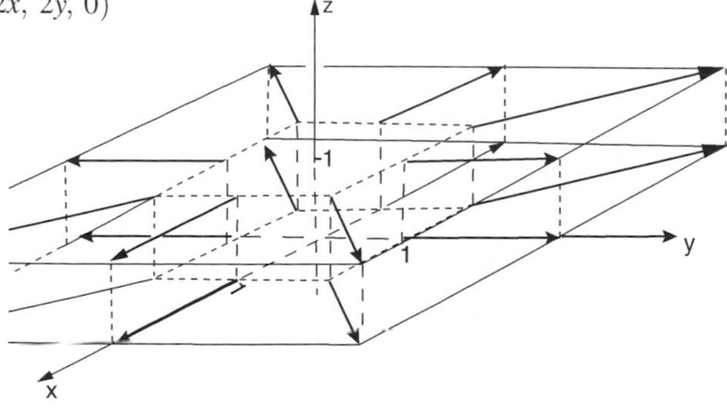

▷ 56

38

In diesem Kapitel gilt für die Notierung des Wertes der Originalfunktion $f(t)$ und aller ihrer Ableitungen an der Stelle $t = 0$ folgende Schreibweise:

$f(0) = \ldots\ldots\ldots\ldots$

$f'(0) = \ldots\ldots\ldots\ldots$

$f''(0) = \ldots\ldots\ldots\ldots$

Gleichwertig ist die folgende Notierung:

$y(0) = \ldots\ldots\ldots\ldots$

$y'(0) = \ldots\ldots\ldots\ldots$

$y''(0) = \ldots\ldots\ldots\ldots$

▷ 39

87

$$s^2F(s) - sy_0 - y'_0 - 6sF(s) + 6y_0 + 8F(s) = \frac{4}{s}$$

Hinweis: Die Konstante 4 auf der rechten Seite der Gleichung ist kein konstanter Faktor und muss ebenfalls transformiert werden.

2. Schritt: Einsetzen der Anfangsbedingungen ($t = 0,\ y_0 = 0,\ y'_0 = 0$) und Auflösung nach $F(s)$:

$F(s) = \ldots\ldots\ldots\ldots\ldots\ldots\ldots\ldots$

▷ 88

136

$$y(t) = \frac{1}{3}\sin t - \frac{1}{6}\sin 2t$$

Jetzt folgt noch eine Übung. Die Lösung dürfte Ihnen nicht schwer fallen, nachdem Sie die vorausgehenden Beispiele durchgearbeitet haben.
Die Lösung erfolgt nach dem nun schon gewohnten Schema der drei Schritte:

- Laplace-Transformation
- Auflösung nach $\mathcal{L}[x]$ und $\mathcal{L}[y]$ und Umformung in eine für die Rücktransformation geeignete Form
- Rücktransformation

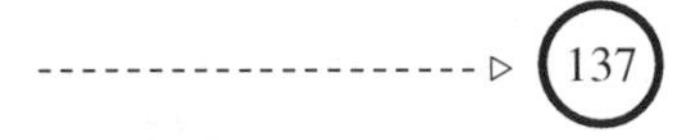
▷ 137

6

Partielle Ableitung, totales Differential und Gradient

Rechnen Sie beim Durcharbeiten des Lehrbuchabschnittes auf einem Zettel die beiden Beispiele nach. Bilden Sie die entsprechenden partiellen Ableitungen der Funktionen:

$z = \frac{1}{1+x^2+y^2}$ und $u = \frac{x}{y} + 2z$

Wir erinnern uns doch: Das Mitrechnen übt Rechentechniken und zeigt Ihnen Ihre Wissenslücken und Schwierigkeiten rechtzeitig.

STUDIEREN SIE im Lehrbuch 14.1 Partielle Ableitung
14.1.1 Mehrfach partielle Ableitung Lehrbuch, Seite 27-30

BEARBEITEN SIE DANACH Lehrschritt ---------------------- ▷ 

31

Gegeben sei $f(x,y) = x^2y + y^2x + z^2x$

$f_{xz} = \dots\dots\dots$

$f_{zx} = \dots\dots\dots$

$f_{xy} = \dots\dots\dots$

$f_{yx} = \dots\dots\dots$

Hilfe zur Zwischenkontrolle Ihrer Rechnungen:

$f_x = 2xy + y^2 + z^2$

$f_y = x^2 + 2xy$

$f_z = 2zx$

---------------------- ▷ 

56

Wir wollen uns jetzt weiter mit dem Begriff *Niveaufläche* befassen.

Gegeben sei das skalare Feld $\varphi(x,y,z) = -x^2 - y^2 + z$

Berechen Sie nach folgendem Lösungsschema die Niveaufläche: $\varphi = c$

1. Schritt: $\varphi(x,y,z) = c$ $\qquad c = \dots\dots\dots$
2. Schritt: Auflösen nach z $\qquad z = \dots\dots\dots$
3. Schritt: Ist die Funktion $z = f(x,y)$ bekannt?
   Welche geometrische Bedeutung hat $f(x,y)$ ....
   ....

---------------------- ▷ 57

37

Laplace-Transformation von Ableitungen

Dies ist nun der letzte Abschnitt mit Vorbereitungen für die Anwendung der Laplace-Transformationen. Wie schon oft gesagt, es ist nützlich, alle Ergebnisse und Regeln auf einem separaten Blatt zu notieren. Das spart Zeit beim Nachschlagen.

STUDIEREN Sie 24.2.8 Laplace-Transformation von Ableitungen
24.2.9 Laplace-Transformation von Potenzen
Lehrbuch Seite 205-207

Danach 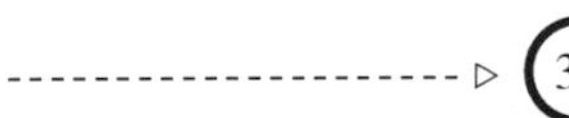 

▷ 38

86

Jetzt müssten Sie die folgende Aufgabe lösen können.

$y'' - 6y' + 8y = 4$ Anfangsbedingungen: $t = 0 \quad y_0 = 0 \quad y'_0 = 0$

1. Schritt: Laplace-Transformation der Differentialgleichung

.... = ...

▷ 87

135

$A = \frac{1}{3} \qquad B = -\frac{1}{3}$

Eingesetzt erhalten wir

$$\mathcal{L}[y] = \frac{1}{3(s^2+1)} - \frac{1}{3(s^2+4)}$$

3. Schritt: Rücktransformation unter Benutzung der Tabelle auf Seite 214 des Lehrbuchs:

$y(t) =$ ....

▷ 136

7

Die Symbole für die partielle Ableitung einer Funktion $f(x,y)$ nach x sind

.... und ....

Die Symbole für die partielle Ableitung nach y sind

.... und ....

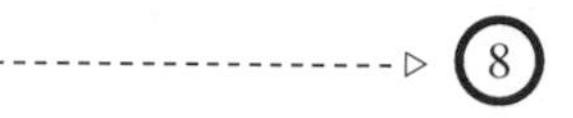

32

$f_{xz} = 2z$
$f_{zx} = 2z$
$f_{xy} = 2x + 2y$
$f_{yx} = 2x + 2y$

- - - - - - - - - - - ▷ (33)

57

1. Schritt: $\varphi = (x,y,z) = c \qquad c = -x^2 - y^2 + z$
2. Schritt: Auflösen nach z: $z = x^2 + y^2 + c$
3. Schritt: Diese Gleichungen beschreiben Paraboloide mit Scheitelpunkt bei $z = c$.

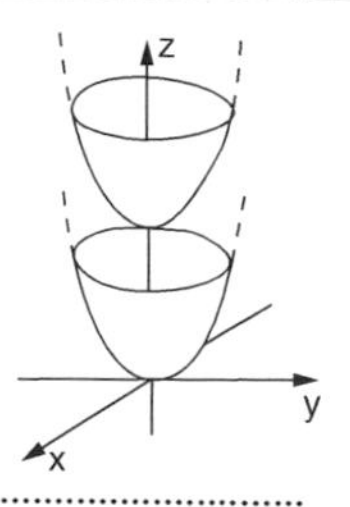

....

Berechnen Sie jetzt die Niveaufläche $\varphi = 2$ für das Potential

$$\varphi = (x,y,z) = \frac{b}{(x^2+y^2+z^2)^{3/2}} \quad (b > 0) \quad z = \ldots\ldots\ldots\ldots$$

Lösung - - - - - - - - - - - ▷ 

Erläuterung oder Hilfe - - - - - - - - - - - ▷ (58)

36

$$\mathcal{L}[2\cos 2\pi t + \sin 2\pi t] = \frac{2\cdot s}{s^2+(2\pi)^2} + \frac{2\pi}{s^2+(2\pi)^2} = \frac{2s+2\pi}{s^2+(2\pi)^2}$$

▷ 37

85

$$y(t) = \frac{1}{6}\left(t + \frac{5}{\sqrt{6}}\sin\sqrt{6}t\right)$$

Weiter ▷ 86

134

$$\mathcal{L}[y] = \frac{1}{(s^4+5s^2+4)}$$

Den Klammerausdruck haben wir in den Lehrschritten 125-127 aufgelöst zu $(s^2+1)\cdot(s^2+4)$. Bleibt nur noch die Partialbruchzerlegung, um rücktransformierbare Terme zu erhalten.

$$\frac{1}{(s^2+1)\cdot(s^2+4)} = \frac{A}{s^2+1} + \frac{B}{s^2+4}$$

$$\frac{1}{(s^2+1)\cdot(s^2+4)} = \frac{A(s^2+4)+B(s^2+1)}{(s^2+1)\cdot(s^2+4)} = \frac{s^2(A+B)+4A+B}{(s^2+1)\cdot(s^2+4)}$$

Daraus folgt in bekannter Weise

$A+B=0$ $\qquad A = \ldots\ldots\ldots\ldots$

$4A+B=1$ $\qquad B = \ldots\ldots\ldots\ldots$

▷ 135

8

$\dfrac{\partial f}{\partial x}$, f_x $\dfrac{\partial f}{\partial y}$, f_y

Bilden Sie die partielle Ableitung nach x von der Funktion $z = f(x,y) = x^2 + y^2$:

$$\frac{\partial f}{\partial x} = \dots\dots\dots\dots$$

Lösung gefunden

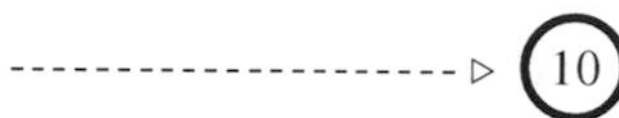

10

Erläuterung oder Hilfe erwünscht

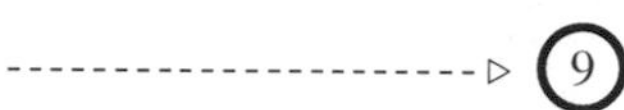

9

33

Das totale Differential

Vergessen Sie bitte nicht, die Beispiele im Text sollten auf einem Zettel mitgerechnet werden.

STUDIEREN SIE im Lehrbuch 14.2 Das totale Differential
Lehrbuch, Seite 31-34

BEARBEITEN SIE DANACH Lehrschritt

34

58

Hier zunächst eine andere Aufgabe: Berechnen Sie die Niveaufläche für das Potential $\varphi = -4$

$$\varphi(x,y,z) = x^2 - y^2 + z^2$$

1. Schritt: $-4 = \dots\dots\dots\dots$

2. Schritt: $z^2 = \dots\dots\dots\dots$

$z = \dots\dots\dots\dots$

--------------------▷ 59

35

$\mathcal{L}[e^{-2t} \cdot \pi t] = \dfrac{s+2}{(s+2)^2+\pi^2}$

....

Der Linearitätssatz dürfte weder beim Verständnis noch bei der Anwendung Schwierigkeiten bereiten.
Suchen Sie die Bildfunktion für

$f(t) = 2\cos\ 2\pi t + \sin\ 2\pi t$:

$\mathcal{L}[2\cos\ 2\pi t + \sin\ 2\pi t] = \ldots\ldots\ldots\ldots\ldots\ldots$

Hinweis: Alle Transformationen sind bereits behandelt. Gegebenenfalls in Ihren Notizen oder im Lehrbuch nachschlagen.

--------------------▷ (36)

84

Beispiel 4 war: $y'' + 6y = t$ mit den Anfangsbedingungen: $t = 0 \quad y_0 = 0 \quad y'_0 = 1$
Transformation und Umformung ergeben $F(s) = \dfrac{1}{s^2+6} + \dfrac{1}{s^2(s^2+6)}$
Schwierigkeiten können nur bei der Rücktransformation entstehen. Aber in der Tabelle finden wir für beide Terme die Teiloriginalfunktion.

Mit $\omega^2 = 6$ erhalten wir $\quad y = \dfrac{1}{\sqrt{6}} \sin\sqrt{6}\cdot t + \dfrac{1}{\sqrt{6}}\left(\sqrt{6}\cdot t - \sin\sqrt{6}\cdot t\right)$

Das ergibt $y(t) = \ldots\ldots\ldots\ldots\ldots\ldots$

--------------------▷ (85)

133

$\mathcal{L}[y]\cdot((s^2+2)^2+s^2) = 1$

....

Wir multiplizieren aus und lösen auf nach $\mathcal{L}[y]$:

$\mathcal{L}[y] = \ldots\ldots\ldots\ldots\ldots\ldots$

--------------------▷ (134)

9

Bei der partiellen Ableitung nach x werden *alle* Variablen *außer x* als *Konstante* betrachtet. y^2 ist also hier als Konstante zu behandeln. Konstante fallen beim Differenzieren weg.

Beispiel: $f(x,y) = x + y$.

Beim Differenzieren nach x wird y als Konstante behandelt und fällt weg.

$$\frac{\partial f}{\partial x} = 1$$

Berechnen Sie die partielle Ableitung nach x von $f(x,y) = x^2 + y^2$.

$$\frac{\partial f}{\partial x} = \ldots\ldots\ldots\ldots$$

▷ 10

34

Das totale Differential einer Funktion $f(x,y,z)$ ist wie folgt definiert:

$df = \ldots\ldots\ldots\ldots\ldots\ldots\ldots$

35

59

1. Schritt: $-4 = x^2 - y^2 + z^2$
2. Schritt: $z^2 = -x^2 + y^2 - 4$

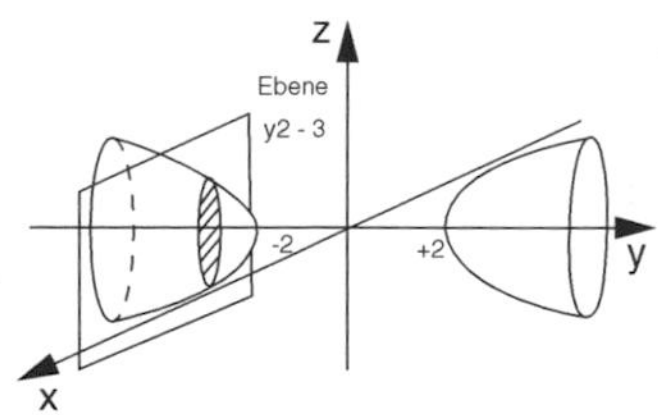

$z = \sqrt{-x^2 + y^2 - 4}$

Dies ist die Gleichung eines Rotationshyperboloids:

a) In der x-y-Ebene $(x = 0)$ erhalten wir eine Hyperbel
$$z^2 - y^2 = -4$$
b) Schneiden wir mit einer Ebene parallel zur x-z-Ebene, im Abstand $y = 3$, erhalten wir einen Kreis:
$$z^2 = -x^2 + 9 - 4 \quad \text{also} \quad z^2 + x^2 = 5$$

Berechnen Sie die Niveaufläche $\varphi = 2$ für $\varphi = (x,y,z) = \dfrac{b}{(x^2 + y^2 + z^2)^{3/2}}$

$z = \ldots\ldots\ldots\ldots\ldots\ldots\ldots$

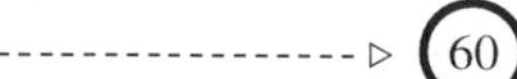
60

34

Wir gehen vor wie bei der letzten Aufgabe, bestimmen $\mathcal{L}[\cos \pi t]$ und wenden dann den Dämpfungssatz an.

$$\mathcal{L}[\cos \pi t] = \frac{s}{s^2 + \pi^2}$$

Der Dämpfungssatz war $\mathcal{L}[e^{-at} \cdot f(t)] = F(s+a)$

Damit wird $\mathcal{L}[e^{-2t} \cdot \cos \pi t] = \ldots\ldots\ldots\ldots$

-------------------- ▷ 35
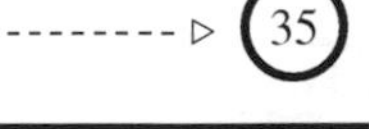

83

$s_1 = -4 + i$
$s_2 = -4 - i$

....

Damit wird $F(s)$ zu $F(s) = \frac{3}{(s+4+i) \cdot (s+4-i)}$

Jetzt haben wir eine andere Form, die wir ebenfalls lösen können.

$$F(s) = \frac{3}{(s-a) \cdot (s-b)}$$

$$y = \frac{1}{2i} \cdot (e^{-(4-i)t} - e^{-(4+i)t}) \cdot 3$$

Mit Benutzung der Eulerschen Formel erhalten wir das bereits bekannte Resultat
$y = 3 \cdot e^{-4t} \cdot \sin t$

Schwierigkeiten bei Beispiel 4 -------------------- ▷ 84

Weiter -------------------- ▷ 86

132

$$x = \frac{1}{2} + \frac{1}{3}\cos t + \frac{1}{6}\cos 2t$$

....

Damit ist der erste Teil von Beispiel 2 geschafft. Bleibt noch die Bestimmung von $\mathcal{L}[y]$ und $y(t)$. Das bereits transformierte Gleichungssystem war:

$$\begin{aligned} (s^2+2)\mathcal{L}[x] \qquad -s\mathcal{L}[y] &= \frac{1}{s} + s \\ s\mathcal{L}[x] + (s^2+2)\mathcal{L}[y] &= 1 \end{aligned}$$

Um $\mathcal{L}[x]$ zu eliminieren, multiplizieren wir die obere Gleichung mit $(-s)$ und die untere mit (s^2+2) und addieren sie. Das ergibt

$\mathcal{L}[y] = \ldots\ldots\ldots\ldots\ldots\ldots\ldots$

-------------------- ▷ 133

10

$$\frac{\partial f}{\partial x} = \frac{\partial}{\partial x}(x^2 + y^2) = 2x$$

Hinweis: y^2 wurde als Konstante behandelt. Die Ableitung einer Konstanten ist Null.

Berechnen Sie $\frac{\partial f}{\partial y}$ von $z = f(x, y) = x^2 + y^2 + 5$

$$\frac{\partial f}{\partial y} = \ldots\ldots\ldots\ldots$$

Lösung gefunden ▷ 15

Erläuterung oder Hilfe erwünscht ▷ 11

35

$$df = \frac{\partial f}{\partial x}dx + \frac{\partial f}{\partial y}dy + \frac{\partial f}{\partial z}dz$$

Berechnen Sie das totale Differential der Funktion:

$$f(x, y, z) = \frac{x}{y} + z$$

$$df = \ldots\ldots\ldots\ldots$$

Lösung ▷ 37

Erläuterung oder Hilfe erwünscht ▷ 36

60

$$\varphi(x, y, z) = \frac{b}{(x^2 + y^2 + z^2)^{3/2}} = 2 \qquad \text{Auflösung nach } z: \; z_{1/2} = \pm\sqrt{\left(\tfrac{b}{2}\right)^{2/3} - x^2 - y^2}$$

Die Niveauflächen sind Kugelflächen mit dem Radius $R = \left(\frac{b}{2}\right)^{1/3}$

Gegeben sei das skalare Feld $\varphi(x, y, z) = x + y - z$. Die Niveauflächen sind Ebenen, die einen Winkel von 45° mit der x-Achse und mit der y-Achse einschließen. In der Skizze ist: $\varphi = 0$

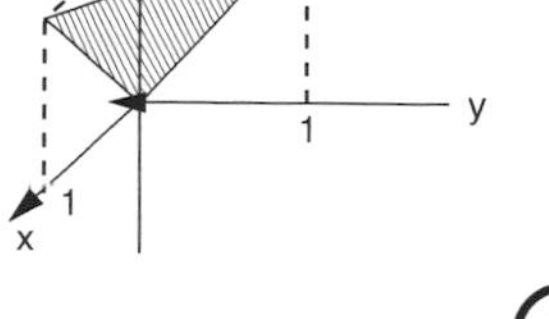

Rechnen und skizzieren Sie:

a) Niveaufläche für $\varphi = -2$: $z = \ldots\ldots\ldots\ldots$
b) Gradient: $\text{grad}\,\varphi = \ldots\ldots\ldots\ldots$

Lösung ▷ 64

Erläuterung oder Hilfe ▷ 61

33

$$\mathcal{L}[e^{-4t}\cdot 3\sin 2t] = \frac{3\cdot 2}{(s+4)^2+4}$$

....

Gegeben: $f(t) = e^{-2t}\cdot\cos\pi t$

Gesucht: $\mathcal{L}[e^{-2t}\cdot\cos\ \pi t] = \dots\dots\dots\dots$

Lösung gefunden ---------------------▷ (35)

Hilfe erwünscht ---------------------▷ (34)

82

Gegeben ist die Bildfunktion: $F(s) = \dfrac{3}{s^2+8s+17}$

Lösung der quadratischen Gleichung im Nenner ergibt:

$s_1 = \dots\dots\dots$

$s_2 = \dots\dots\dots$

---------------------▷ (83)

131

$$\mathcal{L}[x] = \frac{1}{2s} + \frac{1}{3}\frac{s}{(s^2+1)} + \frac{1}{6}\frac{s}{(s^2+4)}$$

....

3. Schritt: Rücktransformation
Unter Benutzung der Tabelle im Lehrbuch, Seite 214, erhalten wir

$x(t) = \dots\dots\dots\dots$

---------------------▷ (132)

11

Bei der partiellen Ableitung nach y werden *alle* Variablen *außer* y als Konstante betrachtet. Betrachten wir ein Beispiel:

$$f(x,y) = 2x + 5y + 10$$

Wenn wir nach y differenzieren, müssen wir x als konstant betrachten.

$$\frac{\partial}{\partial y}(2x + 5y + 10) = 5$$

Berechnen Sie nun

$$\frac{\partial}{\partial y}(x^2 + y^2 + 5) = \ldots\ldots\ldots\ldots\ldots$$

Lösung ▷ 15

Weitere Erläuterung oder Hilfe ▷ 12

36

Das totale Differential einer Funktion $f(x,y,z)$ ist definiert als

$$df = \frac{\partial f}{\partial x}dx + \frac{\partial f}{\partial y}dy + \frac{\partial f}{\partial z}dz$$

Zuerst müssen alle partiellen Ableitungen berechnet werden.

Beispiel: Es gilt für $f(x,y,z) = x^2 + y + z$

$$\frac{\partial f}{\partial x} = 2x \qquad \frac{\partial f}{\partial y} = 1 \qquad \frac{\partial f}{\partial z} = 1$$

Einsetzen in die Definition liefert das Ergebnis: $df = 2xdx + dy + dz$.

Berechnen Sie nun das totale Differential für $f(x,y,z) = \frac{x}{y} + z$

$$df = \ldots\ldots\ldots\ldots\ldots\ldots$$

▷ 37

61

Gegeben: $\varphi(x,y,z) = x + y - z$.
In der Aufgabe war die Niveaufläche für $\varphi = -2$ zu berechnen.
Wir berechnen hier zunächst die Niveaufläche für $\varphi = 2$

1. Schritt: $\varphi = 2$ $\quad 2 = \ldots\ldots\ldots\ldots\ldots$
2. Schritt: Nach z auflösen. $\quad z = \ldots\ldots\ldots\ldots\ldots$
3. Schritt: Niveaufläche skizzieren.

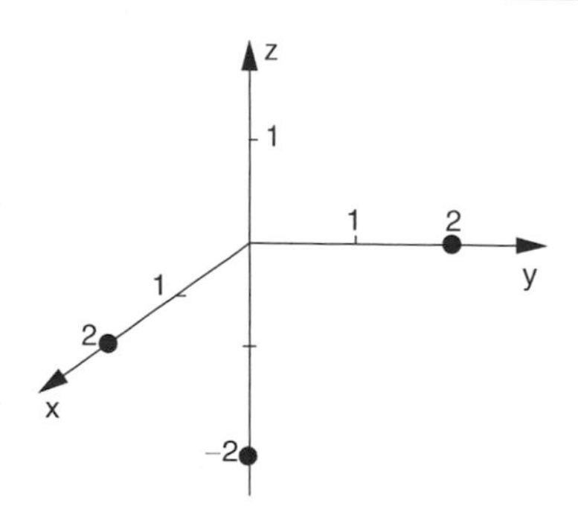

Hinweis: Um Punkte der Fläche zu finden, setzen wir einmal

$z = 0,$	$x = 0$	das ergibt $y = 2$
$z = 0,$	$y = 0$	das ergibt $x = 2$
$x = 0,$	$y = 0$	das ergibt $z = 2$

▷ 62

32

$\mathcal{L}[3\sin 2t] = F(s) = \dfrac{3 \cdot 2}{s^2+4}$

....

Zu berechnen ist jedoch $\mathcal{L}[f(t)] = \mathcal{L}[3\sin 2t \cdot e^{-4t}]$

Jetzt wenden wir den Dämpfungssatz an

$\mathcal{L}[e^{-at} \cdot 3\sin 2t] = F(s+a)$

$\mathcal{L}[e^{-4t} \cdot 3\sin\ 2t] = \ldots\ldots\ldots\ldots\ldots\ldots$

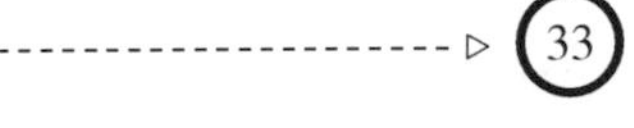

▷ 33

81

$y = 3 \cdot e^{-4t} \cdot \sin t$

....

Wir hätten die Bildfunktion $F(s)$ auch anders umformen können.

Das ist im Lehrbuch im Beispiel 2 gezeigt. Dann wird die Wurzel der Gleichung im Nenner bestimmt, und die folgende Form entsteht:

$F(s) = \dfrac{3}{(s-a)\cdot(s-b)}$

Will auch diese Umformung kennen lernen ▷ 82

Schwierigkeiten bei Beispiel 4 ▷ 84

Weiter ▷ 86

130

$A = \dfrac{1}{2}$ $\quad B_1 = 0$ $\quad B_2 = \dfrac{1}{3}$

$C_1 = 0$ $\quad C_2 = \dfrac{1}{6}$

....

Damit wird $\mathcal{L}[x] = \dfrac{s^4+4s^2+2}{s(s^4+5s^2+4)}$ zu

$\mathcal{L}[x] = \ldots\ldots\ldots\ldots\ldots\ldots$

▷ 131

12

Hier finden Sie noch einmal die Rechenregel für die partielle Differentiation. Gegeben seien eine Funktion f der zwei Variablen x, y.

a) Zu bilden ist $\frac{\partial f}{\partial x}$.

1. Schritt: Wir betrachten alle y als Konstante.
2. Schritt: Wir differenzieren nach x.

Die Regeln sind in Kapitel 5 – Differentialrechnung – behandelt.

b) Zu bilden ist $\frac{\partial f}{\partial y}$.

1. Schritt: Wir betrachten alle x als Konstante.
2. Schritt: Wir differenzieren nach y. Hier könnte für Sie eine Schwierigkeit liegen. Um nach y zu differenzieren, betrachten wir y als Variable und wenden die Differentiationsregeln, die wir sonst auf x anwenden, hier auf y an. Beispiel:

$f(x,y) = x^2 + y \qquad \frac{\partial}{\partial y}(x^2 + y) = 1$

$f(x,y) = x + y^2 \qquad \frac{\partial}{\partial y}(x + y^2) = \ldots\ldots\ldots$

----------▷ 13

37

$$df = \frac{dx}{y} - \frac{x}{y^2} \cdot dy + dz$$

Noch Schwierigkeiten?

Nein

----------▷ 39

Ja

----------▷ 38

62

$2 = x + y - z$

Auflösen nach z ergibt die Niveaufläche $z = x + y - 2$

Jetzt müssen wir noch den Gradienten bilden. grad $\varphi = \ldots\ \ldots$

Er steht .... auf der Niveaufläche.

Skizzieren Sie den Gradienten.

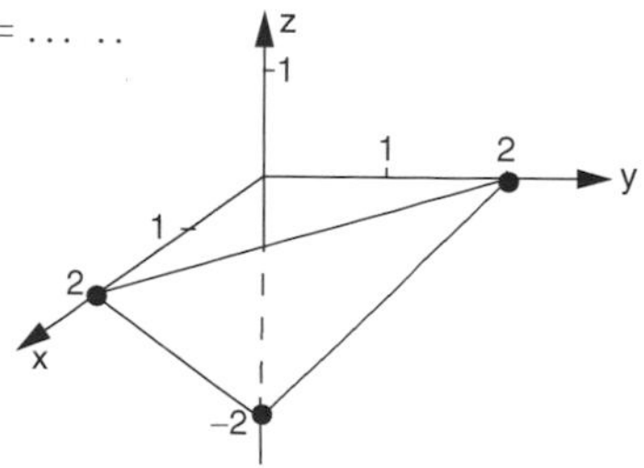

----------▷ 63

31

Gegeben war $f(t) = 3\sin 2t \cdot e^{-4t}$

Wegen des Dämpfungsgliedes e^{-4t} können wir den Dämpfungssatz anwenden.

Zuerst berechnen wir die Transformierte von

$\mathcal{L}[3\sin\ 2t] = \ldots\ldots\ldots\ldots\ldots\ldots\ldots\ldots$

Hinweis: Die Formel wurde bereits abgeleitet. Gegebenenfalls in Ihren Notizen oder im Lehrbuch nachschlagen.

$\mathcal{L}[3\sin\ 2t] = F(s) = \ldots\ldots\ldots\ldots\ldots\ldots\ldots\ldots\ldots\ldots\ldots$

--------------------▷ (32)

80

$$F(s) = \frac{3}{s^2 + 8s + 17}$$

In der Tabelle ist die Originalfunktion für die folgende Bildfunktion angegeben

$$F(s) = \frac{1}{(s-a)^2 + \omega^2} \qquad y = \frac{1}{\omega} \cdot e^{at} \cdot \sin \omega t$$

Damit entsteht die Aufgabe, den gegebenen Nenner unserer Bildfunktion so umzuformen, dass die obige Beziehung angewandt werden kann.

Das gelingt mit $F(s) = \dfrac{3}{((s+4)^2 + 1)}$

Dem entspricht mit $a = -4$ und $\omega^2 = 1$ die Originalfunktion

$y(t) = \ldots\ldots\ldots\ldots\ldots\ldots\ldots\ldots$

--------------------▷ (81)

129

Koeffizientenvergleich für Potenzen von s

$$s^4 + 4s^2 + 2 = s^4(A + B_2 + C_2) + s^3(B_1 + C_1) + s^2(5A + 4B_2 + C_1) + s(4B_1 + C_1) + 4A$$

Koeffizienten von s^4: $\quad 1 = A + B_2 + C_2$

Koeffizienten von s^3: $\quad 0 = B_1 + C_1$

Koeffizienten von s^2: $\quad 4 = 5A + 4B_2 + C$

Koeffizienten von s^1: $\quad 0 = 4B_1 + C_1$

Koeffizienten von s^0: $\quad 2 = 4A$

Wir lösen auf, beginnend mit A, und erhalten

$A = \ldots\ldots \qquad B_1 = \ldots\ldots \qquad B_2 = \ldots\ldots$

$\qquad\qquad\quad C_1 = \ldots\ldots \qquad C_2 = \ldots\ldots$

--------------------▷ (130)

13

$$\frac{\partial}{\partial y}(x+y^2) = 2y$$

....

Berechnen Sie die partiellen Ableitungen von der Funktion $f(x,y) = 2x + 4y^3$:

$$\frac{\partial f}{\partial x} = \ldots\ldots\ldots\ldots\ldots$$

$$\frac{\partial f}{\partial y} = \ldots\ldots\ldots\ldots\ldots$$

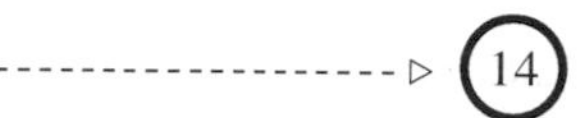
--------------------▷ 14

38

Bearbeiten Sie den Abschnitt 14.2 noch einmal im Lehrbuch. Berechnen Sie dabei das totale Differential der folgenden Funktionen und vergleichen Sie Ihre Resultate mit den Lösungen unten.

a) $f(x,y) = x^2 + 2xy + y^2$

b) $f(x,y,z) = \frac{1}{x} + xy + z$

Lösungen:

a) $df = (2x+2y) \cdot dx + (2x+2y)\,dy$

b) $df = \left(y - \frac{1}{x^2}\right) dx + xdy + dz$

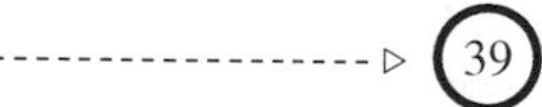
--------------------▷ 39

63

Hinweis: Der Gradient wird von dem skalaren Feld $\varphi = x + y - z$ gebildet:

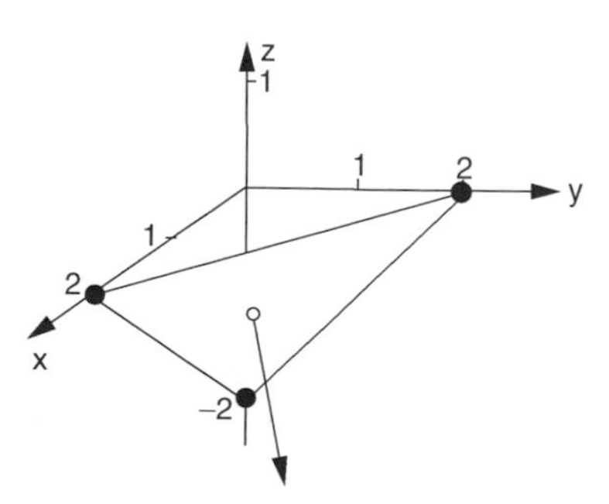

$$grad\,\varphi = \left(\frac{\partial \varphi}{\partial x}, \frac{\partial \varphi}{\partial y}, \frac{\partial \varphi}{\partial z}\right) = (1, 1, -1)$$

In diesem Fall ist der Gradient für alle Raumpunkte konstant. Er ist damit auch unabhängig von der Niveaufläche. Der Vektor $(1,\ 1,\ -1)$ steht senkrecht auf der Ebene $z = x + y - 2$ und zeigt schräg nach unten.

Lösen Sie jetzt nach dem gleichen Muster die ursprüngliche Aufgabe.

BLÄTTERN SIE ZURÜCK UND BEARBEITEN Sie Lehrschritt --------------------▷ 60

30

Gegeben sei $f(t) = 3 \cdot \sin 2t \cdot e^{-4t}$
Gesucht die Transformierte $F(s)$

$F(s) = \ldots\ldots\ldots\ldots\ldots\ldots$

Lösung gefunden -------------------- ▷ 33

Hilfe erwünscht -------------------- ▷ 31

79

$F(s) \cdot s^2 - f_0 - f'_0 - s \cdot f_0 + 8F(s) \cdot s - 8f_0 + 17F(s) = 0$

....

2. Schritt: Einsetzen der Anfangsbedingungen ($t = 0,\ y_0 = 0,\ y'_0 = 2$) und Auflösung nach $F(s)$.

$F(s) = \ldots\ldots\ldots\ldots$

-------------------- ▷ 80

128

$s^4 + 4s^2 + 2 = s^4(A + B_2 + C_2) + s^3(B_1 + C_1) + s^2(5A + 4B_2 + C_2) + s(4B_1 + C_1) + 4A$

....

Die Faktoren der Potenzen von s müssen gleich sein.
Damit gewinnen wir fünf Bestimmungsgleichungen für A, B_1, B_2, C_1 und C_2.

Aufgelöst ergibt das:

$A = \ldots\ldots$ $B_1 = \ldots\ldots$ $B_2 = \ldots\ldots$
$C_1 = \ldots\ldots$ $C_2 = \ldots\ldots$

Lösung gefunden -------------------- ▷ 130

Hilfe und ausführliche Rechnung -------------------- ▷ 129

14

$$\frac{\partial f}{\partial x} = 2$$

$$\frac{\partial f}{\partial y} = 12y^2$$

Berechnen Sie nun

$$\frac{\partial}{\partial y}(x^2 + y^2 + 5) = \ldots\ldots\ldots\ldots\ldots$$

▷ 15

39

Die Definition der Höhenlinie ist wichtig. Daher die Fragen:

a) Höhenlinien sind

☐ Linien im Raum
☐ Linien in der x-y-Ebene

b) *Linien gleicher Höhe* auf einer Fläche und *Höhenlinien* sind

☐ identisch
☐ nicht identisch

c) Die Gleichung der Fläche $z = f(x, y)$ enthält die Variablen x, y, z. Die Gleichung der Höhenlinie enthält die Variablen ....

▷ 40

64

Niveaufläche: $z = x + y + 2$

Gradient grad $\varphi = (1, 1, -1)$

Der Gradient steht *senkrecht* auf der Niveaufläche.

Er zeigt hier schräg nach vorn und nach unten.

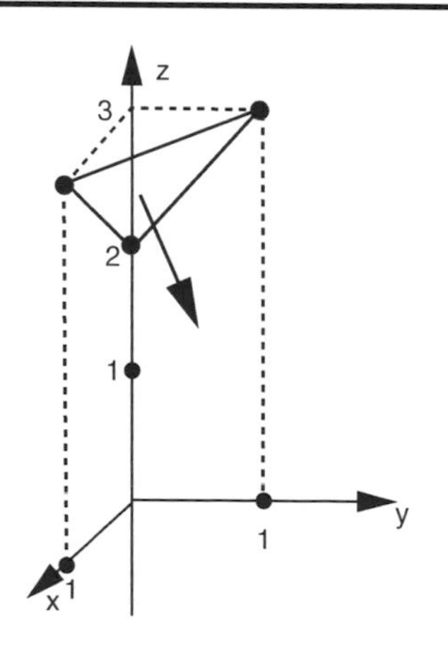

▷ 65

29

Zu beweisen ist, dass gilt: $F(s+a) = \mathfrak{L}[e^{-at} \cdot f(t)]$

Wir suchen die Laplace-Transformierte der Funktion $e^{-at} \cdot f(t)$.
Dabei sei die Transformierte von $f(t)$ bekannt als $F(s)$.

Wir schreiben die Formel für die Laplace-Transformation auf: $\mathfrak{L}[e^{-at} \cdot f(t)] = \int\limits_0^\infty e^{-at} \cdot e^{-st} \cdot f(t)dt$

Unter dem Integral vereinfachen wir zu $\mathfrak{L}[e^{-at} \cdot f(t)] = \int\limits_0^\infty e^{-(s+a)t} \cdot f(t)dt$

Das Integral ergibt die bereits als bekannt vorausgesetzte Transformierte $F(s+a)$

Damit ist bewiesen, dass $\mathfrak{L}[e^{-at} \cdot f(t)] = F(s+a)$

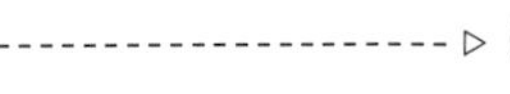

78

Drittes Beispiel:

Zu lösen ist die folgende Differentialgleichung: $y'' + 8y' + 17y = 0$
Anfangsbedingungen: $t = 0 \quad y_0 = 0 \quad y'_0 = 3$

1. Schritt: Die Transformation der Differentialgleichung in den Bildbereich folgt den

gegebenen Regeln und führt zu: .... $= 0$

127

$$\frac{s^4+4s^2+2}{s(s^2+1)\cdot(s^2+4)} = \frac{A(s^4+5s^2+4)+B_1s(s^2+4)+B_2s^2(s^2+4)+C_1s(s^2+1)+C_2s^2(s^2+1)}{s(s^2+1)\cdot(s^2+4)}$$

Wir multiplizieren im Zähler aus, ordnen nach Potenzen von s und vergleichen die Zähler.

$s^4+4s^2+2 =$ ....

15

$$\frac{\partial f}{\partial y} = 2y$$

Berechnen Sie die partiellen Ableitungen der Funktion $z = x^3 + 5xy - \frac{1}{2}y^2 + 3$

$$\frac{\partial z}{\partial x} = \ldots\ldots\ldots\ldots\ldots$$

$$\frac{\partial z}{\partial y} = \ldots\ldots\ldots\ldots\ldots$$

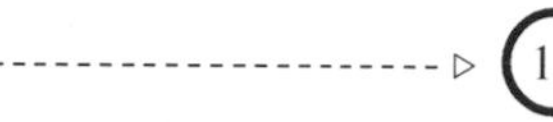
16

40

a) Höhenlinien sind Linien in der x-y-Ebene.

b) Linien gleicher Höhe und Höhenlinien sind *nicht* identisch. Vergessen Sie dies nicht. Es verhindert viele Mißverständnisse.

Aus *Linien gleicher Höhe* gewinnt man die *Höhenlinien* durch Projektion auf die x-y-Ebene.

c) Die Gleichung der Höhenlinie enthält nur die Variablen x und y.

41

65

Hinweis: Die Begriffe *skalares Feld* und *Niveaufläche* sind deutlich zu unterscheiden: Gegeben sei ein skalares Feld durch die Gleichung $\varphi = (x,y,z)$.
Wir haben dann zwei Operationen.

a) Bildung der Niveauflächen $\varphi = (x,y,z) = c$. Auflösen nach z gibt die Niveaufläche.

b) Bildung des Gradienten: grad $\varphi = (\frac{\partial \varphi}{\partial x}, \frac{\partial \varphi}{\partial y}, \frac{\partial \varphi}{\partial z})$

Der Gradient ist ein Vektor, der senkrecht auf den Niveauflächen steht.

----------------------- ▷ 66

28

$F(s+a) = \mathcal{L}[e^{-at} \cdot f(t)]$

....

Beweis im Lehrbuch verstanden -----------------▷ (30)

Zusätzliche Erläuterung zum Beweis -------------▷ (29)

77

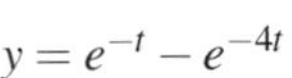

$y = e^{-t} - e^{-4t}$

....

Wieder können Sie wählen

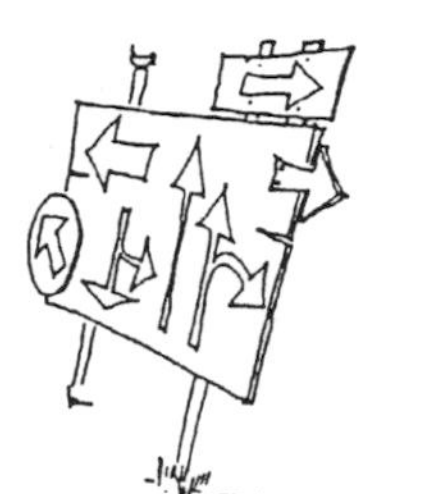

Schwierigkeiten bei Beispiel 3 -------▷ (78)

Schwierigkeiten bei Beispiel 4 -------▷ (84)

Weiter --------------------▷ (86)

126

$s_1{}^2 = -1 \qquad s_2{}^2 = -4$

$s^4 + 5s^2 + 4 = (s^2+1) \cdot (s^2+4)$

....

Damit wird $\mathcal{L}[x] = \dfrac{s^4 + 4s^2 + 2}{s(s^2+1) \cdot (s^2+4)}$

Jetzt zerlegen wir in Partialbrüche, die später rücktransformiert werden können. Die Nullstellen sind konjugiert komplex, so sind sie für $(s^2+1) = 0$: $\quad s_1 = +i \quad$ und $\quad s_2 = -i$.

Daher gilt der folgende Ansatz: $\dfrac{s^4 + 4s^2 + 2}{s(s^2+1) \cdot (s^2+4)} = \dfrac{A}{s} + \dfrac{B_1 + B_2 s}{(s^2+1)} + \dfrac{C_1 + C_2 s}{(s^2+4)}$

Wir bringen die rechte Seite wieder auf den ursprünglichen Hauptnenner

$\dfrac{s^4 + 4s^2 + 2}{s(s^2+1) \cdot (s^2+4)} = \dfrac{\dots\dots\dots\dots\dots\dots}{s(s^2+1) \cdot (s^2+4)}$

-------▷ (127)

16

$$\frac{\partial z}{\partial x} = 3x^2 + 5y$$

$$\frac{\partial z}{\partial y} = 5x - y$$

....

Berechnen Sie die partiellen Ableitungen für $z = 2x^3 \sin 2y$

$$\frac{\partial z}{\partial x} = \ldots\ldots\ldots\ldots\ldots$$

$$\frac{\partial z}{\partial y} = \ldots\ldots\ldots\ldots\ldots$$

- ▷ 

41

Für eine Funktion $z = f(x,y)$ werden die *Linien gleicher Höhe* durch folgende Gleichungen beschrieben: z = c und $c = f(x,y)$
Die zugehörigen *Höhenlinien* ergeben sich durch Projektion auf die x-y-Ebene; die Höhenlinien werden also beschrieben durch $f(x,y) = c$. Das folgende Schema zeigt noch einmal, wie man bei der Berechnung der Höhenlinien vorgehen kann:
Gegeben ist die Funktion: $z = \frac{1}{1-x^2-y^2}$. Berechnet werden soll die Höhenlinie für z = 2.

1. Schritt: Wir setzen $z = f(x,y) = 2$, Wir erhalten $2 = \frac{1}{1-x^2-y^2}$
2. Schritt: Wir formen um: $x^2 + y^2 = \frac{1}{2}$.
3. Schritt: Wir interpretieren: Die Gleichung $x^2 + y^2 = \frac{1}{2}$ beschreibt einen Kreis mit Radius $\sqrt{\frac{1}{2}}$.

- ▷ 

66

Anwendungsbeispiel: In einem elektrischen Feld der Feldstärke $\vec{E}$ wirkt auf ein Teilchen mit der Ladung q die Kraft $\vec{F} = q\vec{E}$. Elektrische Felder bestehen zwischen geladenen Metallkörpern. (Platten, Kugeln, Drähte). Für geladene Metallkörper lässt sich das elektrische Potential $\varphi(x,y,z)$ bestimmen. Daraus lässt sich die elektrische Feldstärke $\vec{E}$ berechnen gemäß $\vec{E} = -\text{grad}\ \varphi(x,y,z)$.
Ein Teilchen mit der Masse m und der Ladung q fliegt durch eine elektrisches Feld mit dem Potential $\varphi(x,y,z) = k(x^2 - y^2)$ $\quad$ (k = konstant)
Berechnen Sie die Beschleunigung, die das Teilchen an der Stelle $P_0 = (2,\ 1,\ 1)$ erfährt.

$$\vec{a}(2,\ 1,\ 1) = \ldots\ldots\ldots\ldots\ldots$$

Lösung - ▷ 

Erläuterung oder Hilfe - ▷ 

27

$f(t) = 5t - 50 = 5(t-10)$

$F(s) = \frac{5}{s^2} \cdot e^{-10s}$

....

Dämpfungssatz: Gegeben seien eine Funktion $f(t)$ und ihre Transformierte $F(s)$

Dann gilt $F(s+a) =$ ....

▷ 28

76

$s_1 = -4 \qquad s_2 = -1 \qquad F(s) = \frac{3}{(s+4)\cdot(s+1)}$

....

Dieser Ausdruck für $F(s)$ kann mit Hilfe der Tabelle rücktransformiert werden

$y =$ ....

Die weitere Vereinfachung ist bereits in Lehrschritt 71 für die folgende Funktion erklärt. Gegebenfalls dort nachsehen

$F(s) = \frac{5s+11}{s(s+2)\cdot(s+4)}$

▷ 77

125

Nach s^2 aufzulösen ist: $s^4 + 5s^2 + 4 = 0$

Wir lösen die quadratische Gleichung im Hinblick auf s^2.

Also: $s^2 = -\frac{5}{2} \pm \sqrt{\frac{25}{4} - 4} = -\frac{5}{2} \pm \sqrt{\frac{9}{4}} = -\frac{5}{2} \pm \frac{3}{2}$

${s_1}^2 =$ ....

${s_2}^2 =$ ....

$s^4 + 5s^2 + 4 = (s^2 +$ ....$) \cdot (s^2 +$ ....$)$

▷ 126

17

$$\frac{\partial z}{\partial x} = 6x^2 \sin 2y \qquad \frac{\partial z}{\partial y} = 4x^3 \cos 2y$$

Bilden Sie noch die partiellen Ableitungen von: $u = x^2 - \sin y \cdot \cos z$.

$$\frac{\partial u}{\partial x} = \dots\dots\dots\dots$$

$$\frac{\partial u}{\partial y} = \dots\dots\dots\dots$$

$$\frac{\partial u}{\partial z} = \dots\dots\dots\dots$$

▷ 18

42

Berechnen Sie die Höhenlinien der Funktion

$z = x + y$ für $z = c$ $\qquad y = \dots\dots\dots\dots$

Skizzieren Sie die Höhenlinien für

$c = -1, \qquad c = +1, \qquad c = 0$

Lösung ▷ 44

Erläuterung oder Hilfe ▷ 43

67

Hinweise zur Lösung:

1. Stellen Sie die Newtonschen Bewegungsgleichungen auf.
   Sie lauten allgemein: $\vec{F} = m \cdot \ddot{\vec{r}}$.
2. Bestimmen Sie mit Hilfe der gegebenen Information die fehlenden Bestimmungsgrößen.
3. Lesen Sie bei anhaltenden Schwierigkeiten im Lehrbuch den Abschnitt 14.3. Suchen Sie sich die zur Aufgabenlösung wesentliche Information heraus, indem Sie selektiv lesen.

▷ 68

26

1. Schritt: $f(t) = a \cdot \left(t - \frac{b}{a}\right)$ Damit ist die Gerade um $\frac{b}{a}$ nach rechts verschoben.

2. Schritt: Das Ergebnis der Laplace-Transformation ist $F(s) = \frac{a}{s^2} \cdot e^{\frac{b}{a} \cdot f}$

....

Gegeben sei die Gerade $f(t) = 5t - 50$

Formen Sie so um, dass Sie die Laplace-Transformation durchführen können

$f(t) = \ldots\ldots\ldots\ldots$

Führen Sie nun die Laplace-Transformation durch

$F(s) = \ldots\ldots\ldots\ldots$

--------------------▷ 27

75

Beispiel 2 war: $y'' + 5y' + 4y = 0$ Anfangsbedingungen: $t = 0$ $y_0 = 0$ $y'_0 = 3$

Die Lösung erfolgt immer in den drei Schritten:

1. Schritt: Transformation in den Bildbereich. Einsetzen der Anfangsbedingungen.
2. Schritt: Umformung der Gleichung im Bildbereich.
   Auflösung nach $F(s)$ und Vereinfachung.
3. Schritt: Rücktransformation
   Gegebenenfalls lesen Sie noch einmal im Lehrbuch den ersten Abschnitt von 24.3 nach. Im Beispiel 2 sind alle Schritte im Lehrbuch ausführlich gerechnet.
   Schwierigkeiten könnten entstehen bei der Umformung von $F(s) = \frac{3}{s^2 + 5s + 4}$

Wir lösen die quadratische Gleichung im Nenner und bestimmen die Nullstellen. Dann stellen wir F(s) als Produkt von Linearfaktoren dar.

$s_1 = \ldots\ldots\ldots\ldots$ $s_2 = \ldots\ldots\ldots\ldots$ $F(s) = \frac{3}{\ldots\ldots\ldots}$

--------------------▷ 76

124

$$\mathcal{L}[x] \cdot [s^4 + 5s^2 + 4] = \frac{s^4 + 4s^2 + 2}{s}$$

....

Das ergibt aufgelöst $\mathcal{L}[x] = \frac{s^4 + 4s^2 + 2}{s(s^4 + 5s^2 + 4)}$

Um eine Partialbruchzerlegung durchzuführen, mit der wir rücktransformierbare Terme erhalten, müssen wir die Klammer in ein Polynom der Form $(s^2 + a) \cdot (s^2 + b)$ bringen. Dazu lösen wir die Gleichung $s^4 + 5s^2 + 4$ nach s^2 auf. Im Hinblick auf s^2 ist dies eine quadratische Gleichung.
Das ergibt

${s_1}^2 = \ldots\ldots$
${s_2}^2 = \ldots\ldots$
$s^4 + 5s^2 + 4 = (s^2 - \ldots\ldots\ldots) \cdot (s^2 - \ldots\ldots\ldots)$

Lösung gefunden --------------------▷ 126

Lösung der Quadratischen Gleichung --------------------▷ 125

18

$\frac{\partial u}{\partial x} = 2x \qquad \frac{\partial u}{\partial y} = -\cos y \cos z \qquad \frac{\partial u}{\partial z} = \sin y \sin z$

Beschreiben Sie in Stichpunkten folgende Begriffe:

1. Geometrische Bedeutung der partiellen Ableitung $\frac{\partial f}{\partial x}$
2. Geometrische Bedeutung der partiellen Ableitung $\frac{\partial f}{\partial y}$
3. Symbole für die partiellen Ableitungen einer Funktion $f(x,y)$ nach x und y.
4. Rechenregeln für partielles Differenzieren nach x und y.

▷ 19

43

Gegeben war: $z = x + y$ Gesucht: Höhenlinien für $z = c$

1. Schritt: Wir setzen ein: $z = c$; Ergebnis: $c = x + y$

2. Schritt: Auflösen nach y ergibt: $y = c - x$

3. Schritt: Die Höhenlinien sind Geraden. Zeichnen Sie die Geraden ein für:

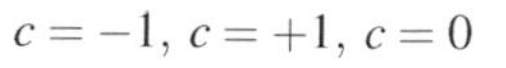
$c = -1,\ c = +1,\ c = 0$

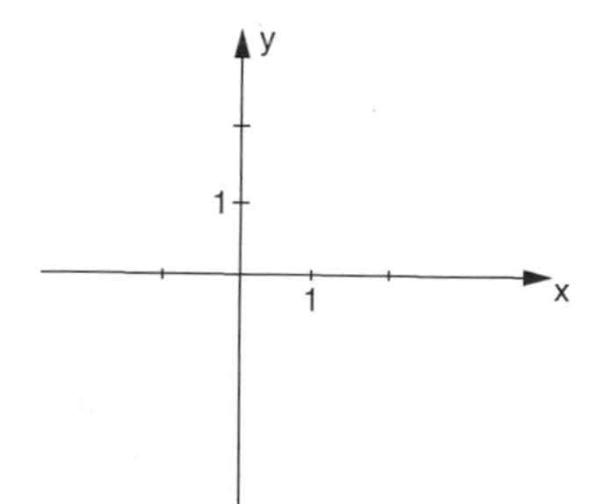

▷ 44

68

$\vec{a} = (\ddot{x},\ \ddot{y},\ \ddot{z}) = \left(\frac{4qk}{m},\ \frac{2qk}{m}, 0\right)$

Hinweise zum Lösungsweg:

1. Die Newtonschen Bewegungsgleichungen lauten allgemein: $\vec{F} = m \cdot \ddot{\vec{r}}$.

   $m\ddot{x} = F_x \qquad m\ddot{y} = F_y \qquad m\ddot{z} = F_z$

2. Bestimmung der Komponenten von $\vec{F}$

   $\vec{F} = q\vec{E} \qquad \vec{E} = -grad\,\varphi(x,y,z)$

   $grad\,\varphi = k(2x, -2y,\ 0) \qquad \vec{F} = -qk(2x, -2y,\ 0)$

3. $m\ddot{x} = -qk\,2x$; $\quad m\ddot{y} = qk\,2y$; $\quad m\ddot{z} = 0$
   Einsetzen der Koordinaten des Punktes P_0 führt zur Lösung.

▷ 69

25

$\mathcal{L}[5(t-5)] = e^{-5s} \cdot \frac{5}{s^2}$

....

Mit Hilfe des Verschiebungssatzes können wir beliebige lineare Funktionen, die nach rechts verschoben sind, transformieren.

Gegeben sei
$f(t) = a \cdot t - b$

1. Schritt: Formen Sie so um, dass Sie die Transformation durchführen können

$f(t) = \ldots\ldots\ldots\ldots\ldots\ldots$

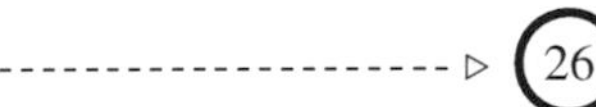

--------------------▷ 26

74

Bestimmen Sie den Fortgang Ihrer Arbeit selbst

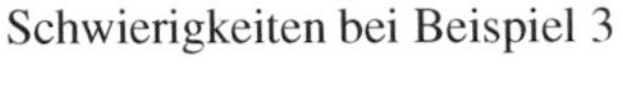
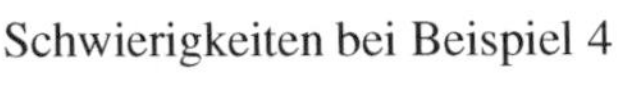
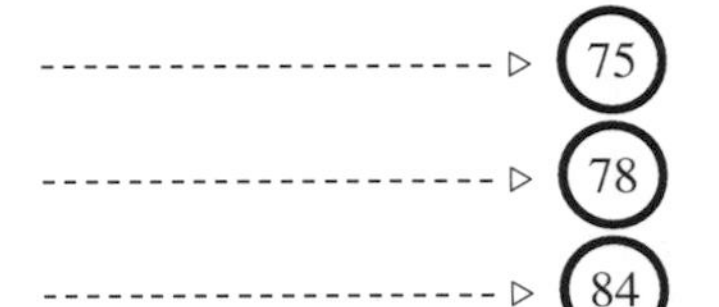

Schwierigkeiten bei Beispiel 2 --------------------▷ 75

Schwierigkeiten bei Beispiel 3 --------------------▷ 78

Schwierigkeiten bei Beispiel 4 --------------------▷ 84

Weiter, keine Schwierigkeiten gehabt --------------------▷ 86

123

$\mathcal{L}[x] \cdot \left[(s^2+2)^2 + s^2\right] = \frac{s^2+2}{s} + s(s^2+2) + s$

....

Wir formen die rechte Seite um und bringen sie auf den Nenner s. Auf der linken Seite multiplizieren wir aus:

$\mathcal{L}[x] \cdot [\ldots\ldots\ldots\ldots\ldots] = \frac{\ldots\ldots\ldots\ldots\ldots}{s}$

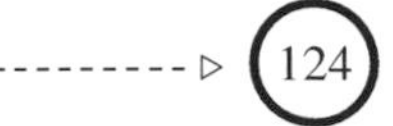

--------------------▷ 124

19

1. $\frac{\partial f}{\partial x}$ gibt den Anstieg der Tangente in x-Richtung an die Fläche $z = f(x,y)$.
2. $\frac{\partial f}{\partial y}$ gibt den Anstieg der Tangente in y-Richtung an die Fläche $z = f(x,y)$.
3. $\frac{\partial f}{\partial x}$, f_x, $\frac{\partial f}{\partial y}$, f_x.
4. $z = f(x,y)$ wird *partiell nach x differenziert*, indem man y als Konstante auffasst und die gewöhnliche Differentation nach x ausführt. Bei der *partiellen Ableitung nach y* fasst man x als Konstante auf und differenziert nach y.

--------------------▷ 20

44

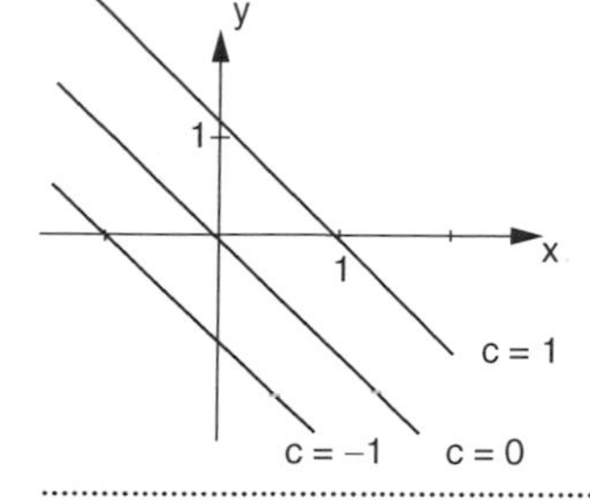

$y = c - x$

Gegeben ist die Fläche $z = \sqrt{1 - x^2 - y^2}$.

Gesucht ist die Höhenlinie $z = \frac{1}{2} \cdot y = \ldots\ldots\ldots\ldots$

Lösung gefunden --------------------▷ 46

Erläuterung oder Hilfe erwünscht --------------------▷ 45

69

Jetzt folgen Aufgaben zum ganzen Kapitel.

Gegeben sei die Funktion $f(x,y,z) = 2xy^2z$.

Geben Sie die partiellen Ableitungen an:

$f_x = \ldots\ldots\ldots\ldots$ $\quad f_y = \ldots\ldots\ldots\ldots$ $\quad f_z = \ldots\ldots\ldots\ldots$

Wie lauten die partiellen Ableitungen im Punkt $p = (1, -1, -1)$?

$f_x(1,-1,-1) = \ldots\ldots\ldots\ldots$

$f_y(1,-1,-1) = \ldots\ldots\ldots\ldots$

$f_z(1,-1,-1) = \ldots\ldots\ldots\ldots$

--------------------▷ 70

24

$$\mathcal{L}[f(t-a)] = e^{-as} \cdot F(s)$$

Wir betrachten wieder die Gerade durch den Koordinatenursprung: $f(t) = 5t$

Ihre Transformierte kennen wir bereits: $F(s) = \frac{5}{s^2}$

Jetzt betrachten wir die Gerade $f(t) = 5t - 25$

Es ist die um 5 nach rechts verschobene Gerade, denn $f(t) = 5(t-5) = 5t - 25$

Geben Sie die Transformierte für diese Gerade mit Hilfe des Verschiebungssatzes an.

$\mathcal{L}[5(t-5)] = \ldots\ldots\ldots\ldots\ldots\ldots\ldots\ldots$

▷ 25

73

$$y = \frac{1}{2} \cdot e^{-2t} + \frac{9}{2} e^{-4t}$$

Das Ergebnis ist das gleiche. Bei der Umformung der Gleichung $F(s)$ im Bildbereich sind unterschiedliche Wege möglich. Mit Geschick und etwas Übung muss man einen Weg suchen, um Terme zu finden, für die man die Rücktransformation durchführen kann. Dabei hilft oft die Partialbruchzerlegung, die im Lehrbuch im Anhang auf Seite 228 erläutert ist.

▷ 74

122

$$(s^2+2)\,\mathcal{L}[x] - 5\,\mathcal{L}[y] = \frac{1}{s} + s$$

$$s\,\mathcal{L}[x] + (s^2+2)\,\mathcal{L}[y] = x_0 = 1$$

2. Schritt: Auflösung nach $\mathcal{L}[x]$ und Eliminierung von $\mathcal{L}[y]$.

Dafür multiplizieren wir die obere Gleichung mit (s^2+2) und die untere mit s. Dann addieren wir, $\mathcal{L}[y]$ fällt heraus.

Wir erhalten

$\mathcal{L}[x] = \ldots\ldots\ldots\ldots\ldots\ldots\ldots = \ldots\ldots\ldots\ldots\ldots\ldots\ldots$

▷ 123

20

Im folgenden wollen wir uns am Beispiel der Einheitskugel die geometrische Bedeutung der partiellen Ableitungen f_x und f_y nochmals verdeutlichen.

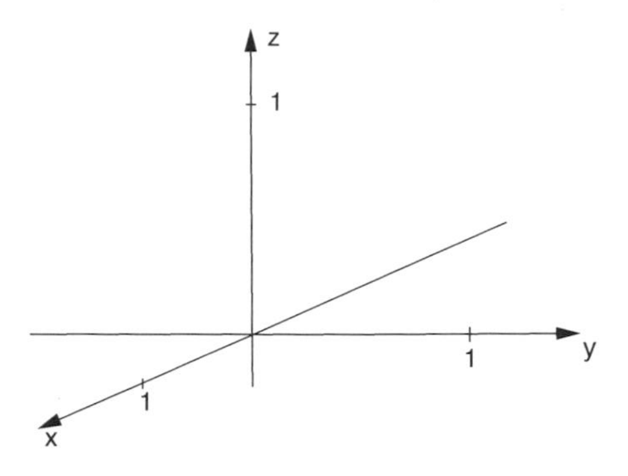

Sie wissen bereits: Sehr vielen Menschen verhilft die geometrische Veranschaulichung eines mathematischen Sachverhalts entscheidend zum Verständnis des Problems.
Skizzieren Sie zunächst die obere Hälfte der Einheitskugel. Zeichnen Sie die Tangenten in x- und y-Richtung am Nordpol ein.
Nordpol: $P = (0,0,1)$.

- ▷ 

45

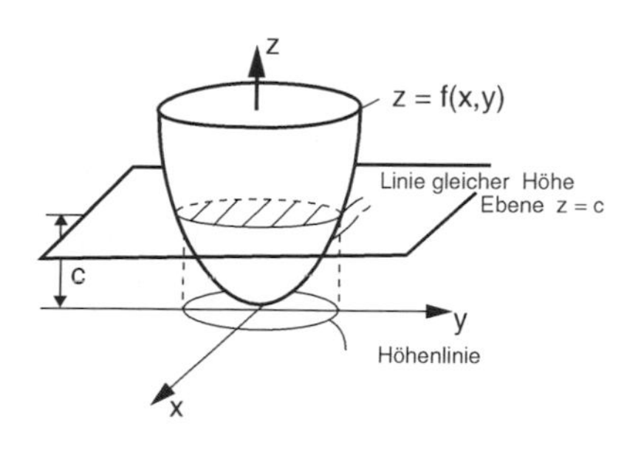

Eine Funktion $z = f(x,y)$ stellt eine Fläche im dreidimensionalen Raum dar. Die Linien gleicher Höhe sind diejenigen Linien auf der Fläche, die von der x-y-Ebene die konstante Entfernung (Höhe) $z = c$ haben. Diese Linien können wir uns als die Schnittschnelle der Fläche $z = f(x,y)$ mit der Ebene $z = c$ vorstellen. Die Ebene $z = c$ liegt parallel zur x-y-Ebene und hat den Abstand c von ihr. Die Höhenlinie ist dann die Projektion der Linie gleicher Höhe auf die x-y-Ebene.

Gegeben: $z = \sqrt{1 - x^2 - y^2}$ Gesucht: Höhenlinie für $z = \frac{1}{2}$

$y = \dots\dots\dots\dots\dots$

- ▷ 

70

$f_x = 2y^2z$ $f_y = 4xyz$ $f_z = 2xy^2$

$f_x(1,-1,-1) = -2$ $f_y(1,-1,-1) = 4$ $f_z(1,-1,-1) = 2$

....

Berechnen Sie die zweifachen partiellen Ableitungen für $f(x,y,z) = 2xy^2z$

$f_{xx} = \dots\dots\dots\dots\dots$ $f_{xy} = \dots\dots\dots\dots\dots$ $f_{xz} = \dots\dots\dots\dots\dots$

$f_{yz} = \dots\dots\dots\dots\dots$ $f_{yy} = \dots\dots\dots\dots\dots$ $f_{zz} = \dots\dots\dots\dots\dots$

- ▷ 71

23

$F(s) = \frac{5}{s^2}$

....

Verschiebungssatz. Für eine im Originalbereich um a nach rechts verschobene Funktion gilt

$\mathcal{L}[f(t-a)] = \ldots\ldots\ldots\ldots\ldots\ldots\ldots\ldots\ldots$

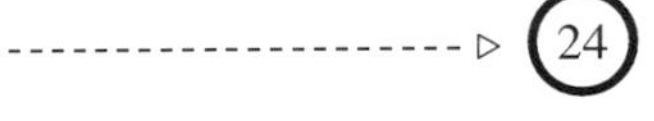
(24)

72

$A = \frac{1}{2} \qquad B = \frac{9}{2}$

....

Damit wird die Bildfunktion zu:

$$F(s) = \frac{5s+11}{(s+2)\cdot(s+4)} = \frac{1}{2(s+2)} + \frac{9}{2(s+4)}$$

Die Rücktransformation führen wir wieder durch mit Hilfe der Tabelle im Lehrbuch Seite 214.

$y = \ldots\ldots\ldots\ldots\ldots\ldots\ldots\ldots\ldots$

-------------------- ▷ (73)

121

Beispiel 2: Zu lösen ist das Gleichungssystem

$\ddot{x} + 2x - \dot{y} = 1$ Für $t = 0$: $x_0 = 1, \quad \dot{x}_0 = y_0 = \dot{y}_0 = 0$

$\dot{x} + \ddot{y} + 2y = 0$

1. Schritt: Laplacetransformation und Einsetzen der Anfangsbedingungen.
Ergebnis:

$\ldots\ldots\ldots\ldots\ldots\ldots\ldots\ldots = \ldots\ldots\ldots\ldots\ldots\ldots\ldots\ldots$

$\ldots\ldots\ldots\ldots\ldots\ldots\ldots\ldots = \ldots\ldots\ldots\ldots\ldots\ldots\ldots\ldots$

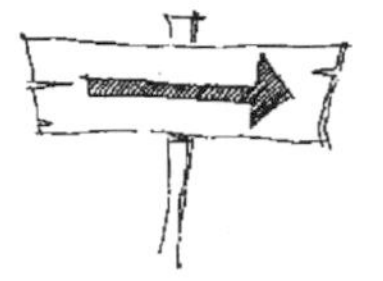

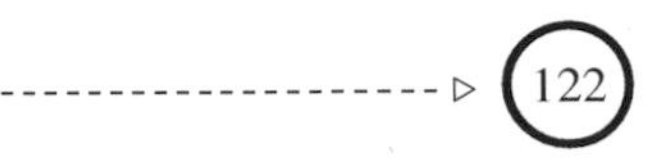
(122)

21

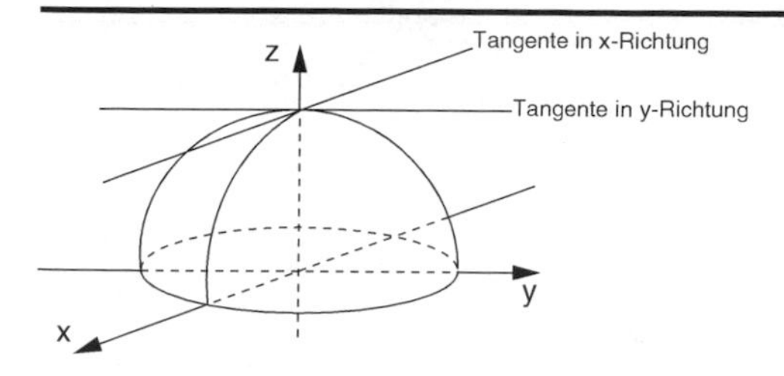

Korrigieren Sie gegebenenfalls Ihre Zeichnung – Oder zeichnen Sie diese Figur ab!

Berechnen Sie die Steigung der Tangente in x-Richtung im Punkt $P = (0,\ 0)$. Dazu berechnet man die partielle Ableitung nach x und setzt in f_x den Punkt (0, 0) ein.

Gleichung der oberen Hälfte der Einheitskugel $z = +\sqrt{1 - x^2 - y^2}$. $f_x(0,\ 0) = \ldots\ldots\ldots$

Lösung gefunden --------------------▷ 23

Erläuterung oder Hilfe erwünscht --------------------▷ 22

46

$y = \sqrt{\frac{3}{4} - x^2}$ Die Höhenlinie ist ein Kreis mit Radius $R = \sqrt{\frac{3}{4}} = \frac{\sqrt{3}}{2}$.

Rechengang: 1. Schritt: $z = \sqrt{1 - x^2 - y^2} = \frac{1}{2}$

2. Schritt: Umformung $x^2 + y^2 = \frac{3}{4}$ $\quad y = \sqrt{\frac{3}{4}} = \frac{\sqrt{3}}{2}$

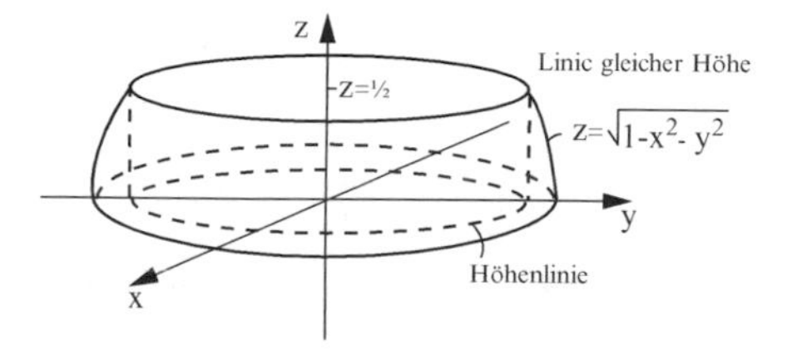

Die Skizze zeigt für $z = \frac{1}{2}$ die *Linie gleicher Höhe* und die *Höhenlinie*.

--------------------▷ 47

71

$f_{xx} = 0$ $\quad f_{xy} = 4yz$ $\quad f_{xz} = 2y^2$

$f_{yz} = 4xy$ $\quad f_{yy} = 4xz$ $\quad f_{zz} = 0$

....

Berechnen Sie das totale Differential

$$u = f(x, y, z) = x + 2y + z + 1$$

$df = \ldots\ldots\ldots\ldots\ldots$

--------------------▷ 72

22

$\mathcal{L}[C \cdot t] = f(s) = \frac{C}{s^2}$

....

Gegeben sei

$f(t) = 5 \cdot t$

$\mathcal{L}[f(t)] = F(s) = \ldots\ldots\ldots\ldots\ldots\ldots\ldots\ldots$

--------------------▷ (23)

71

Die Bildfunktion (Lehrschritt 66) war $F(s) = \frac{5}{s+4} + \frac{1}{(s+2)\cdot(s+4)}$

Im Lehrbuch ist die Bildfunktion auf den Hauptnenner gebracht: $F(s) = \frac{5s+11}{(s+2)\cdot(s+4)}$

Wir zerlegen den Bruch in Partialbrüche, um einfachere Terme zu erhalten.

Ansatz: $\frac{5s+11}{(s+2)\cdot(s+4)} = \frac{A}{s+2} + \frac{B}{s+4}$

Bestimmung von A und B. Wir bringen auf den Hauptnenner: $\frac{5s+11}{(s+2)\cdot(s+4)} = \frac{As+4A+Bs+2B}{(s+2)\cdot(s+4)}$

Koeffizientenvergleich: Die Zähler müssen für alle Werte von s gleich sein. Also gilt

$5s+11 = (A+B)\cdot s + 4A + 2B$

Daraus folgen die Bestimmungsgleichungen für A und B: $5 = A + B$ und $11 = 4A + 2B$

$A = \ldots\ldots\ldots\ldots$ $B = \ldots\ldots\ldots\ldots$ --------------------▷ (72)

Falls Sie Schwierigkeiten mit der Partialbruchzerlegung hatten, studieren Sie im Lehrbuch noch einmal den Anhang Seite 228-231 und lösen Sie parallel die obige Aufgabe

---

120

Keine Schwierigkeiten mit Beispiel 2 im Lehrbuch --------------------▷ (138)

Ausführliche Darstellung von Beispiel 2 im Lehrbuch --------------------▷ (121)

22

Gegeben: $z = f(x,y) = +\sqrt{1-x^2-y^2}$

Gesucht: $f_x = \dfrac{\partial z}{\partial x}$ im Punkt $P = (0,0)$

Die Steigung der Tangente in x-Richtung ergibt sich zu

$$f_x = \frac{\partial z}{\partial x} = \frac{-x}{\sqrt{1-x^2-y^2}}$$

Um die Steigung der Tangente in x-Richtung im Punkt $P = (0,\ 0)$ zu erhalten, muss eingesetzt werden: $x = 0,\ y = 0$

$f_x(0,\ 0) = \ldots\ldots\ldots\ldots\ldots$

23

47

Der Gradient

Der Abschnitt 14.3 ist zu lang, um ihn in einem Zug durchzuarbeiten. In der Regel wird die Einteilung Ihrer Arbeit vom Leitprogramm gesteuert. In Ihrem weiteren Studium werden Sie umfangreiche Lehrbücher studieren. Auch dort muss die Arbeit in optimale Abschnitte eingeteilt werden. Teilen Sie sich die Arbeit jetzt selbst in Abschnitte ein.

STUDIEREN SIE im Lehrbuch 14.3.1 Gradient bei Funktionen zweier Variablen
14.3.2 Gradient zweier Funktionen dreier Variablen Lehrbuch, Seite 34-39

BEARBEITEN SIE DANACH Lehrschritt

48

72

$df = f_x\,dx + f_y\,dy + f_z\,dz = dx + 2dy + dz$

....

Gesucht ist die Höhenlinie für die Funktion

$z = f(x,y) = 4x^2 + 4y^2$ und $z = 16$

$y = \ldots\ldots\ldots\ldots\ldots$

Die Höhenlinie ist ein ....

--------------------- ▷ 73

21

Die Herleitung der Laplace-Transformation einer linearen Funktion ist im Lehrbuch auf Seite 202 dargestellt. Studieren Sie, bitte, Abschnitt 24.2.4 erneut und rechnen Sie alle Umformungen mit. Gegebenenfalls schlagen Sie die partielle Integration nach.

Lösen Sie parallel zum Lehrbuchtext

$\mathcal{L}[C \cdot t] = \ldots\ldots\ldots\ldots\ldots\ldots$

--------------------▷ (22)

70

$$y = 5 \cdot e^{-4t} + \frac{1}{2}\left[e^{-2t} - e^{-4t}\right] = \frac{1}{2}e^{-2t} + \frac{9}{2}e^{-4t}$$

....

Im Lehrbuch ist die Bildfunktion in etwas anderer Weise umgeformt.

Möchte auch die Umformung im Lehrbuch erklärt haben --------------------▷ (71)

Möchte weiter gehen

--------------------▷ (74)

119

$$y(t) = \frac{1}{5} \cdot e^{-t} - \frac{1}{5} \cdot e^{-\frac{6}{11} \cdot t} = \frac{1}{5}\left(e^{-t} - e^{-\frac{6}{11} \cdot t}\right)$$

....

Die meisten Schwierigkeiten entstehen bei den algebraischen Umformungen, weil sich leicht Schreibfehler einschleichen, die dann nur schwer zu entdecken sind.

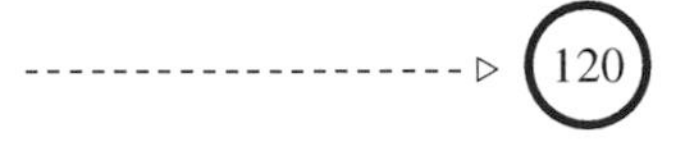

--------------------▷ (120)

23

$f_x(0,\ 0) = 0$
Die Tangente hat also den Anstieg Null, sie verläuft horizontal. Dieses Resultat liefert uns aber auch die Anschauung, wenn Sie die Zeichnung im Lehrschritt 21 betrachten.
Berechnen Sie die Steigung für die Tangente in y-Richtung im Punkte $P = (0,\ 0)$

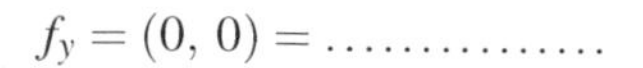

$f_y = (0,\ 0) = \ldots\ldots\ldots\ldots\ldots$

Lösung gefunden ▷ 25

Erläuterung oder Hilfe erwünscht ▷ 24

48

Geben Sie drei Eigenschaften des zweidimensionalen Gradienten an!
Stichworte genügen.

....

....

....

▷ 49

73

$y_1 = +\sqrt{4 - x^2}, \qquad y_2 = -\sqrt{4 - x^2}$
Es handelt sich um einen Kreis mit Radius 2

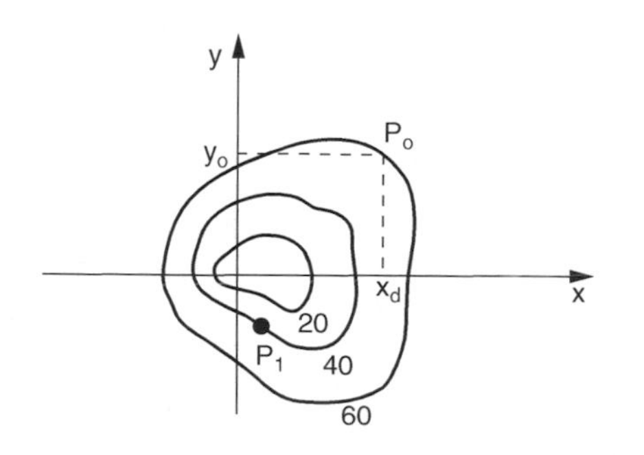

Das Diagramm zeigt die Höhenlinien einer Funktion $z = f(x, y)$.

Zeichnen Sie für die Punkte $P_0(x_0,\ y_0)$ und $P_1(x_1,\ y_1)$ die Vektoren grad f ein.

▷ 74

20

$$F(s) = \frac{5 \cdot s}{s^2 + 16}$$

....

Berechnung der Laplace-Transformation einer linearen Funktion $f(t) = C \cdot t$

Gesucht: $\mathcal{L}[C \cdot t] = F(s)$

$F(s) = \ldots\ldots\ldots\ldots\ldots\ldots\ldots\ldots$

Lösung gefunden --------------------▷ 22

Hilfe gewünscht --------------------▷ 21

69

$$y_2 = \frac{1}{2}[e^{-2t} - e^{-4t}]$$

....

Bereits gefunden ist: $y_1 = 5 \cdot e^{-4t}$

Jetzt fassen wir die beiden Teile der Originalfunktion zusammen und erhalten

$y = y_1 + y_2 = \ldots\ldots\ldots\ldots\ldots\ldots\ldots\ldots$

--------------------▷ 70

118

$$\mathcal{L}[y] = \frac{1}{5(s+1)} - \frac{11}{5} \frac{1}{(11s+6)}$$

oder

$$\mathcal{L}[y] = \frac{1}{5(s+1)} - \frac{1}{5} \frac{1}{\left(s + \frac{6}{11}\right)}$$

....

3. Schritt: Rücktransformation

$y(t) = \ldots\ldots\ldots\ldots\ldots\ldots\ldots\ldots$

--------------------▷ 119

24

Gegeben: $z = +\sqrt{1 - x^2 - y^2}$

Gesucht: Steigung der Tangente in y-Richtung im Punkt (x = 0; y = 0)
Hilfe: Steigung der Tangente in y-Richtung

$$\frac{\partial z}{\partial y} = \frac{-y}{\sqrt{1 - x^2 - y^2}}$$

Jetzt müssen wir die Koordinaten des Punktes $x = 0,\ y = 0$ einsetzen, denn gesucht ist die Steigung in diesem Punkte.

$f_y(0,\ 0) = \ldots\ldots\ldots\ldots\ldots$

▷ 25

49

Eigenschaften des zweidimensionalen Gradienten:

1. Er ist ein Vektor und er steht senkrecht auf den Höhenlinien.
2. Er zeigt in die Richtung der größten Veränderung der Funtionswerte.
3. Sein Betrag ist ein Maß für die Änderung der Funktion.

....

Gegeben sei $z = f\ (x, y)$. Geben Sie zwei Schreibweisen für den Gradienten an:

grad f = ...
grad f = ...

Erläuterung oder Hilfe ▷ 50

Lösung. Sie steht unter Lehrschritt 26 ▷ 51

74

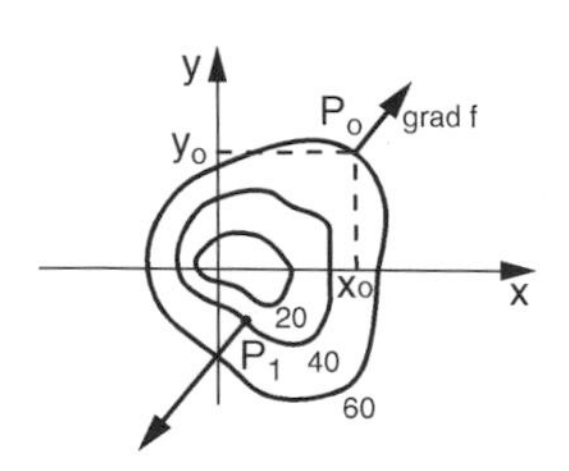

....

a) Welche Niveauflächen hat das skalare Feld $\varphi(x, y, z) = \frac{x^2}{4} + \frac{y^2}{4} + \frac{z^2}{4}$.

b) Geben Sie den Gradienten der folgenden Funktion im Punkte $P = (1,\ 2)$ an.

$$f(x, y) = \frac{2}{1 + 2x^2 + y^2}$$

grad $f(1, 2) = \ldots\ldots\ldots\ldots$ ▷ 75

19

$$F(s) = \frac{5 \cdot 4}{s^2 + 16}$$

....

Bestimmen Sie die Bildfunktionen $F(s)$ von $f(t) = 5 \cdot cos 4t$

$F(s) = \ldots\ldots\ldots\ldots\ldots\ldots$

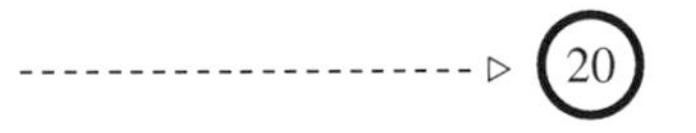

----------▷ 20

68

$y_1 = 5 \cdot e^{-4t}$

....

Bleibt noch, die Teiloriginalfunktion y_2 zu finden für $F(s) = \frac{1}{(s+2)\cdot(s+4)}$

In der Tabelle finden Sie $F(s) = \frac{1}{(s-a)\cdot(s-b)}$ mit der Originalfunktion

$$y = \frac{1}{a-b}(e^{at} - e^{bt})$$

Mit $a = -2$ und $b = -4$ wird die Teiloriginalfunktion zu:

$y_2 = \ldots\ldots\ldots\ldots\ldots\ldots$

----------▷ 69

117

$A = \frac{1}{5}$ $\qquad$ $B = -\frac{11}{5}$

....

Damit erhalten wir

$\mathcal{L}[y] = \ldots\ldots\ldots\ldots$

----------▷ 118

25

$f_y = (0,\ 0) = 0$

Berechnen Sie nun für dieselbe Funktion $f\ (x,y) = z = +\sqrt{1-x^2-y^2}$ die Steigung der Tangente in x-Richtung für den Punkt $P = (1,\ 0)$.
Hinweis: Es ist die Tangente an die Halbkugel in der x-y-Ebene im Punkt $x = 1,\ y = 0$.

$$f_x(1,\ 0) = \frac{\partial f}{\partial x}(1,\ 0) = \ldots\ldots\ldots\ldots\ldots$$

Lösung gefunden  27

Erläuterung oder Hilfe erwünscht  26

Sie finden Lehrschritt 26 unter dem Lehrschritt 1

50

Die Definition des Gradienten muss man im Kopf haben.

Für $z = f\ (x,y)$ ist grad $f = \frac{\partial f}{\partial x}\vec{e}_x + \ldots\ldots$

Der Gradient ist ein Vektor, daher die Einheitsvektoren nicht vergessen.
Andere Schreibweise:

$$\texttt{grad}\, f = (\frac{\partial f}{\partial x},\ \ldots\ldots)$$

---------------------▷ 51

Sie finden Lehrschritt 51 unter dem Lehrschritt 26

a) Die Niveauflächen sind Kugelschalen mit dem Radius $2 \cdot \sqrt{\varphi}$ und dem Mittelpunkt $x = y = z = 0$

b) grad $f(1,\ 2) = \frac{8}{49}(-1, -1)$

Rechengang: $grad\ f(x,y) = (\frac{-8x}{(1+2x^2+y^2)^2},\ \frac{-4y}{(1+2x^2+y^2)^2})$

Setzt man ein: $x = 1$ und $y = 2$ ergibt sich das Resultat.

Sie haben Ihr Arbeitspensum geschafft

und das 

dieses Kapitels erreicht.

18

$\mathcal{L}[\cos \omega t] = f(s) = \dfrac{s}{s^2 + \omega^2}$

....

Bestimmen Sie die Bildfunktionen $F(s)$ von $f(t) = 5 \cdot sin 4t$

$F(s) = \ldots\ldots\ldots\ldots\ldots\ldots\ldots\ldots$

--------------------▷ (19)

67

In der Tabelle auf Seite 214 werden die Terme in allgemeiner Form angegeben.
Sie finden nicht $F(s) = \dfrac{5}{s+4}$ sondern $F(s) = \dfrac{1}{s-a}$ mit der Originalfunktion e^{at}
Das entspricht dem Ausdruck der Tabelle, denn der konstante Faktor 5 bleibt bei der Transformation unverändert erhalten.
Wir setzen $a = -4$

Also wird die Originalfunktion für $F(s) = \dfrac{5}{s+4}$ zu $y_1 = \ldots\ldots\ldots\ldots\ldots\ldots$

--------------------▷ (68)

116

$$\frac{-1}{(s+1)\cdot(11s+6)} = \frac{s[11A+B]+6A+B}{(s+1)\cdot(11s+6)}$$

....

Das ergibt die Bestimmungsgleichungen für A und B

$$-1 = 6A + B$$
$$0 = 11A + B$$

Daraus erhalten wir

$A = \ldots\ldots\ldots\ldots$

$B = \ldots\ldots\ldots\ldots$

--------------------▷ (117)

Kapitel 15
Mehrfachintegrale, Koordinatensysteme

K. Weltner, *Leitprogramm Mathematik für Physiker 2*.
DOI 10.1007/978-3-642-25163-4_15

17

$$\mathcal{L}[\cos\ \omega t] = \mathcal{L}\ \frac{1}{2}\left[e^{i\omega t} + e^{-i\omega t}\right] = \frac{1}{2}\left[\frac{1}{s-i\omega} + \frac{1}{s+i\omega}\right]$$

....

Umgeformt und auf den Hauptnenner gebracht erhalten wir schließlich:

$\mathcal{L}[\cos\omega t] = F(s) = \ldots\ldots\ldots\ldots\ldots\ldots$

→ 18

66

$$F(s) = \frac{5}{(s+4)} + \frac{1}{(s+2)\cdot(s+4)}$$

....

Wir können schon den dritten Schritt, die Rücktransformation durchführen. Die Rücktransformation wird für beide Terme nacheinander ausgeführt. Die Originalfunktion y ist dann die Summe der beiden Teiloriginalfunktionen $y_1 + y_2$.
Schlagen Sie die Tabelle auf Seite 214 auf und suchen Sie die Teiloriginalfunktionen für

$F(s) = \dfrac{5}{(s+4)}$ $\qquad y_1 = \ldots\ldots\ldots$

$F(s) = \dfrac{1}{(s+2)\cdot(s+4)}$ $\qquad y_2 = \ldots\ldots\ldots$

Ergebnis gefunden → 69

Hilfe erwünscht → 67

115

In Partialbrüche zu zerlegen ist: $\dfrac{-1}{(s+1)\cdot(11s+6)}$

Ansatz : $\dfrac{-1}{(s+1)\cdot(11s+6)} = \dfrac{A}{(s+1)} + \dfrac{B}{(11s+6)}$

Wir bringen auf den Hauptnenner:

$$\frac{-1}{(s+1)\cdot(11s+6)} = \frac{A(11s+6)+B(s+1)}{(s+1)\cdot(11s+6)}$$

Ausmultipliziert und nach Potenzen von s geordnet erhalten wir

$$\frac{-1}{(s+1)\cdot(11s+6)} = \frac{\ldots\ldots\ldots\ldots\ldots\ldots}{(s+1)\cdot(11s+6)}$$

→ 116

Zunächst überprüfen wir, wie man es immer tun sollte, zu Beginn eines neuen Kapitels, was wir vom vorhergehenden Kapitel 14 noch wissen.
Dann erst beginnt mit Lehrschritt 7 das Neue.
Nennen Sie mindestens 4 der wichtigsten Begriffe aus dem Kapitel 14:

....

....

....

BEARBEITEN SIE jetzt Lehrschritt 2 ---------------------▷ (2)

$$\int\limits_{x=0}^{2}\int\limits_{y=1}^{2}\frac{x^2}{y^2}dx\,dy = \int\limits_{x=0}^{2} x^2\,dx \int\limits_{y=1}^{2}\frac{1}{y^2}dy$$

Berechnen Sie nun das Integral!

$$\int\limits_{x=0}^{2} x^2\,dx \cdot \int\limits_{y=1}^{2}\frac{dy}{y^2} = \ldots\ldots\ldots\ldots$$

---------------------▷ (37)

Zylinderkoordinaten $dV = r d\varphi\, dr\, dz$
$dm = dV \cdot \rho = \rho \cdot r\, d\varphi\, dr\, dz$

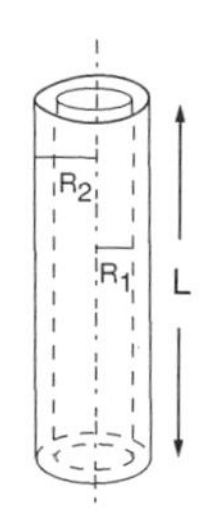

Stellen Sie das Dreifachintegral zur Bestimmung des Trägheitsmoments auf. Achten Sie dabei auf die Integrationsgrenzen.
Berechnen Sie das Integral

$\theta = \ldots\ldots\ldots\ldots$

Lösung gefunden ---------------------▷ (73)

Weitere Erläuterung oder Hilfe erwünscht ---------------------▷ (72)

16

Die Aufgabe ist, die Laplace-Transformation durchzuführen für $f(t) = \cos \omega t$.

$$\mathcal{L}[\cos\ \omega t] = \int_0^\infty e^{-st} \cos\ \omega t dt$$

Wir wissen bereits: $\mathcal{L}[e^{at}] = \frac{1}{s-a}$

Wir wissen auch: $\cos\ \omega t = \frac{1}{2}[e^{i\omega t} + e^{-i\omega t}]$

Das setzen wir oben ein und erhalten

$$\mathcal{L}[\cos\ \omega t] = \mathcal{L}\left[\frac{1}{2}(e^{i\omega t} + e^{-i\omega t})\right] = \ldots\ldots\ldots\ldots\ldots\ldots\ldots$$

--------------------▷ (17)

65

$4F(s) + s \cdot F(s) - y_0 = \frac{1}{s+2}$ Anfangsbedingung $y_0 = 5$

Als zweiten Schritt lösen wir die obige Gleichung nach $F(s)$ auf und setzen $y_0 = 5$ ein.

$F(s) = \ldots\ldots\ldots\ldots\ldots\ldots\ldots\ldots$

--------------------▷ (66)

114

$$\mathcal{L}[y] = \frac{-1}{(s+1)\cdot(11s+6)}$$

....

Wir zerlegen den Bruch wieder in zwei Partialbrüche und erhalten

$\mathcal{L}[y] = \ldots\ldots\ldots\ldots\ldots\ldots$

Lösung gefunden --------------------▷ (118)

Hilfe und detaillierte Rechung --------------------▷ (115)

2

Die wichtigsten Begriffe waren:
1. Partielle Ableitung
2. Totales Differential
3. Höhenlinie
4. Gradient
5. Niveaufläche

....

1. Gegeben sei die Funktion $f(x,y,z)$. Geben Sie zwei verschiedene Schreibweisen für die partielle Ableitung nach y: .... und ....
2. Gegeben sei die Funktion $z = x^2 + y^2$
   Das totale Differential ist: ....

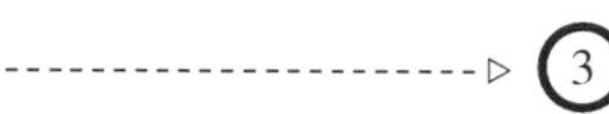
---------------------▷ 3

37

$$\int\limits_{x=0}^{2} x^2\, dx \cdot \int\limits_{y=1}^{2} \frac{1}{y^2} dy = \frac{4}{3}$$

....

Aufgabe richtig ---------------------▷  39

Fehler gemacht oder Erläuterung gewünscht ---------------------▷  38

72

Das Trägheitsmoment ist: $\theta = \rho \int\limits_{0}^{2\pi} \int\limits_{0}^{L} \int\limits_{R_1}^{R_2} r^3\, dr\, dz\, d\varphi$

Die Dichte ρ ist konstant und lässt sich daher vor die Integralzeichen schreiben. Berechnung:

Integration über φ ergibt: $= [2\pi]\rho \int\limits_{0}^{L} \int\limits_{R_1}^{R_2} r^3\, dr\, dz$

Integration über z ergibt: $= 2\pi\rho[L] \int\limits_{R_1}^{R_2} r^3\, dr$

Integration über r ergibt: $= \frac{\pi}{2}\rho\, L\left(R_2^4 - R_1^4\right)$

$\theta =$ ....

---------------------▷ 73

15

$$e^{i\omega t} = i \sin \omega t + \cos \omega t$$
$$e^{-i\omega t} = -i \sin \omega t + \cos \omega t$$
$$\cos \omega t = \frac{1}{2}[e^{i\omega t} + e^{-i\omega t}]$$

....

Jetzt können wir bilden:

$\mathcal{L}[\cos \omega t] = F(s) = \ldots\ldots\ldots\ldots\ldots\ldots\ldots\ldots$

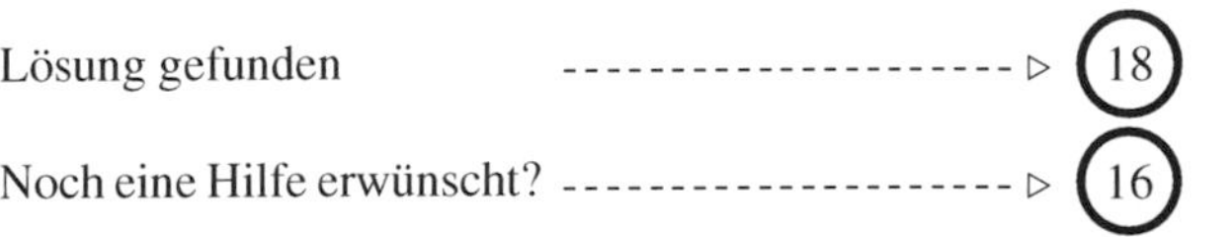

Lösung gefunden --------------------▷ 18

Noch eine Hilfe erwünscht? --------------------▷ 16

64

Das erste Beispiel war die Differentialgleichung $4y + y' = e^{-2t}$
Die Anfangsbedingungen waren $t = 0$, $y_0 = 5$

Als ersten Schritt führen wir die Laplace-Transformation der Differentialgleichung gliedweise durch und erinnern uns an die Transformationen

$$\mathcal{L}[y] = F(s)$$
$$\mathcal{L}[y'] = s \cdot F(s) - y_0$$
$$\mathcal{L}[e^{-at}] = \frac{1}{s+a}$$

Die Transformierte der gegebenen Differenzialgleichung ist: ....

Kontrollieren Sie, bitte, gegebenenfalls in der Tabelle Seite 213 das Ergebnis der gliedweisen Transformation der obigen Gleichung.

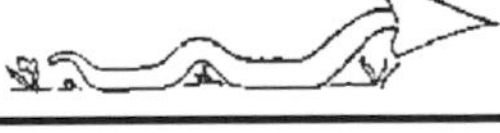

--------------------▷ 65

113

$$-s(3s+2) \cdot \mathcal{L}[x] \qquad - s^2 \cdot \mathcal{L}[y] = -1$$
$$s(3s+2) \cdot \mathcal{L}[x] + (4s+3) \cdot (3s+2) \cdot \mathcal{L}[y] = 0$$

Jetzt addieren wir beide Gleichungen und erhalten

$\mathcal{L}[y] \cdot \left[(4s+3) \cdot (3s+2) - s^2\right] = -1$
Ausmultipliziert ergibt das: $\mathcal{L}[y] \cdot (11\,s^2 + 17\,s + 6) = -1$

Die quadratische Gleichung haben wir schon im Lehrschritt 104 gelöst mit dem Ergebnis
$s_1 = -\frac{6}{11}$, $s_2 = -1$

Also wird $\mathcal{L}[y] = \dfrac{-1}{\ldots\ldots\ldots\ldots\ldots\ldots}$

--------------------▷ 114

3

1. $\frac{\partial f}{\partial y}$ und f_y
2. $dz = 2xdx + 2ydy$

....

Wichtiger noch als die formale Regel zur Bildung des totalen Differentials ist, dass Sie die Bedeutung kennen. Ergänzen Sie den Satz sinngemäß:
Das totale Differential ist ein Maß für die Änderung der Funktion $z = f(x,y)$, wenn

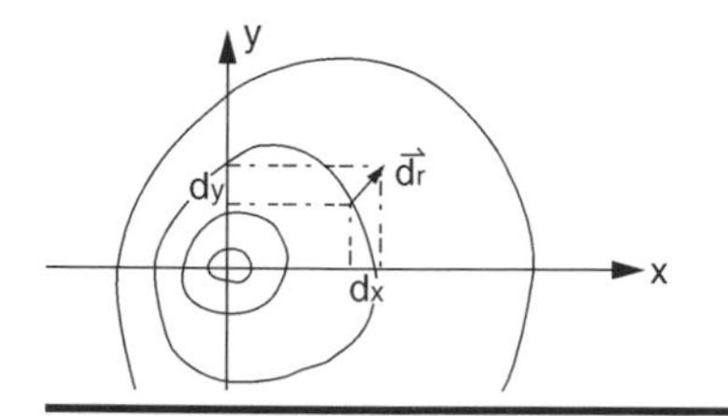

....
....

→ 4

38

Das Doppelintegral war das Produkt zweier Einfachintegrale

$$\int_{x=0}^{2} x^2\,dx \cdot \int_{y=1}^{2} \frac{dy}{y^2}$$

Lösen wir die beiden Integrale getrennt:

$$\int_0^2 x^2\,dx = \left[\frac{x^3}{3}\right]_0^2 = \frac{8}{3}$$

$$\int_1^2 \frac{dy}{y^2} = \left[-\frac{1}{y}\right]_1^2 = \left[-\frac{1}{2} - (-1)\right] = \frac{1}{2}$$

Gesucht ist das Produkt der beiden Einfachintegrale. Das ist $\frac{8}{3} \cdot \frac{1}{2} = \frac{4}{3}$

→ 39

73

$\theta = \frac{\pi}{2}\rho\, L\left(R_2^4 - R_1^4\right)$

....

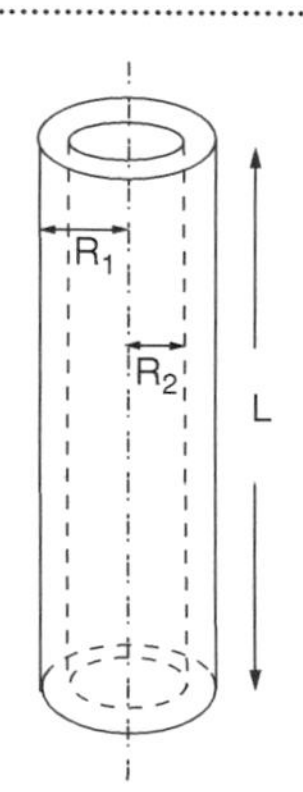

Lösung von Typ b), Rückführung auf bereits gelöstes Problem.
Wir betrachten das Rohr als hohlen Zylinder. Für einen vollen Zylinder ist das Trägheitsmoment im Lehrbuch, auf Seite 54, angegeben:

$\theta = \frac{1}{2}\pi\,\rho\, L\, R^4$

Ein Zylinder mit Radius R_2 und Höhe L lässt sich in einen inneren Zylinder mit Radius R_1 und ein ihn umgebendes Rohr zerlegen. Das Trägheitsmoment θ_{voll} des vollen Zylinders ist dann die Summe der Trägheitsmomente des inneren Zylinders und des Rohrs:

$\theta_{voll} = \theta_{innen} + \theta_{Rohr}$

→ 74

14

Zu bestimmen ist $\mathcal{L}[\cos \omega t]$.

Zuerst müssen wir wieder cos ωt mit Hilfe der Eulerschen Formeln als Summe oder Differenz von Exponentialfunktionen ausdrücken.

Die Eulerschen Formeln waren:

$e^{i\omega t} = \ldots\ldots\ldots\ldots\ldots\ldots$

$e^{-i\omega t} = \ldots\ldots\ldots\ldots\ldots\ldots$

Damit lässt sich die Kosinusfunktion ausdrücken als $\cos \omega t = \ldots\ldots\ldots\ldots\ldots\ldots$

--------------------▷ (15)

63

Eine erste Schwierigkeit könnte darin bestehen, dass in diesem Abschnitt die Originalfunktion als $y(t)$ und dementsprechend die Ableitungen als $y'(t)$ und $y''(t)$ notiert werden. Das ist gleichwertig zur Notierung $f(t)$, $f'(t)$ und $f''(t)$ wie in den vorhergehenden allgemein gehaltenen Abschnitten, aber das wurde bereits erwähnt.

Schwierigkeiten beim ersten Beispiel --------------------▷ (64)

Schwierigkeiten bei anderen Beispielen --------------------▷ (74)

112

$$x = \frac{1}{2} - \frac{1}{5} \cdot e^{-t} - \frac{3}{10} \cdot e^{\frac{6}{11} \cdot t}$$

....

Jetzt ist noch y zu berechnen. Dazu müssen wir das gegebene Gleichungssystem nach der Transformation nach $\mathcal{L}[y]$ auflösen und $\mathcal{L}[x]$ eliminieren.
Es war:

$$\begin{aligned} (3s+2)\,\mathcal{L}[x] \qquad &+ s\,\mathcal{L}[y] = \frac{1}{s} \\ +s\mathcal{L}[x] \; &+ (4s+3)\,\mathcal{L}[y] = 0 \end{aligned}$$

Um $\mathcal{L}[x]$ zu eliminieren multiplizieren wir die obere Gleichung mit $-s$ und die untere mit $(3s+2)$, um sie später zu addieren.

Das ergibt: ....=........................

--------------------▷ (113)

4

Das totale Differential ist ein Maß für die Änderung der Funktion $z = f(x,y)$, wenn x um dx und y um dy vergrößert werden.

....

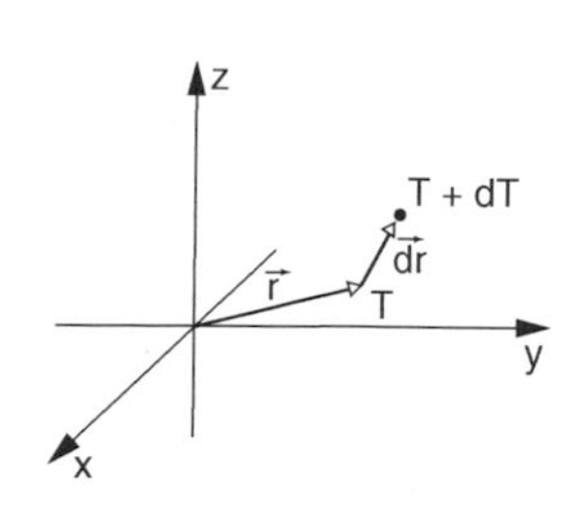

Das totale Differential kann sinngemäß auch auf eine Funktion von drei Veränderlichen übertragen werden. So kann die Temperatur T eine Funktion der Raumkoordinaten sein.

$T = T(x,y,z)$

Dann ist das totale Differential der Funktion T ein Maß für die Änderung der Temperatur, wenn x, y, z um dx, dy, dz vergrößert werden, oder wenn wir vom Punkt mit Ortsvektor $\vec{r}$ zum Punkt $\vec{r} + \vec{dr}$ übergehen. Dabei ist $\vec{dr} = (dx,\ dy,\ dz)$

$dT = \ldots\ldots\ldots\ldots\ldots$

---------------------- ▷  5

39

Hier sind zwei Übungsaufgaben. Die Bezeichnungsweise ist verändert. Die Berechnung der beiden Doppelintegrale ist jeweils auf zwei Wegen möglich:
Integration nacheinander durchführen oder das Doppelintegral in ein Produkt aus zwei Integralen zerlegen.

$$\int\limits_{\xi=-1}^{0} \int\limits_{\eta=1}^{2} 2\,\xi^2\eta \; d\,\xi \; d\eta = \ldots\ldots\ldots\ldots\ldots$$

$$\int\limits_{\varphi=0}^{\pi} \int\limits_{\psi=0}^{\frac{\pi}{2}} \sin\varphi \; \cos\psi \; d\varphi \; d\psi = \ldots\ldots\ldots\ldots\ldots$$

---------------------- ▷  40

74

Das gesuchte Trägheitsmoment des Rohrs lässt sich damit als Differenz der beiden bereits bekannten Zylinderträgheitsmomente berechnen:

$$\theta_{\text{Rohr}} = \theta_{\text{voll}} - \theta_{\text{innen}} = \tfrac{1}{2}\pi\,\rho\,L\,\left(R_2^4 - R_1^4\right)$$

....

Vergleich der Lösungsverfahren:

Beide Verfahren führen zum gleichen Ergebnis.

Die Zurückführung auf bereits gelöste oder ähnliche Probleme führt oft rascher zur Lösung, setzt aber Übersicht über die Struktur des Problemfeldes voraus. Nicht jedes Problem ist auf diese Weise lösbar.

Das systematische Lösungsverfahren führt – sofern jeder Schritt nur richtig ausgeführt wird – sicher zum Ergebnis, dauert manchmal aber länger.

---------------------- ▷  75

13

$$\mathcal{L}[\sin\ \omega t] = F(s) = \frac{1}{2i}\left[\frac{s+i\omega - s + i\omega}{s^2+\omega^2}\right]$$

Oder vereinfacht

$$\mathcal{L}[\sin\ \omega t] = F(s) = \left[\frac{\omega}{s^2+\omega^2}\right]$$

....

Die Laplace-Transformation der Kosinusfunktion wird in der gleichen Weise gewonnen. Versuchen Sie das Problem selbständig zu lösen.

$\mathcal{L}[\cos\omega t] = F(s) = \ldots\ldots\ldots\ldots\ldots\ldots\ldots\ldots$

Lösung gefunden --------------------▷ (18)

Hilfe erwünscht --------------------▷ (14)

62

Alle Beispiele mitgerechnet und verstanden --------------------▷ (86)

Hilfserläuterungen und detaillierte Berechnung der Beispiele --------------------▷ (63)

111

$$\mathcal{L}[x] = \frac{1}{2s} - \frac{1}{5(s+1)} - \frac{33}{10}\cdot\frac{1}{(11s+6)}$$

Umgeformt

$$\mathcal{L}[x] = \frac{1}{2s} - \frac{1}{5}\cdot\frac{1}{(s+1)} - \frac{3}{10}\cdot\frac{1}{\left(s+\frac{6}{11}\right)}$$

3. Schritt:

Jetzt können wir die Rücktransformation unter Benutzung der Tabelle auf Seite 214 durchführen und erhalten

$x = \ldots\ldots\ldots\ldots\ldots\ldots\ldots\ldots$

--------------------▷ (112)

5

$$dT = \frac{\partial T}{\partial x}dx + \frac{\partial T}{\partial y}dy + \frac{\partial T}{\partial z}dz$$

....

Bilden Sie den Gradienten der Funktion

$$z = x^2 + y^2$$

grad $z =$ ....

Der Gradient ist ein Vektor. Er steht senkrecht auf ....

Der Betrag des Gradienten ist ein Maß für ....

6

40

1
2

....

Weitere Übungsaufgaben finden Sie im Lehrbuch auf Seite 60. Sie wissen ja, Übungsaufgaben sollte man vorwiegend dann rechnen, wenn man sich noch nicht sicher fühlt.

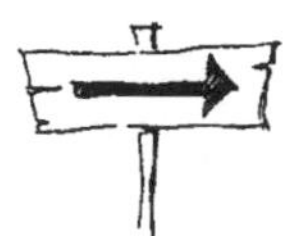

41

75

Mehrfachintegrale mit nicht konstanten Integrationsgrenzen

Im allgemeinen Fall des Mehrfachintegrals sind die Integrationsgrenzen nicht konstant. Dann ist die Reihenfolge, in denen die Integrationen durchgeführt werden, nicht mehr beliebig.

Im Lehrbuch beginnt der Gedankengang bei der Analyse der – im Prinzip bereits bekannten – Flächenberechnung.

STUDIEREN SIE im Lehrbuch 15.2 Mehrfachintegrale mit nicht konstanten Integrationsgrenzen
Lehrbuch, Seite 55-57

BEARBEITEN SIE DANACH Lehrschritt --------------------▷

76

12

$e^{i\omega t} - e^{-i\omega t} = 2i \sin \omega t$ Daraus folgt $\sin \omega t = \frac{1}{2i}(e^{i\omega t} - e^{-i\omega t})$

Da wir die Exponentialfunktionen bereits transformieren können, ist das Problem gelöst. Es bleibt nur ein wenig Rechenarbeit.

Bekannt ist:

$$\mathcal{L}[e^{at}] = F(s) = \frac{1}{s-a}$$

Eingesetzt erhalten wir:

$$\mathcal{L}[\sin \omega t] = F(s) = \frac{1}{2i}\left[\frac{1}{s-i\omega} - \frac{1}{s+i\omega}\right]$$

Jetzt bringen wir die Brüche in der Klammer auf den Hauptnenner und erhalten

$F(s) = \ldots\ldots\ldots\ldots$

--------------------▷ 

Lösung von linearen Differentialgleichungen mit konstanten Koeffizienten

Nachdem Sie die nicht ganz einfachen Vorbereitungen erfolgreich gemeistert haben, kommen nun Anwendungen, die für manche Mühe entschädigen können. Rechnen Sie die Beispiele mit und schlagen Sie gegebenenfalls in der Tabelle Seite 214 nach.

STUDIEREN Sie 24.3 Lösung von linearen Differentialgleichungen mit konstanten Koeffizienten
Lehrbuch Seite 208-210

Danach --------------------▷ 

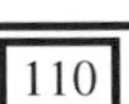

$A = \frac{1}{2}$ $B = -\frac{1}{5}$ $C = -\frac{33}{10}$

Damit ist die Partialbruchzerlegung abgeschlossen:

$$\mathcal{L}[x] = \frac{A}{s} + \frac{B}{(s+1)} + \frac{C}{(11s+6)}$$

$\mathcal{L}[x] = \ldots\ldots\ldots\ldots\ldots\ldots$

--------------------▷ 111

6

grad $z = (2x, 2y)$
Der Gradient steht senkrecht auf den Höhlenlinien oder den Niveauflächen.

Der Betrag des Gradienten ist ein Maß für die Änderung des Funktionswertes, wenn man sich um eine Längseinheit senkrecht zu den Niveauflächen bewegt.

....

Totales Differential und *Gradient* hängen eng zusammen. Das totale Differential gibt die Änderung des Funktionswertes bei Änderung der unabhängigen Variablen an. Diese Änderung ergibt sich als inneres Produkt aus

Ortsänderung $\vec{dr}$ und *Gradient*: $df = \vec{dr} \cdot \vec{grad}\, f$

Diesen Zusammenhang sollte man behalten.

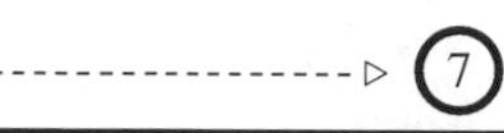
--------------------▷ 7

41

Koordinaten, Polarkoordinaten, Zylinderkoordinaten, Kugelkoordinaten

Polarkoordinaten sind inhaltlich bereits bekannt. Zylinderkoordinaten und Kugelkoordinaten sind neu. Sind bei bestimmten Problemstellungen Radial-, Zylinder- oder Kugelsymmetrien vorhanden, kann man sich oft schwierige Rechnungen erleichtern, wenn man ein geeignetes Koordinatensystem benutzt.

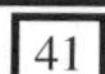

STUDIEREN SIE im Lehrbuch

15.4 Koordinaten
15.4.1 Polarkoordinaten
15.4.2 Zylinderkoordinaten
15.4.3 Kugelkoordinaten
Lehrbuch, Seite 47-52

BEARBEITEN SIE DANACH Lehrschritt --------------------▷ 42

76

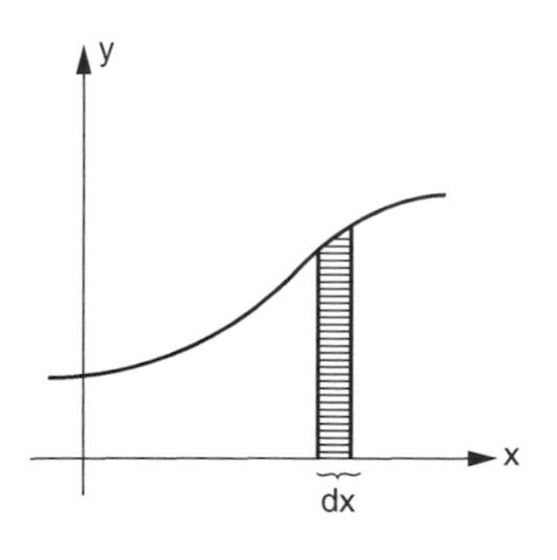

Der theoretisch interessante Aspekt dieses Abschnitts ist der Nachweis, dass bereits die Flächenberechnung systematisch auf ein Doppelintegral führt.

Die Flächenberechnung bei der Einführung der Integralrechnung stellt den Sonderfall dar, dass eine Integration bereits ausgeführt ist.

Der Flächeninhalt der Streifen in y-Richtung mit der Grundfläche dx und der Höhe y ist bereits das Ergebnis der ersten Integration über y.

--------------------▷ 77

11

Gesucht ist die Laplace-Transformation der Sinusfunktion $f(t) = \sin \omega t$.
Bekannt ist die Transformation der Exponentialfunktion

$$\mathcal{L}[e^{at}] = F(s) = \frac{1}{s-a}$$

Hinweis: Sie sollten diese Ergebnisse auf einem separaten Blatt notiert haben, um schnell nachschlagen zu können.

Wir erinnern uns an die Eulerschen Formeln

$$e^{i\omega t} = i \sin \omega t + \cos \omega t$$
$$e^{-i\omega t} = -i \sin \omega t + \cos \omega t$$

Damit lässt sich $\sin \omega t$ als Differenz der Exponentialfunktionen darstellen. $e^{i\omega t} - e^{-i\omega t} = \ldots\ldots\ldots$

---------------------▷ (12)

60

$$f_1(x) = \frac{5x+11}{x^2+6x+8} = \frac{5x+11}{(x+2)\cdot(x+4)} = \frac{1}{2(x+2)} + \frac{9}{2(x+4)}$$
$$f_2(x) = \frac{1}{9(x+1)} + \frac{1}{3(x-2)} - \frac{1}{9(x-2)^2}$$
$$f_3(x) = \frac{4}{x} + \frac{-2x+3}{x^2+4x+5}$$

....

Sie kennen glücklicherweise die Partialbruchzerlegung und können sofort mit dem nächsten Abschnitt beginnen.

---------------------▷

Falls Sie allerdings Schwierigkeiten hatten, ist es sinnvoller, jetzt doch noch den Anhang im Lehrbuch, Seite 228-231, zu studieren oder zu rekapitulieren und dort die Beispiele zu rechnen. Sie ersparen sich damit künftige Schwierigkeiten.

109

Zu lösen sind drei Gleichungen mit drei Unbekannten

1) $3 = 6A$
2) $4 = 17A + 6B + C$
3) $0 = 11A + 11B + C$

Gleichung 1): $A = \frac{1}{2}$

Gleichung 2) minus Gleichung 3): $4 = -\frac{11}{2} - 11B - C + \frac{17}{2} + 6B + C$

$4 = 3 - 5B$

Gleichung 3) $B = \ldots\ldots\ldots\ldots\ldots\ldots$

Das ergibt $0 = \frac{11}{2} - \frac{11}{5} + C$

A und B in Gleichung 3) eingesetzt: $C = \ldots\ldots\ldots\ldots\ldots\ldots$

7

Mehrfachintegrale als allgemeine Lösung von Summierungsaufgaben

STUDIEREN SIE im Lehrbuch 15.1 Mehrfachintegrale als Lösung von Summierungsaufgaben
Lehrbuch, Seite 43-44

BEARBEITEN SIE DANACH Lehrschritt ▷ 8

42

Ein Punkt P ist in Polarkoordinaten gegeben. Es wird durch zwei Größen definiert:

....

....

Zeichnen Sie die beiden Polarkoordinaten von P ein.

▷ 43

77

Die Betrachtung der Flächenberechnung zeigt uns, dass Mehrfachintegrale und die aus Kapitel 6 bekannten bestimmten Integrale miteinander zusammenhängen. Die dort eingeführten bestimmten Integrale bei der Flächenberechnung erkennen wir hier als Doppelintegrale, bei denen eine Integration bereits ausgeführt ist.

Damit können wir die Mehrfachintegrale in bekannte Strukturen einordnen.

▷ 78

10

$$F(s) = \int_0^\infty e^{-(s-a)}dt = \left[\frac{e^{-(s-a)t}}{-(s-a)}\right]_0^\infty = \frac{1}{(s-a)}$$

....

Die Laplace-Transformation trigonometrischer Funktionen wird wie folgt ermittelt.
Wir beginnen mit der Sinusfunktion:

$$f(t) = \sin \omega t$$

$\mathcal{L}[\sin \omega t] = \dots\dots\dots\dots$

Hinweis: Mit Hilfe der Eulerschen Formeln lässt sich sin ωt durch Exponentialfunktionen ausdrücken.

Lösung gefunden --------------------▷ 13

Hilfe erwünscht --------------------▷ 11

59

Zerlegen Sie den folgenden Bruch in Partialbrüche (Nullstellen sind reell und einfach):

$$f_1(x) = \frac{5x+11}{x^2+6x+8} = \dots\dots\dots\dots$$

Zerlegen Sie noch den folgenden Bruch (Nullstellen sind reell und mehrfach):

$$f_2(x) = \frac{1}{x^3-3x^2+4} = \frac{1}{(x+1)\cdot(x-2)^2} = \dots\dots\dots\dots$$

Zerlegen Sie nun als Letztes (eine reelle und zwei komplexe Nullstellen):

$$f_3(x) = \frac{2x^2-13x+20}{x(x^2-4x+5)} = \dots\dots\dots\dots$$

--------------------▷ 60

108

$$\frac{4s+3}{s(s+1)\cdot(11s+6)} = \frac{s^2(11A+11B+C)+s(17A+6B+C)+6A}{s(s+1)\cdot(11s+6)}$$

....

Die Koeffizienten von s müssen jeweils gleich sein. Damit erhalten wir drei Bestimmungsgleichungen für A, B und C.

Konstante Glieder	$3 = 6A$
für s:	$4 = 17A + 6B + C$
für s^2:	$0 = 11A + 11B + C$

Daraus erhalten wir $A = \dots\dots$ $B = \dots\dots$ $C = \dots\dots$

Lösung --------------------▷ 111

Ausführliche Rechnung --------------------▷ 109

8

Der Begriff des Mehrfachintegrals ist im Lehrbuch anhand eines konkreten Beispiels entwickelt. Der Gedankengang ist genauso aufgebaut wie die Lösung des Flächenproblems in Kapitel 6. Dort erhielten wir das Integral als Grenzwert einer Summe von Flächenstreifen.
Neu ist hier, dass wir nicht Flächenstreifen, sondern Volumenelemente aufsummieren. So ist das Volumen eines Quaders die Summe aller Teilvolumina.

$$V = \sum_i \Delta V_i$$

Jedes Teilvolumen ist das Produkt der Kanten Δx_i, Δy_i, Δz_1. Im Lehrbuch ist nicht erklärt, wie eine Aufsummierung der Teilvolumina systematisch durchgeführt wird. Dies ist grundsätzlich nicht schwer, würde die Überlegung hier jedoch nur belasten. Der Grenzübergang führt auf ein Integral.

$$V = \lim \sum_i \Delta V_i = \lim \sum_i \Delta x_i \, \Delta y_i \, \Delta z_i = \int dV = \int \ldots\ldots\ldots\ldots$$

--------------------▷ 9

43

Länge r des Ortsvektors $\vec{r}$
Winkel φ mit der x-Achse

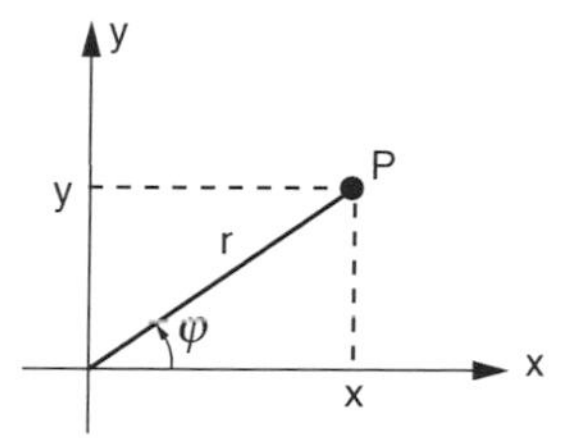

Leiten Sie aus der Zeichnung oben selbst die Transformationsformeln ab:

x = ... r = ...

y = ... $\tan\varphi$ = ...

Können Sie auch dies noch? φ = ...

----------------▷ 

78

Wer neue Einzelheiten in bekannte Zusammenhänge einzuordnen vermag, lernt schneller, besser und sicherer. In der gleichen Zeit kann mehr Information verarbeitet werden, weil man sich weniger zu merken braucht.

Aus diesem Grunde sollte man bei der Bearbeitung eines neuen Stoffgebietes immer versuchen, neue Sachverhalte zu bereits bekannten in Beziehung zu setzen. Eine bewährte Regel dafür ist: Man suche Gemeinsamkeiten und Unterschiede.

Wer logische Beziehungen kennt, braucht sich weniger zu merken. Gedächtnislücken können dann oft selbständig durch schlussfolgerndes Denken geschlossen werden.

--------------------▷ 79

9

Gegeben: $f(t) = e^{at}$

Gesucht: Laplace-Transformierte $F(s)$.

Wieder müssen Sie die Laplace-Transformation ausführen.

$$\mathcal{L}[f(t)] = F(s) = \int_0^\infty e^{-st} \cdot f(t) \cdot dt$$

Wir setzen das gegebene $f(t)$ ein:

$$\mathcal{L}[f(t)] = F(s) = \int_0^\infty e^{-st} \cdot e^{at} \cdot dt$$

Im Exponenten klammern wir t aus. Dann entsteht ein Integral, das wir schon oft gelöst haben. Schließlich setzen wir die Grenzen ein.

$\mathcal{L}[f(t)] = F(s) = \dots\dots\dots\dots\dots\dots\dots\dots$ --------------------▷ (10)

58

Im nächsten Abschnitt kommen wir zu den Anwendungen. Dabei werden algebraische Umformungen von Brüchen durchgeführt. Es handelt sich um die Partialbruchzerlegung. Sie ist im Lehrbuch im Anhang dargestellt. Falls Ihnen die Partialbruchzerlegung unbekannt ist, studieren Sie zunächst den Anhang im Lehrbuch, Seite 228-231.

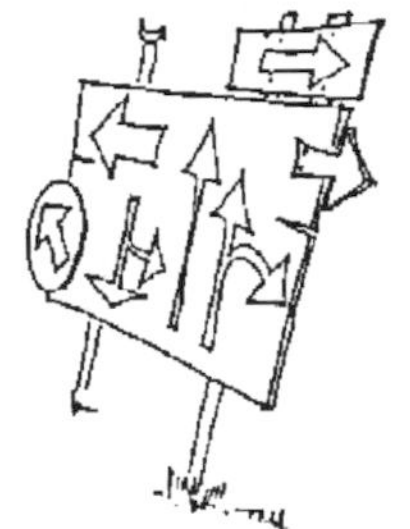

Danach --------------------▷ (61)

Partialbruchzerlegung bekannt --------------------▷ (59)

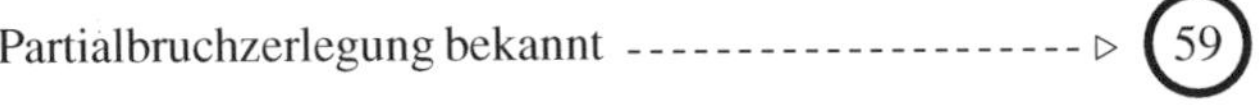

107

$$\frac{4s+3}{s(s+1)\cdot(11s+6)} = \frac{A\cdot(s+1)\cdot(11s+6)+B\cdot s(11s+6)+C\cdot s(s+1)}{s(s+1)\cdot(11s+6)}$$

....

Wir multiplizieren die Ausdrücke im Zähler aus und ordnen nach Potenzen von s:

$$\frac{4s+3}{s(s+1)\cdot(11+6)} = \frac{s^2(\dots\dots\dots\dots)+s\cdot(\dots\dots\dots\dots)+\dots\dots}{s(s+1)\cdot(11s+6)}$$

--------------------▷ (108)

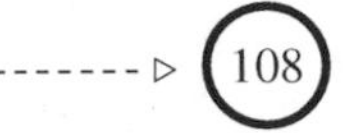

9

$V = \int\int\int dx\,dy\,dz$

Wenn es sich um die Berechnung des Volumens eines Quaders handelt, können wir die Integrationsgrenzen angeben.

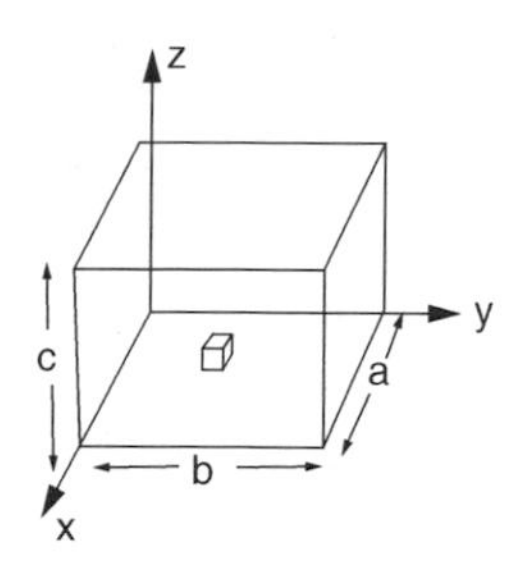

Tragen Sie die Integrationsgrenzen ein:

$$V = \int_{x=\ldots}^{\ldots} \int_{y=\ldots}^{\ldots} \int_{z=\ldots}^{\ldots} dx\,dy\,dz$$

--------------------▷ 

44

$x = r\cos\varphi$ $\qquad$ $y = r\sin\varphi$

$r = \sqrt{x^2+y^2}$ $\qquad$ $\tan\varphi = \frac{y}{x}$ $\qquad$ $\varphi = \arctan\frac{y}{x}$

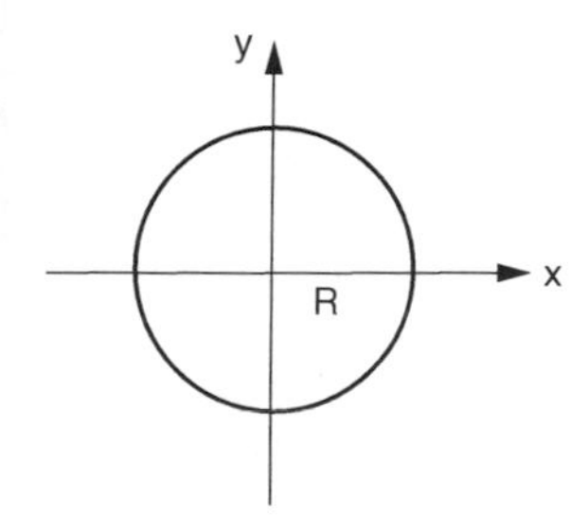

Geben Sie die Gleichung des Kreises mit Radius R in Polarkoordinaten an.

....

--------------------▷ 

Kehren wir zur praktischen Berechnung von Mehrfachintegralen zurück.

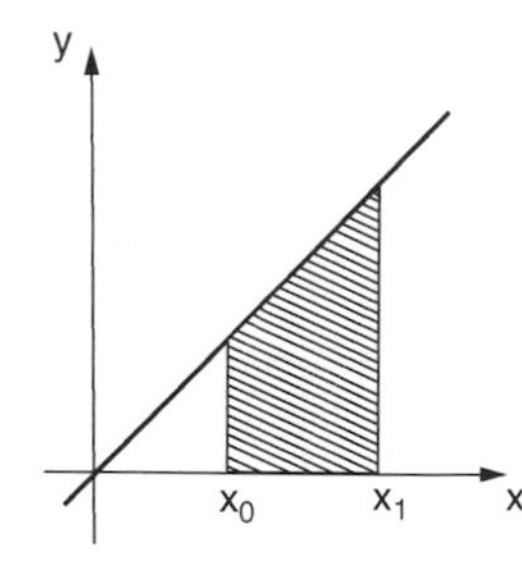

Beispiel: Flächeninhalt unter der Kurve y = x im Bereich $x_0 \leq x \leq x_1$.

Das Flächenintegral

$A = \int\int dA$

führt in kartesischen Koordinaten zu dem Doppelintegral

$A = \int\int dx\,dy$

Setzen Sie die Grenzen für beide Variablen ein!

$$A = \int_{x=\ldots}^{\ldots} \int_{y=\ldots}^{\ldots} dx\,dy$$

--------------------▷ 80

8

$$F(s) = \int_0^\infty e^{-st} \cdot f(t) \cdot dt$$

$$F(s) = C\left[\frac{e^{-st}}{-s}\right]_0^\infty = \frac{C}{s}$$

....

In der gleichen Weise ermitteln wir die Laplace-Transformation einer Exponentialfunktion.

Gegeben: $f(t) = e^{at}$

Gesucht: Berechnung von $F(s) = \ldots\ldots\ldots\ldots\ldots\ldots$

Berechnung gelungen --------------------▷ 10

Hilfe erwünscht --------------------▷ 9

57

$$f(t) = \frac{2}{2}[e^{3t} - e^{t}]$$

....

Weitere Übungen und Lösungen finden Sie im Lehrbuch.
Erinnerung: Übungen machen umso mehr Freude, je leichter sie erscheinen. Übungen sind aber umso wichtiger, wenn sie schwer erscheinen.

--------------------▷ 58

106

Zu zerlegen ist der Bruch $\dfrac{4s+3}{s(s+1)\cdot(11s+6)}$

Wir setzen Partialbrüche mit den drei Linearfaktoren im Nenner an:

$$\frac{4s+3}{s(s+1)\cdot(11s+6)} = \frac{A}{s} + \frac{B}{(s+1)} + \frac{C}{(11s+6)}$$

Jetzt bringen wir die Partialbrüche auf den Hauptnenner zurück, um Bestimmungsgleichungen für A, B und C zu erhalten.

$$\frac{4s+3}{s(s+1)\cdot(11s+6)} = \frac{\ldots\ldots\ldots\ldots\ldots\ldots}{s(s+1)\cdot(11s+6)}$$

--------------------▷ 107

10

$$V = \int_{x=0}^{a} \int_{y=0}^{b} \int_{z=0}^{c} dx\,dy\,dz$$

....

Die praktische Berechnung von Mehrfachintegralen mit konstanten Integrationsgrenzen wird im nächsten Abschnitt gezeigt werden. Es ist die sinngemäße Übertragung der Regel für die Berechnung des bestimmten Integrals auf mehrfach hintereinander durchzuführende Integrationen. Es sind keine grundsätzlich neuen Operationen.

--------------------▷ (11)

45

$r = R$

Hinweis: In Polarkoordinaten hat die Gleichung des Kreises eine genauso einfache Form wie in kartesischen Koordinaten die Gleichung einer Geraden parallel zur x-Achse: $y = a$

....

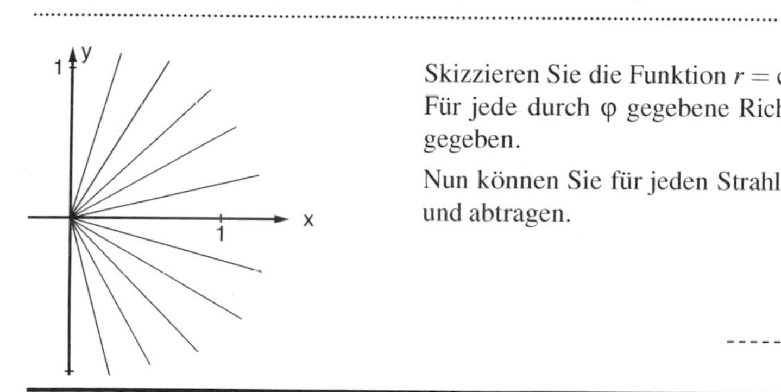

Skizzieren Sie die Funktion $r = \cos\varphi$

Für jede durch φ gegebene Richtung ist r durch $r = \cos\varphi$ gegeben.

Nun können Sie für jeden Strahl den Wert für r ausrechnen und abtragen.

--------------------▷ (46)

80

$$A = \int_{x=x_0}^{x_1} \int_{y=0}^{x} dx\,dy$$

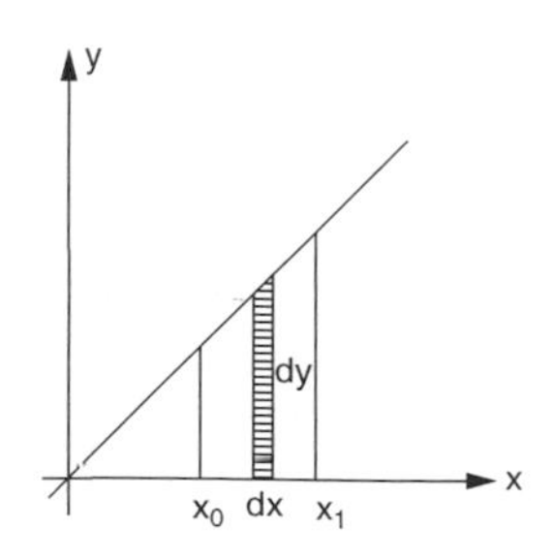

Die Integrationsgrenzen für x sind unmittelbar klar. Die Integrationsgrenzen für y nicht. y läuft bei konstantem x von 0 zum Funktionswert y. Der Funktionswert ist in diesem Fall $y = x$. Die obere Integrationsgrenze für y ist also x. Hier ist die Reihenfolge der Integrationen nicht mehr beliebig.

Regel: Als inneres Integral wird dasjenige genommen, in dessen Integrationsgrenzen Variable stehen, über die später integriert wird. Als letztes Integral bleibt dann konsequenterweise eines mit festen Integrationsgrenzen übrig. Formen Sie das Integral oben so um, dass durch eine Klammer das innere Integral gekennzeichnet ist! $A = \int_{\ldots}^{\ldots} \left[\int_{\ldots}^{\ldots} \ldots\ldots\ldots\ldots\ldots \right]$

---------▷ (81)

7

Gegeben: Originalfunktion $f(t) = C$
Gesucht: Bildfunktion $F(s)$. Diese wird ermittelt durch die Ausführung der Laplace-Transformation.

$$F(s) = \int_0^\infty e^{-st} \cdot f(t) \cdot dt$$

Mit $f(t) = C$ ergibt sich

$$F(s) = \int_0^\infty e^{-st} \cdot C \cdot dt$$

Die Konstante C ausklammern, das Integral lösen und Integrationsgrenzen einsetzen:

$$F(s) = \int_0^\infty e^{-st} \cdot C \cdot dt = \ldots\ldots\ldots\ldots$$

--------------------▷ (8)

56

$s_1 = 3 \qquad s_2 = 1$

Damit können wir die quadratische Gleichung als Produkt von Linearfaktoren schreiben:

$s^2 - 4s + 3 = (s-3) \cdot (s-1)$

Es war

$F(s) = \dfrac{1}{(s-a)\cdot(s-b)} \qquad f(t) = \dfrac{1}{a-b}[e^{at} - e^{bt}]$

Also gilt für unsere Bildfunktion $\qquad F(s) = \dfrac{2}{(s-3)\cdot(s-1)}$

die folgende Originalfunktion $\qquad f(t) = \ldots\ldots\ldots\ldots\ldots\ldots$

--------------------▷ (57)

105

$$\mathcal{L}[x] = 11 \cdot (s+1) \cdot \left(s + \frac{6}{11}\right) = \mathcal{L}[x] \cdot (s+1) \cdot (11s+6) = \frac{4s+3}{s}$$

Aufgelöst nach $\mathcal{L}[x]$: $\quad \mathcal{L}[x] = \dfrac{4s+3}{s(s+1)\cdot(11s+6)} = \dfrac{1}{11} \cdot \dfrac{(4s+3)}{s(s+1)\cdot\left(s+\dfrac{6}{11}\right)}$

Den Bruch zerlegen wir in drei Partialbrüche, deren Nenner die drei Linearfaktoren des obigen Bruches sind. Nach einer etwas mühseligen Rechnung, in die sich leicht Flüchtigkeitsfehler einschleichen, erhalten wir: $\mathcal{L}[x] = \ldots\ldots\ldots\ldots\ldots\ldots\ldots\ldots$

Rechnung glücklich gelöst --------------------▷ (112)

Hilfe und Erläuterung --------------------▷ (106)

Hinweis: Die Rechnung kann auch durchgeführt werden für den gleichwertigen Ausdruck

$\mathcal{L}[x] = \dfrac{(4s+3)}{11 \cdot \left(s(s+1)\cdot\left(s+\frac{6}{11}\right)\right)}$ $\qquad$ Das Ergebnis ist das Gleiche.

11

Mehrfachintegrale mit konstanten Integrationsgrenzen

STUDIEREN SIE im Lehrbuch

15.2 Mehrfachintegrale mit konstanten Integrationsgrenzen
15.2.1 Zerlegung eines Mehrfachintegrals in ein Produkt von Integralen
Lehrbuch, Seite 44-47

BEARBEITEN SIE DANACH Lehrschritt

46

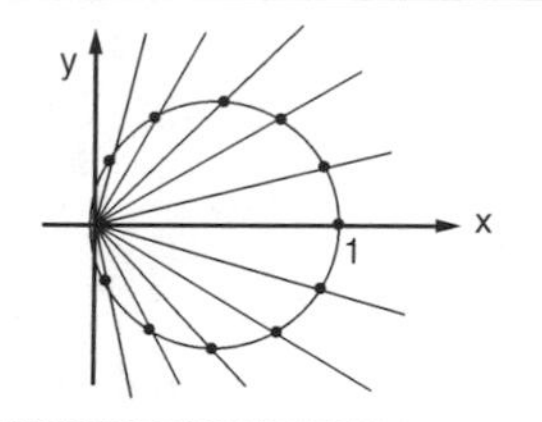

Hinweis: Die Funktion ist sowohl für positive wie negative Werte von φ definiert.

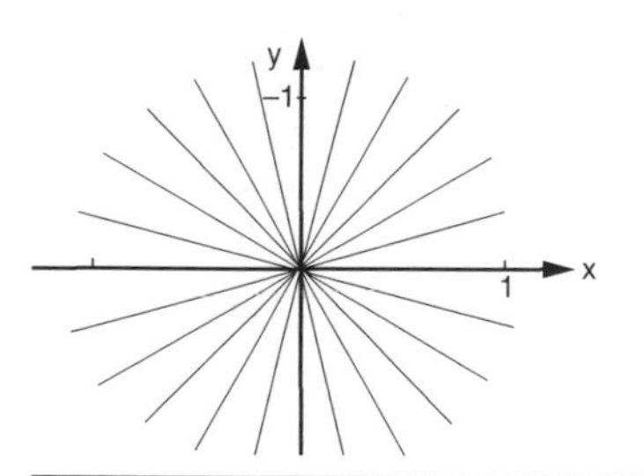

Skizzieren Sie die Funktion $r = \cos^2 \varphi$!

81

$$A = \int_{x=x_0}^{x_1} \left[\int_{y=0}^{x} dy \right] dx$$

Die obige Lösung ergibt sich aus der Regel:

Das innere Integral ist immer dasjenige, in dessen Integrationsgrenzen Variable stehen, über die erst später integriert wird.

In diesem Fall ist es die Variable x, über die später integriert wird.

Berechnen Sie jetzt das innere Integral oben und setzen Sie es ein

$$A = \int_{x=x_0}^{x_1} [\ldots\ldots\ldots] \, dx$$

--------------------▷ 82

6

Gegeben sei $f(t) = C$

Versuchen Sie, die Berechnung für $F(s)$ selbständig anzugeben

$F(s) = \ldots\ldots\ldots\ldots\ldots\ldots\ldots\ldots$

Lösung gefunden ----------> 8

Hilfe erwünscht ----------> 7

55

Zu lösen sei $F(s) = \dfrac{2}{(s^2 - 4s + 3)}$

In der Tabelle finden Sie

$F(s) = \dfrac{1}{(s-a)\cdot(s-b)}$ mit der Originalfunktion $f(t) = \dfrac{1}{a-b}[e^{at} - e^{bt}]$

Wir können den Nenner so umformen, dass die Tabellenlösung anwendbar ist. Für die quadratische Gleichung im Nenner sind die Nullstellen:

$s_1 = \ldots\ldots\ldots$ $s_2 = \ldots\ldots\ldots$

Damit wird der Nenner zu $s^2 - 4s + 3 = (\ldots\ldots\ldots\ldots\ldots\ldots)\cdot(\ldots\ldots\ldots\ldots\ldots\ldots)$

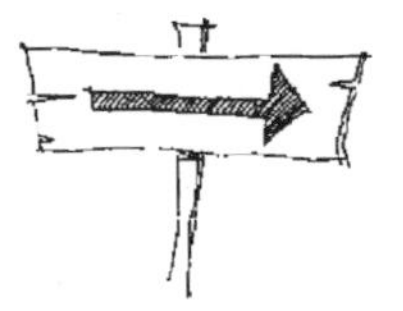

----------> 56

104

Zu lösen und umzuformen ist: $\mathcal{L}[x]\cdot(11s^2 + 17s + 6) = \dfrac{4s+3}{s}$

Wir klammern *11* aus und erhalten: $\mathcal{L}[x]\cdot 11\cdot\left(s^2 + \dfrac{17}{11}s + \dfrac{6}{11}\right) = \dfrac{4s+3}{s}$

Wir lösen nun die quadratische Gleichung $\left(s^2 + \dfrac{17}{11}s + \dfrac{6}{11}\right) = 0$

$$s_1 = -\frac{17}{2\cdot 11} + \sqrt{\frac{17^2}{(2\cdot 11)^2} - \frac{6}{11}} = -\frac{17}{2\cdot 11} + \sqrt{\frac{289-264}{(2\cdot 11)^2}} = -\frac{17}{2\cdot 11} + \sqrt{\frac{25}{(2\cdot 11)^2}}$$

$$= -\frac{17}{2\cdot 11} + \frac{5}{2\cdot 11} = -\frac{6}{11}$$

$s_2 = -\dfrac{17}{2\cdot 11} - \dfrac{5}{2\cdot 11} = -\dfrac{22}{2\cdot 11} = -1$ Damit können wir schreiben

$$\mathcal{L}[x]\cdot 11\cdot\left(s^2 + \frac{17}{11}s + \frac{6}{11}\right) = \mathcal{L}[x]\cdot 11\cdot(\ldots\ldots\ldots)\cdot(\ldots\ldots\ldots) = \frac{4s+3}{s}$$

----------> 105

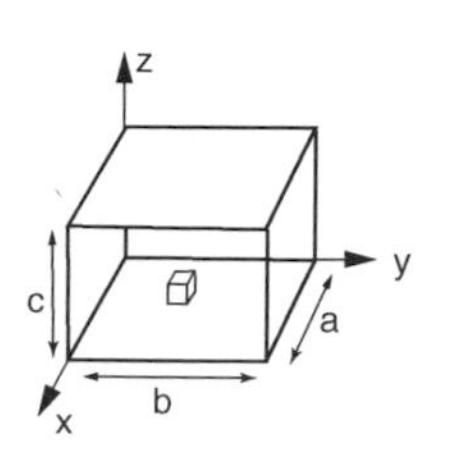

Das Volumen des Quaders ist ein Dreifachintegral mit konstanten Integrationsgrenzen

$$V = \int_{x=0}^{a} \int_{y=0}^{b} \int_{z=0}^{c} dx\, dy\, dz$$

Sicherheitshalber wird bei der unteren Integrationsgrenze angegeben, welche Variable gemeint ist.

Das Integral können Sie lösen, indem Sie nacheinander über jede Variable integrieren. Die jeweils anderen Variablen werden dabei als Konstante betrachtet. Die Reihenfolge ist beliebig. Führen Sie zunächst nur die Integration über x aus.

$V = \ldots\ldots\ldots\ldots\ldots$

Hinweis zum Sprachgebrauch: „Integriere *über* x" bedeutet: Führe die Integration für die Variable x aus.

---------------------- ▷

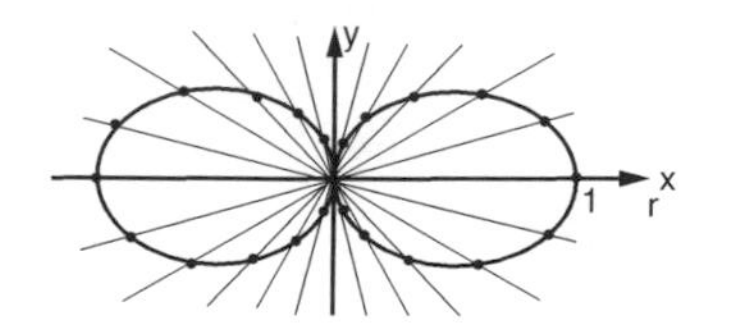

$r = \cos^2 \varphi$

47

....

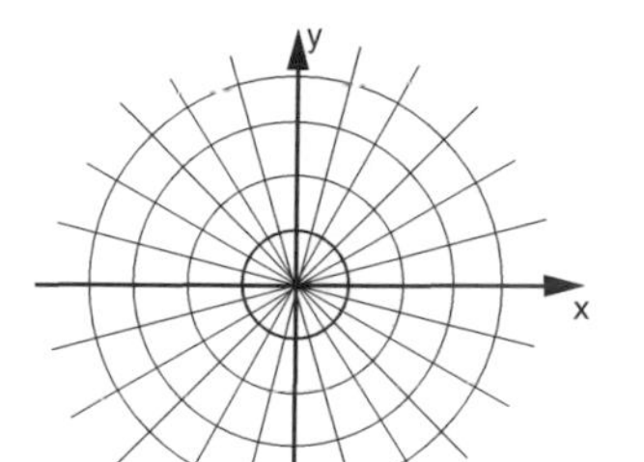

Im kartesischen Koordinatensystem stehen folgende Linien aufeinander senkrecht:

$x = \text{const}$ und $y = \text{const}$

In Polarkoordinaten stehen folgende Linien aufeinander senkrecht:

$r = \text{const}$ und $\varphi = \text{const}$

Leiten Sie den Ausdruck ab für das Flächenelement dA.

$dA = \ldots\ldots\ldots\ldots\ldots$ ---------------------- ▷ 48

82

$$A = \int_{x=x_0}^{x_1} [x] dx$$

Dieses Integral bietet als bestimmtes Integral keine Schwierigkeiten mehr und ergibt:

$A = \ldots\ldots\ldots\ldots\ldots$

---------------------- ▷ 83

5

24.2 Laplace-Transformationen von Standardfunktionen und allgemeine Regeln

Ableitungen, bitte, mitrechnen und Ergebnisse auf separatem Blatt notieren.

STUDIEREN Sie 24.1 Laplace-Transformationen von Standardfunktionen und allgemeine Regeln Lehrbuch Seite 201-204

Danach ▷ 6

54

$$f(t) = \frac{4}{4}(1 - \cos 2t) = 1 - \cos 2t$$

Nun noch eine Aufgabe:
Gegeben sei

$$F(s) = \frac{2}{(s^2 - 4s + 3)}$$

Dann ist die Originalfunktion

$f(t) = \ldots\ldots\ldots\ldots\ldots\ldots$

Lösung gefunden ▷ 57

Hilfe ▷ 55

103

$$\mathcal{L}[x] \cdot [(3s+2) \cdot (4s+3) - s^2] = \frac{4s+3}{s}$$

Jetzt muss umgeformt werden, damit Ausdrücke entstehen, die wir mit Hilfe der Tabelle auf Seite 214 rücktransformieren können. Wir beginnen mit dem Term auf der linken Seite und multiplizieren aus:

$$\mathcal{L}[x] \cdot (12s^2 + 9s + 8s + 6 - s^2) = \mathcal{L}[x \cdot] \cdot (11s^2 + 17s + 6)$$

Um einen Ausdruck der Form $A(s+a) \cdot (s+b)$ zu erhalten, klammern wir *11* aus, lösen die quadratische Gleichung und erhalten

$$\mathcal{L}[x] \cdot 11 \cdot (\ldots\ldots\ldots\ldots) \cdot (\ldots\ldots\ldots\ldots) = \frac{4s+3}{s}$$

▷ 105

Weitere Hilfe ▷ 104

13

$$V = a \int_{y=0}^{b} \int_{z=0}^{c} dy\, dz$$

....

Alles richtig, keine Schwierigkeiten --------------------▷ 16

Erläuterung gewünscht --------------------▷ 14

48

$dA = r\, d\varphi\, dr$

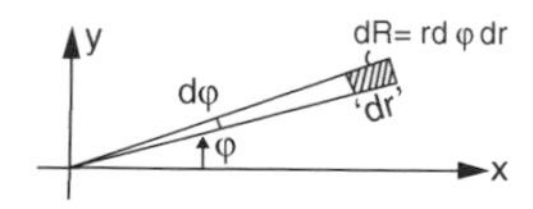

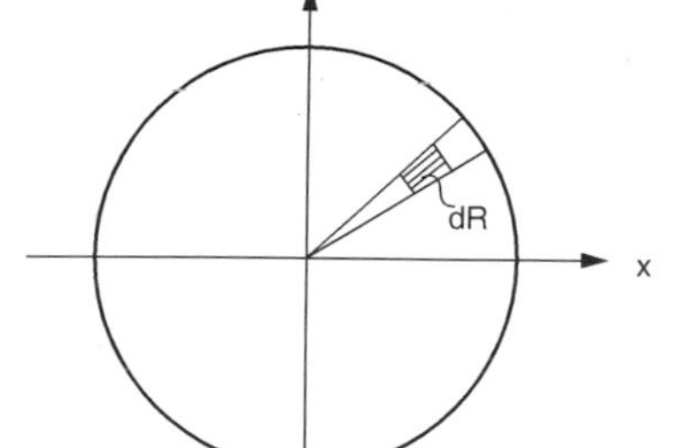

Wenn dA bekannt ist, können wir die Fläche eines Kreises unmittelbar berechnen:

$$A = \int dA$$

Das Integral lässt sich in Polarkoordinaten als Doppelintegral hinschreiben. Bei den Grenzen muss beachtet werden, dass der gesamte Kreis bedeckt wird. Das bedeutet: r läuft von 0 bis R und φ läuft von 0 bis 2π.

$A =$ .... --------------------▷

83

$$A = \frac{x_1^2 - x_0^2}{2}$$

....

Gegeben sei folgendes Integral mit anderen Variablen:

$$I = \int_{u=a}^{v} \int_{v=1}^{2} u \cdot v\, du\, dv$$

Formen Sie das Integral so um, dass das zunächst zu lösende innere Integral in der Klammer steht:

$$I = \int \left[\int_{\dots\dots\dots} \right]$$

--------------------▷

4

Das Symbol $\mathcal{L}^{-1}[F(s)]$ heißt
inverse Laplace-Transformation oder Umkehrintegral oder Rücktransformation

$\mathcal{L}^{-1}[F(s)] = f(t)$

....

Bevor Beispiele für den Nutzen der Laplace-Transformationen gegeben werden können, ist eine gewisse Durststrecke zu überwinden, in denen Regeln für die Transformationen gelernt und notiert werden müssen.

----------▷ (5)

53

Rückzutransformieren ist: $f(s) = \dfrac{4}{s(s^2+4)}$

In der Tabelle finden Sie

$F(s) = \dfrac{1}{s(s^2+\omega^2)}$ mit der Rücktransformierten $f(t) = \dfrac{1}{\omega^2}(1-\cos\omega t)$

Konstante Faktoren bleiben erhalten.

Setzen Sie für unseren Fall $\omega^2 = 4$ und $\omega = 2$, so erhalten Sie:

$f(t) = \ldots\ldots\ldots\ldots$

----------▷ (54)

102

$$(3s+2)\,\mathcal{L}[x] + s\,\mathcal{L}[y] = \frac{1}{s}$$
$$+s\cdot\mathcal{L}[x] + (4s+3)\,\mathcal{L}[y] = 0$$

....

2. Schritt: Nun ist das Gleichungssystem nacheinander nach $\mathcal{L}[x]$ und $\mathcal{L}[y]$ aufzulösen. Wir beginnen mit $\mathcal{L}[x]$ und eliminieren $\mathcal{L}[y]$. Dafür multiplizieren wir die obere Gleichung mit $(4s+3)$ und die untere mit $(-s)$. Das ergibt:

$$(3s+2)\mathcal{L}[x]\cdot(4s+3) \quad +s(4s+3)\mathcal{L}[y] = \frac{4s+3}{s}$$
$$-s^2\,\mathcal{L}[x] \qquad -s(4s+3)\mathcal{L}[y] = 0$$

Die Gleichungen werden addiert und ergeben

$\ldots\ldots\ldots\ldots = \ldots\ldots\ldots\ldots$

----------▷ (103)

14

Gegeben war: $\int\limits_{x=0}^{a}\int\limits_{y=0}^{b}\int\limits_{z=0}^{c} dx\, dy\, dz$

Die Aufgabe war, das Dreifachintegral über x zu integrieren. Die Regel hieß:

Bis auf x werden alle übrigen Variablen als Konstante behandelt.

Wir klammern jetzt alles ein, was als Konstante betrachtet werden kann. Dann erhalten wir:

$$V = \int\limits_{x=0}^{a} \left[\int\limits_{y=0}^{b}\int\limits_{z=0}^{c}\right] dx \left[dy\, dz\right]$$

Nun stellen wir um und fassen alle in Klammern stehenden Größen und Symbole in einer Klammer zusammen.

$$V = \int\limits_{x=0}^{a} \ldots \left[\ldots\ldots\ldots\ldots\right]$$

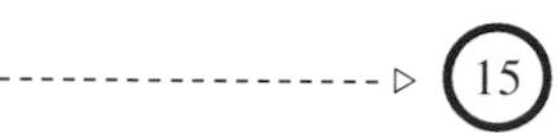

49

$$A = \int\limits_{0}^{R}\int\limits_{0}^{2\pi} r d\varphi\, dr$$

Dieses Integral ist leicht zu berechnen.

Die Fläche des Kreises ist

$$A = \int\limits_{0}^{R}\int\limits_{0}^{2\pi} r d\varphi\, dr = \ldots\ldots\ldots\ldots\ldots$$

84

$$I = \int\limits_{v=1}^{2} \left[\int\limits_{u=a}^{v} u \cdot v\, du\right] dv$$

....

Zunächst muss über u integriert werden, denn in der Integrationsgrenze steht die Variable v. Damit tritt v im Integranden auf. Über v muss also später integriert werden.
Ordnen Sie das Dreifachintegral

$$Q = \int\limits_{x=0}^{y^2}\int\limits_{y=0}^{z}\int\limits_{z=0}^{1} xyz\, dx\, dy\, dz$$

$$Q = \int \left\{ \int \left[\qquad \right] \right\}$$

....

- ▷ 85

3

$$\mathcal{L}[f(t)] = \int_0^\infty f(t) \cdot e^{-s \cdot t}\, dt$$

$f(t)$ heißt Originalfunktion

$\mathcal{L}[f(t)]$ heißt Bildfunktion

....

Wenn die Bezeichnungen sicher und geläufig sind, hat man weniger Schwierigkeiten beim Studium der Texte.

Das Symbol
$\mathcal{L}^{-1}[F(s)]$ heißt ....

Ergänzen Sie die Gleichung
$\mathcal{L}^{-1}[F(s)] = \ldots\ldots$

--------------------▷ (4)

52

Noch zwei kleine Übungen zur Anwendung der Tabelle der Rücktransformationen.

Gegeben sei die Bildfunktion

$$f(s) = \frac{4}{s(s^2+4)}$$

Suchen Sie die Originalfunktion

$y = \ldots\ldots\ldots\ldots\ldots\ldots$

Lösung gefunden --------------------▷ (54)

Hilfe erwünscht --------------------▷ (53)

101

Beim 1. Beispiel war folgendes Gleichungssystem gegeben:

$3\dot{x} + 2x + \dot{y} = 1$ für $t = 0:\ x_0 = y_0 = 0$

$\dot{x} + 4\dot{y} + 3y = 0$

1. Schritt: Führen Sie die Laplace-Transformation für beide Gleichungen durch, setzen Sie die Anfangsbedingungen ein und fassen Sie zusammen. Gegebenenfalls in das Lehrbuch schauen.

....

....

--------------------▷ (102)

15

$$V = \int_{x=0}^{a} dx \left[\int_{y=0}^{b} \int_{z=0}^{c} dy\, dz \right]$$

Jetzt sieht alles einfacher aus.

Das Integral $\int_{x=0}^{a} dx$ können wir ausrechnen, die Klammer bleibt stehen.

$$V = \int_{x=0}^{a} dx \left[\int_{y=0}^{b} \int_{z=0}^{c} dx\, dz \right] = (a-0) \left[\int_{y=0}^{b} \int_{z=0}^{c} dy\, dz \right]$$

Die Klammern haben geholfen, die Übersicht zu verbessern. Jetzt können wir sie wieder weglassen und erhalten:

$V = \ldots\ldots\ldots\ldots\ldots$

---------------------▷  16

50

$A = \pi R^2$

....

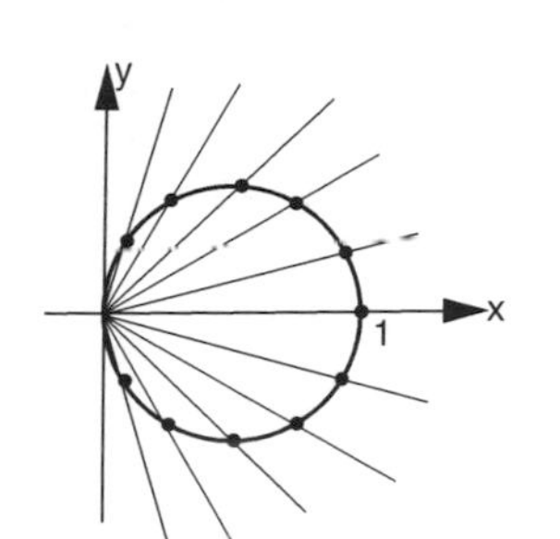

Wir hatten die Funktion $r = \cos\varphi$ skizziert.

Wie heißt die Funktion in kartesischen Koordinaten?

Lösungshinweis:

Drücken Sie zunächst x und y durch φ aus.

Drücken Sie dann y durch x aus.

$y = \ldots\ldots\ldots\ldots\ldots$

---------------------▷  51

85

$$Q = \int_{z=0}^{1} \left\{ \int_{y=0}^{z} \left[\int_{x=0}^{y^2} xyz dx \right] dy \right\} dz$$

Bei dieser Umformung musste man schon etwas nachdenken. Lösen Sie das Integral nun!

$Q = \ldots\ldots\ldots\ldots\ldots$

Lösung gefunden ---------------------▷  89

Erläuterung oder Hilfe erwünscht ---------------------▷  86

2

Geben Sie die Definition des Laplace-Integrals an:

$\mathcal{L}[f(t)] = \ldots\ldots\ldots\ldots\ldots\ldots\ldots\ldots$

Benennen Sie

$f(t)$ heißt $\ldots\ldots\ldots\ldots\ldots\ldots\ldots\ldots$

$\mathcal{L}[f(t)]$ heißt $\ldots\ldots\ldots\ldots\ldots\ldots\ldots\ldots$

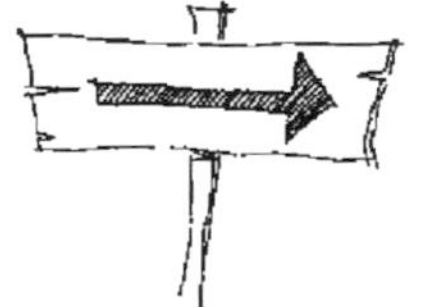

------------------ ▷ (3)

51

$$\mathcal{L}\left[\frac{3}{2}(1-\cos 4t)\right] = \frac{3}{2}\cdot\frac{1}{s} - \frac{3}{2}\cdot\frac{s}{s^2+4^2}$$

$$= \frac{3}{2}\left[\frac{1}{s} - \frac{s}{s^2+4^2}\right]$$

$$= \frac{3}{2}\left[\frac{s^2+16-s^2}{s(s^2+16)}\right]$$

$$= \frac{3\cdot 8}{s(s^2+16)} = \frac{24}{s(s^2+16)}$$

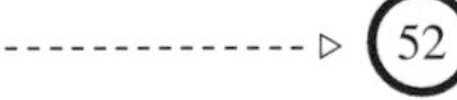

------------------ ▷ (52)

100

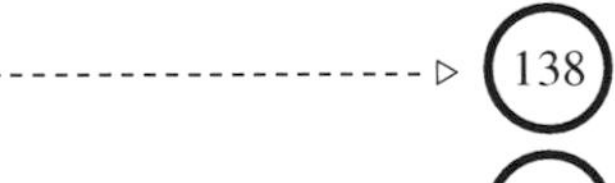

Das Lösungsverfahren verstanden und
alle Beispiele im Lehrbuch mitgerechnet ------------------ ▷ (138)

Erläuterungen zum 1. Beispiel im Lehrbuch ------------------ ▷ (101)

Erläuterungen zum 2. Beispiel im Lehrbuch ------------------ ▷ (121)

16

$$V = a \cdot \int_{y=0}^{b} \int_{z=0}^{c} dy\, dz$$

Integrieren Sie das Doppelintegral nun über y:

$V = \ldots\ldots\ldots\ldots\ldots$

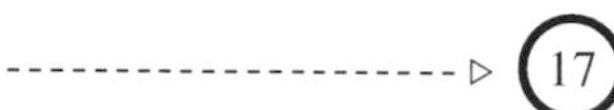

17

51

$y^2 = x(1-x) = x - x^2 \qquad$ oder $\qquad y = \sqrt{x(1-x)}$

Hinweis: Es ist die Gleichung eines Kreises.

Zentrum $\quad x_0 = \frac{1}{2},\ y_0 = 0$

Radius $\quad R = \frac{1}{2}$

Alles richtig 53

Fehler gemacht oder Erläuterung erwünscht 52

86

Bei der Umordnung muss folgende Maxime beachtet werden:

Als inneres Integral muss immer dasjenige gewählt werden, in dessen Grenzen Variable stehen, über die später integriert werden kann!

> Es ist verboten, über eine Variable zu integrieren, die in den Grenzen von Integralen steht, die erst später ausgeführt werden.

Gegeben war: $Q = \int_{z=0}^{1} \int_{y=0}^{z} \int_{x=0}^{y^2} xyz\, dx\, dy\, dz$

Lösen Sie jetzt zunächst das innere Integral und setzen Sie das Ergebnis ein:

$$Q = \int_{z=0}^{1} \int_{y=0}^{z} \Big[\ldots\ldots\ldots \Big]\, dy\, dz$$

87

1

24.1 Laplace-Transformationen

Im ersten Arbeitsabschnitt wird der Grundgedanke der Laplace-Transformation entwickelt. Die Definitionen werden gegeben, und es ist zweckmäßig, hier und in den folgenden Abschnitten die Definitionen und Ergebnisse auf einem separaten Zettel zu notieren, damit sie leicht verfügbar bleiben und Sie nicht dauernd nachschlagen müssen.

STUDIEREN Sie 24.1 Integraltransformationen, Laplace-Transformationen
Lehrbuch Seite 199-201

Danach

$$\sin^2 t = \frac{1}{2}[1 - \cos 2t]$$

Die zu transformierende Originalfunktion war $f(t) = 3\sin^2(2t)$.
Daraus wird, wenn die obige Beziehung benutzt wird:

$$f(t) = 3 \cdot \frac{1}{2}[1 - \cos 4t]$$

Diese Originalfunktion können wir gliedweise transformieren und erhalten

$$\mathcal{L}\left[\frac{3}{2}(1 - \cos 4t)\right] = \ldots\ldots\ldots\ldots$$

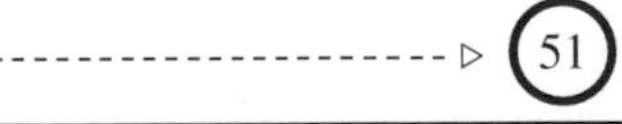

99

24.4 Lösung von simultanen Differentialgleichungen mit konstanten Koeffizienten

LESEN Sie 24.4 Lösung von simultanen Differentialgleichungen mit konstanten Koeffizienten
Lehrbuch Seite 210-212

17

$$V = a \cdot b \cdot \int_{z=0}^{c} dz$$

....

Fehler oder Schwierigkeiten ▷ 18

Alles klar ▷ 19

52

Es war $r = \cos\varphi$. Gesucht: Gleichung in kartesischen Koordinaten.

Bekannt sind uns die Transformationsgleichungen $x = r\cos\varphi \qquad y = r\sin\varphi$

Wir setzen ein $r = \cos\varphi$ und erhalten: $x = \cos\varphi \cdot \cos\varphi \qquad y = \cos\varphi \cdot \sin\varphi$

Wir formen um: $x = \cos^2\varphi \qquad y = \cos\varphi \cdot \sqrt{1-\cos^2\varphi}$

Wir setzen $\sqrt{x} = \cos\varphi$ in die Gleichung für y ein. Jetzt erhalten wir

$$y = \sqrt{x}\sqrt{1-x}$$

$$y = \sqrt{x(1-x)}$$

Die Gleichung eines Kreises mit $R = \frac{1}{2}$ und Zentrum $x_0 = \frac{1}{2}$; $y_0 = 0$ ist:

$$\left(x - \tfrac{1}{2}\right)^2 + y^2 = \left(\tfrac{1}{2}\right)^2$$

▷ 53

87

$$Q = \int_{z=0}^{1} \int_{y=0}^{z} yz\frac{y^4}{2}\, dy\, dz$$

Erläuterung:

Die Integration über x ergibt $\frac{x^2}{2}$. Wenn dann die Grenzen – nämlich 0 und y^2 – eingesetzt werden, ergibt sich das obige Resultat. Führen wir jetzt den zweiten Schritt durch und integrieren wir über y.

Wir erhalten dann:

$$Q = \int_{z=0}^{1} \left[\ldots\ldots\ldots\right] dz$$

▷ 88

Kapitel 24
Laplace-Transformationen

K. Weltner, *Leitprogramm Mathematik für Physiker 2*.
DOI 10.1007/978-3-642-25163-4_24

18

Wo sind die Schwierigkeiten? Das bestimme Integral ist es doch nicht:

$$\int_{y=0}^{b} dy = b$$

Vielleicht ist es dies: Scheinbar willkürlich wird eine Variable herausgegriffen und über diese Variable integriert, während die übrigen Variablen als Konstante behandelt werden. So etwas ähnliches kennen Sie bereits von der partiellen Integration her. Wenn nach einer Variablen differenziert wird, werden die übrigen Variablen als Konstante behandelt.

Im Zweifel noch einmal mit Lehrschritt 12 neu beginnen.

-------------------- ▷ 19

53

Zylinderkoordinaten:

Zeichnen Sie die Zylinderkoordinaten des Punktes P. Die Zylinderkoordinaten sind:

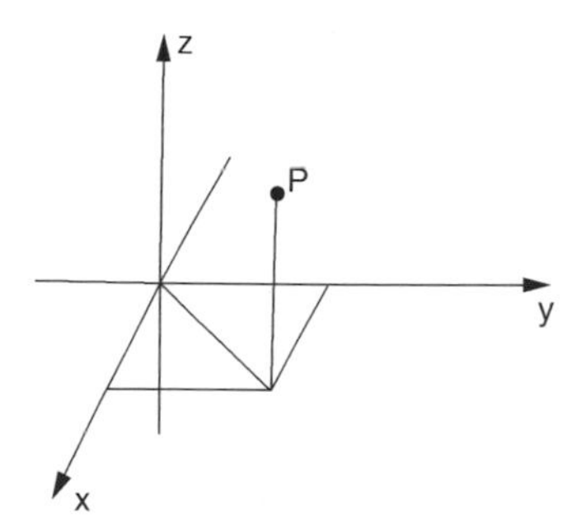

-------------------- ▷ 54

88

$$Q = \int_{z=0}^{1} \frac{z^6}{2 \cdot 6} z dz$$

Das letzte Integral gibt dann:

$Q = \ldots\ldots\ldots\ldots\ldots$

-------------------- ▷ 89

19

n	$\frac{2}{n\pi}$	$\cos n\frac{\pi}{2}$	b_n
1	0,64	0	0,64
2	0,32	−1	0,64
3	0,22	0	0,22
4	0,16	+1	0
5	0,13	0	0,13
6	0,11	−1	0,22
7	0,09	0	0,09
8	0,08	+1	0

Skizzieren Sie für $t_0 = 1$ und $T = 2$ das Amplitudenspektrum der b_n.

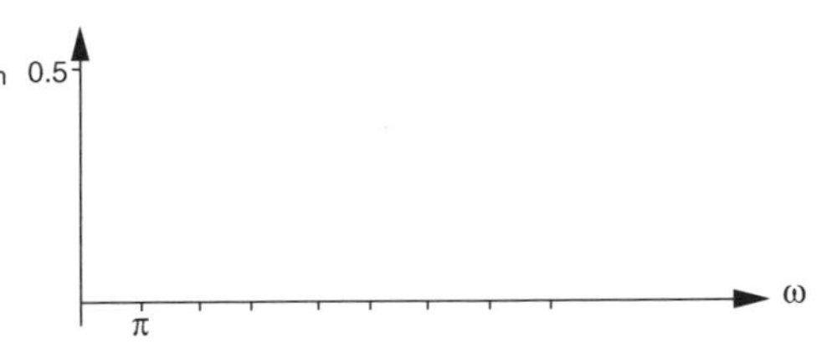

ZURÜCKBLÄTTERN
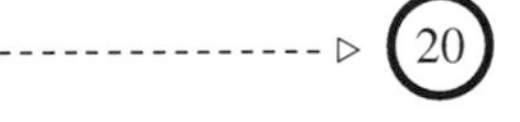

38

$$F(\omega) = \frac{1}{2\pi}\left(\frac{1}{-i\omega}\right)\cdot\left(\left[(-1)\cdot e^{-i\omega t}\right]_{-\frac{t_0}{2}}^{0} + \left[e^{-i\omega t}\right]_{0}^{\frac{t_0}{2}}\right)$$

....

Jetzt setzen wir die Grenzen ein und erhalten

$$F(\omega) = \frac{1}{2\pi(-i\omega)}\cdot\left[\dots\dots\dots\dots\dots\dots\right]$$

ZURÜCKBLÄTTERN

19

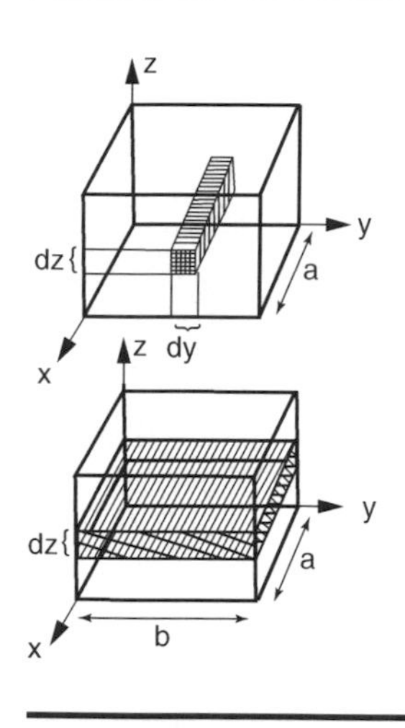

Zu lösen sei das Volumenintegral $\int\limits_{x=0}^{a}\int\limits_{y=0}^{b}\int\limits_{z=0}^{c} dx \cdot dy \cdot dz$

Die geometrische Bedeutung der Integration über x: Volumenelemente werden in x-Richtung aneinander gelegt. Wir erhalten eine Säule mit der Grundfläche $dy \cdot dz$ und der Länge a.

$$V = \int\limits_{y=0}^{b}\int\limits_{z=0}^{c} a \cdot dy \cdot dz$$

Geometrische Bedeutung der Integration über y: Die Säulen werden in y-Richtung aneinander gelegt. Es entsteht eine Scheibe mit der Grundfläche $a \cdot b$ und der Dicke dz.

$$V = \int\limits_{z=0}^{c} a \cdot b \cdot dz$$

--------------------▷ 

54

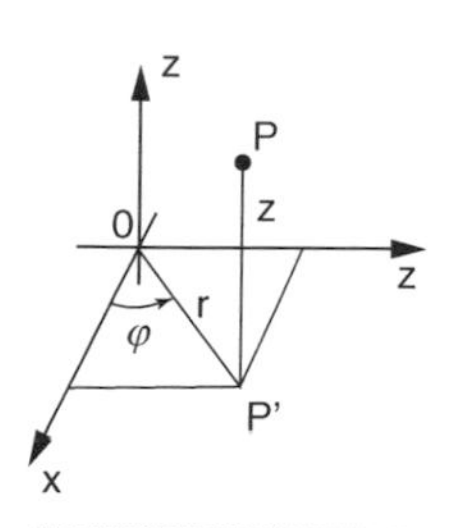

r = Abstand des Punktes P' vom Nullpunkt
P' ist die Projektion von P auf die x-y-Ebene)

φ = Winkel der Strecke OP' mit der positiven x-Achse

z = Höhe

....

Geben Sie die Transformationsformeln an:

$x =$ .... $y =$ .... $z =$ ....

--------------------▷ 

89

$$Q = \frac{1}{2 \cdot 68} = \frac{1}{96}$$

....

Die Reihenfolge, in der die Integrationen bei Mehrfachintegralen ausgeführt werden können, lässt sich sehr einfach merken, wenn man die Regel in die Form eines Verbotes kleidet:

Es ist verboten, über eine Variable zu integrieren, die in den Grenzen von Integralen steht, die erst später ausgeführt werden.

Ordnen Sie nach dieser Maxime das folgende Vierfachinteral. Betrachten Sie die Aufgabe als Herausforderung an Ihren Ordnungssinn!

$$I = \int\limits_{s=0}^{v^2}\int\limits_{v=0}^{u}\int\limits_{t=1}^{2}\int\limits_{u=1}^{\sqrt{t^2+1}} du\,dv\,ds\,dt \qquad I = \int\left(\int\left\{\int\left[\int\quad\right]\right\}\right)$$

....

--------------------▷ 90

18

Die Fourierreihe war: $f(t) = \frac{2}{\pi} \sum_{n=1}^{\infty} \frac{1}{n} \left(1 - \cos\left(\frac{n2\pi}{T} \cdot \frac{t_0}{2}\right)\right) \cdot \left(\frac{n2\pi}{T} t\right)$

Dann ist zu berechnen: $b_n = \frac{2}{n\pi} \left[1 - \cos\left(\frac{n\pi}{T} \cdot t_0\right)\right]$

Wir setzen $t_0 = 1$ und $T = 2$.

Füllen Sie die Tabelle aus, um die ersten acht Koeffizienten b_n zu berechnen.

Es ist eine gute Wahl, die Berechnung der Koeffizienten wirklich einmal auszuführen.

Benutzen Sie einen Taschenrechner oder schätzen Sie die Werte per Überschlagsrechnung ab.

n	$\frac{2}{n\pi}$	$\cos n\frac{\pi}{2}$	b_n
1			
2			
3			
4			
5			
6			
7			
8			

▷ 19

37

Zu lösen sind die folgenden Integrale:

$$F(\omega) = \frac{1}{2\pi} \int_{-\frac{t_0}{2}}^{0} (-1) \cdot e^{-i\omega t} dt + \frac{1}{2\pi} \int_{0}^{\frac{t_0}{2}} e^{-i\omega t} dt$$

Erinnerung: $\int_{t_1}^{t_2} e^{-i\omega t} dt = \frac{1}{-i\omega} \cdot \left[e^{-i\omega t_2} - e^{-i\omega t_1}\right]$

Wir lösen die Integrale oben und erhalten

$F(\omega) = \ldots\ldots\ldots\ldots$

▷

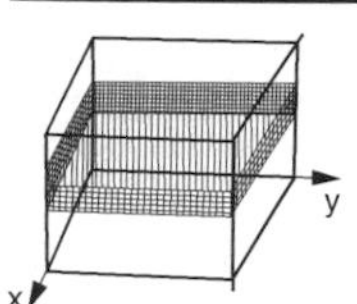

20

Wird über z integriert, werden diese Scheiben in z-Richtung aufsummiert. Als Ergebnis erhalten wir dann das Volumen des Quaders: $V = a \cdot b \cdot c$.

Die erste Integration entspricht also der Addition der Volumenelemente in einer Koordinatenrichtung. Dadurch entsteht eine Säule.
Die zweite Integration ist die Addition der Säulen in der zweiten Koordinatenrichtung. Dadurch entsteht eine Scheibe.
Die dritte Integration ist die Addition der Scheiben in der dritten Koordinatenrichtung. Dadurch entsteht der Quader.

Im Lehrbuch wurde die Masse eines Luftquaders berechnet. Sie können eine zusätzliche Erläuterung dazu haben.

Rechengang im Lehrbuch verstanden ---------------------▷ 25

Wünsche Erläuterung der Rechnung im Lehrbuch ---------------------▷ 21

55

$x = r\cos\varphi$ $\quad y = r\sin\varphi$ $\quad z = z$

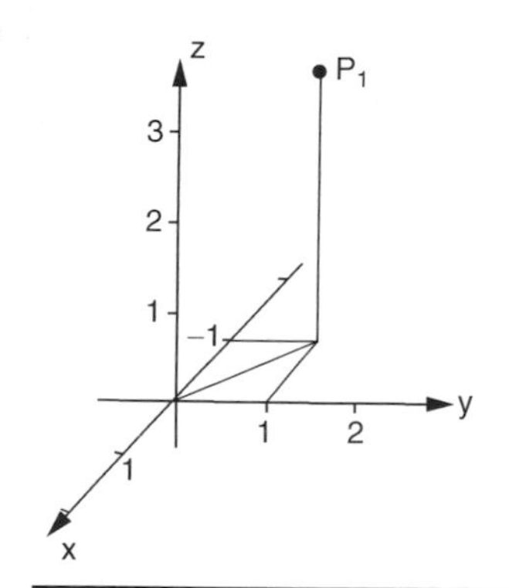

Geben Sie die Zylinderkoordinaten des Punktes $P_1 = (-1,\ 1,\ 3)$ an.

$r_1 = \ldots\ldots\ldots\ldots$

$\tan\varphi_1 = \ldots\ldots\ldots\ldots$

$z_1 = \ldots\ldots\ldots\ldots$

$\varphi_1 = \ldots\ldots\ldots\ldots$

---------------------▷ 56

90

$$I = \int\limits_{t=1}^{2} \left(\int\limits_{u=1}^{\sqrt{t^2+1}} \left\{ \int\limits_{v=0}^{u} \left[\int\limits_{s=0}^{v^2} ds \right] dv \right\} du \right) dt$$

Wer Spaß hat, möge das Integral ausrechnen.

I = ...

---------------------▷ 91

17

$$f(t) = \frac{2}{\pi} \sum_{n=1}^{\infty} \frac{1}{n} \left(1 - \cos\left(\frac{n2\pi}{T} \cdot \frac{t_0}{2}\right)\right) \cdot \left(\sin \frac{n2\pi}{T} t\right)$$

....

Im Lehrbuch, Seite 191, sind die Fourierkoeffizienten für $t_0 = 1$ und $T = 2t_0$, $T = 4t_0$ und $T = 8t_0$ abgebildet.

Es ist eine nützliche Übung, die b_n für wenigstens einen Fall numerisch zu berechnen.

Berechnung der b_n für $t_0 = 1$ und $T = 2$ ---------------------▷ (18)

Direkt weiter ---------------------▷ (21)

Lehrschritt 21 finden Sie unter Lehrschritt 20. ZURÜCKBLÄTTERN

36

$$F(\omega) = \frac{1}{2\pi} \int_{-\frac{t_0}{2}}^{0} (-1) \cdot e^{-i\omega t} dt + \frac{1}{2\pi} \int_{0}^{\frac{t_0}{2}} e^{-i\omega t} dt$$

....

Die Integrale können gelöst werden und ergeben mit eingesetzten Integrationsgrenzen:

$F(\omega) = \ldots\ldots\ldots\ldots$

Lösung ---------------------▷ (39)

Hilfe und detaillierte Lösung ---------------------▷ (37)

55

Sie haben erfolgreich das Ende dieses Kapitels erreicht. Das ist ein wichtiger Schritt nach vorne.

des Kapitels 23 Fourier-Integrale

21

Es sollte die Masse der Luft berechnet werden, die sich in einem Quader befindet. Dabei wurde berücksichtigt, dass die Dichte der Luft nicht konstant ist, sondern mit der Höhe abnimmt. Dadurch wurden die Formeln unübersichtlich. Die Dichte der Luft war gegeben durch den Ausdruck:

$$\rho = \rho_o \, e^{-\alpha z} \quad \text{mit } \alpha = \frac{\rho_o}{p_o} g$$

Machen wir uns das Leben zunächst einmal leichter. Das Problem können wir lösen, wenn die Dichte konstant wäre:

$$\rho = \rho_o$$

Rechnen Sie das Beispiel auf den Seiten 45-46 im Lehrbuch in dieser vereinfachten Form.

Ersetzen Sie $\rho_o \cdot e^{-\alpha z}$ durch ρ_o und führen Sie die Rechnung auf einem Zettel durch.
Danach gehen Sie auf

--------------------▷ 
22

56

$r_1 = \sqrt{2}$ $\tan\varphi_1 = -1$ $z_1 = 3$ $\varphi_1 = -45°$

....

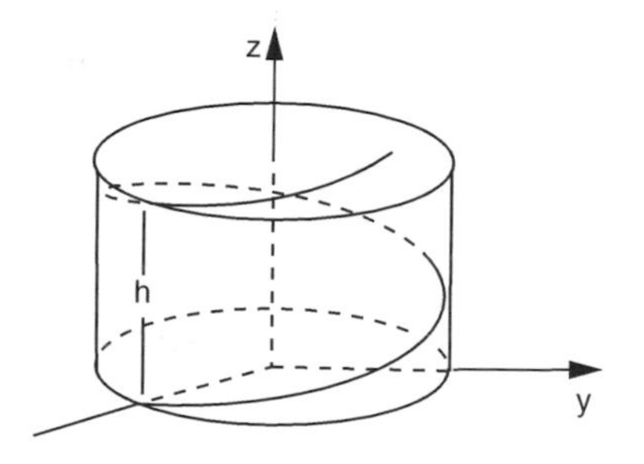

Geben Sie in Zylinderkoordinaten die Gleichung der Schraubenlinie mit dem Radius R und der Ganghöhe h an.

h ist der Höhengewinn pro Umlauf.

....

....

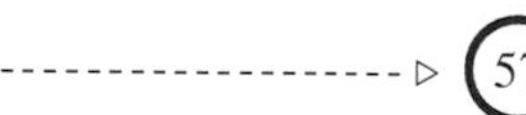
--------------------▷ 57

91

$$I = \frac{163}{180}$$

....

Rekapitulieren wir noch einmal die Ordnungsmaxime in Verbotsform:

Es ist verboten: ....

....

....

....

....

(Ergänzen Sie immer mit eigenen Worten)

--------------------▷ 92

16

$$b_n = \frac{2}{n\pi}\left[1 - \cos\left(\frac{n\pi}{T}\cdot t_0\right)\right]$$

....

Damit wird die Fourierreihe zu:

$f(t) = \ldots\ldots\ldots\ldots$

--------------------▷  17

35

Gesucht: Amplitudenfunktion für das alternierende Rechtecksignal

$$F(\omega) = \frac{1}{2\pi}\int_{-\infty}^{\infty} f(t)\cdot e^{-\omega t}\,dt$$

Das alternierende Rechtecksignal war gegeben als:

$$f(t) = \begin{cases} 0 & \text{für } -\frac{T}{2} < t < -\frac{t_0}{2} \\ -1 & \text{für } -\frac{t_0}{2} < t < 0 \\ +1 & \text{für } 0 < t < +\frac{t_0}{2} \\ 0 & \text{für } +\frac{t_0}{2} < t < +\frac{T}{2} \end{cases}$$

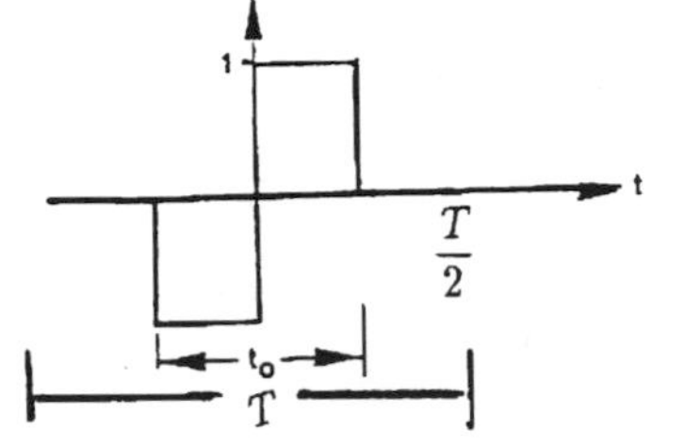

Wir müssen das Integral für die Abschnitte berechnen, in denen $f(t)$ nicht verschwindet. Geben Sie zunächst diese Teilintegrale an: $F(\omega) = \ldots\ldots\ldots\ldots$

--------------------▷ 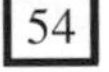 36

54

Maximum für $t = 0$ und $\omega = 0$

Abfall auf $\frac{1}{e}$, wenn $-\frac{\omega^2}{2a} = -\frac{a}{2}t^2 = -1$

Damit ergeben sich für den Abfall auf $\frac{1}{e}$

$\frac{a}{2}t^2 = 1$ und damit $t = \sqrt{\frac{2}{a}}$ sowie

$\frac{\omega^2}{2a} = 1$ und damit $\omega = \sqrt{2a}$

....

Wird a größer, wird der Abfall bei kleinerem t erfolgen, das Signal wird im Zeitbereich schmaler. Demgegenüber wird der Abfall im Frequenzbereich erst bei größerem ω erreicht. Der Frequenzbereich wird breiter.

--------------------▷  55

22

Als Ergebnis Ihrer Rechnung müssen Sie jetzt erhalten haben

$$M = \rho_0 a \cdot b \cdot h$$

In der vorliegenden Form war das Integral insofern vereinfacht, als die von z abhängige Dichte durch eine Konstante ersetzt war.

....

Wir wenden uns nun wieder dem ursprünglichen Ansatz zu.

Zuerst eine Vorübung $\int\limits_0^h e^{-\alpha z} dz = \ldots\ldots\ldots\ldots$

--------------------▷ 23

57

$r = R$

$z = \dfrac{h\varphi}{2\pi}$

....

Alles richtig --------------------▷ 59

Fehler gemacht oder Erläuterung gewünscht --------------------▷ 58

92

Es ist verboten, über eine Variable zu integrieren, die in den Grenzen von Integralen steht, die erst später ausgeführt werden.

Bemerkung: Wichtig ist, dass Sie dies sinngemäß ergänzt haben.

....

Weitere Übungsaufgaben stehen im Lehrbuch. Diese können auch schwieriger sein.

Übungsaufgaben sollte man gar nicht immer im direkten Anschluss an die Arbeit hier rechnen. Wichtig ist, dass man die Aufgaben noch nach vier Tagen oder Wochen kann. Daraus folgt, dass beim Studium immer wieder einmal Übungsaufgaben vorausgegangener Kapitel gerechnet werden sollten.

--------------------▷ 93

15

Gegeben: $b_n = \frac{2}{T}\left[(-1)\cdot\left(-\cos\frac{n2\pi}{T}t\right)\cdot\frac{T}{n2\pi}\right]_{-\frac{t_0}{2}}^{0} + \frac{2}{T}\left[\left(-\cos\frac{n2\pi}{T}t\right)\cdot\frac{T}{n2\pi}\right]_{0}^{\frac{t_0}{2}}$

Wir klammern den Term $\frac{T}{n2\pi}$ aus, setzen die Grenzen ein und erhalten so wegen $\cos(0) = 1$:

$$b_n = \frac{2}{T}\cdot\frac{T}{n2\pi}\left[\left(1-\cos\left(\frac{n2\pi}{T}\cdot\frac{t_0}{2}\right)\right) + \left(-\cos\left(\frac{n2\pi}{T}\cdot\frac{t_0}{2}\right)+1\right)\right]$$

Jetzt können wir kürzen und zusammenfassen:

$b_n = \ldots\ldots\ldots\ldots\ldots\ldots\ldots\ldots$

--------------------▷ 16

34

$$f(t) = \int_{-\infty}^{\infty} F(\omega)\cdot e^{i\omega t}\,dt \qquad F(\omega) = \frac{1}{2\pi}\int_{-\infty}^{\infty} f(t)\cdot e^{-i\omega t}\,dt$$

Berechnen Sie die Amplitudenfunktion $F(\omega)$ für das alternierende Rechtecksignal der Dauer t_0

$$f(t) = \begin{cases} 0 \; \textit{für} \; -\frac{T}{2} < t < -\frac{t_0}{2} \\ -1 \; \textit{für} \; -\frac{t_0}{2} < t < 0 \\ +1 \; \textit{für} \; 0 < t < +\frac{t_0}{2} \\ 0 \; \textit{für} \; +\frac{t_0}{2} < t < +\frac{T}{2} \end{cases}$$

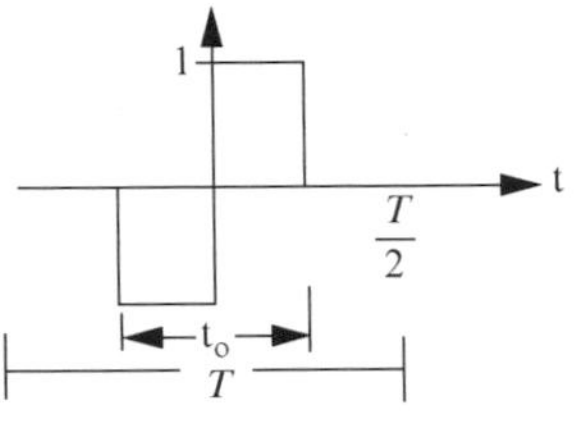

$F(\omega) = \ldots\ldots\ldots\ldots\ldots\ldots\ldots\ldots$

Lösung gefunden --------------------▷ 40

Hilfe und detaillierte Lösung --------------------▷ 35

53

Gegeben Gaußfunktion $f(t) = \frac{1}{\sqrt{2\pi}}\cdot e^{-\frac{a}{2}t^2}$ und Amplitudenspektrum $F(\omega) = \frac{1}{\sqrt{a}}\cdot e^{-\frac{\omega^2}{2a}}$

Beide Funktionen sind bestimmt durch Exponentialterme und haben ihr Maximum für $e^0 = 1$.
Also gelten für das Maximum $t = \ldots\ldots\ldots$ und $\omega = \ldots\ldots\ldots$
Mit zunehmendem t und ω werden die Exponenten größer. Weil sie negativ sind, werden die Funktionswerte kleiner und fallen auf $\frac{1}{e}$, wenn die Exponentialterme zu e^{-1} werden.

Dafür gilt: $e^{-\frac{\omega^2}{2a}} = e^{-\frac{a}{2}t^2} = e^{-1}$

Jetzt können wir für die Exponenten angeben $\ldots\ldots\ldots = \ldots\ldots\ldots = -1$

--------------------▷ 54

23

$$\int_0^h e^{-\alpha z} dz = \left[-\frac{1}{\alpha} e^{-\alpha z} \right]_0^h = \frac{1}{\alpha}(1 - e^{-\alpha h})$$

Wenn Sie diese Aufgabe lösen konnten, so haben Sie alle Operationen verstanden, die Sie beherrschen müssen. Das Integral auf den Seiten 45-46 kann nun durch drei aufeinander folgende Integrationen gelöst werden.

Die Aufgabe ist hier noch einmal hingeschrieben. Die Integrationsgrenzen sind ausführlich notiert.

$$M = \int_{z=0}^{h} \int_{y=0}^{b} \int_{x=0}^{a} \rho_o \cdot e^{-\alpha z} \, dx dy dz = \ldots\ldots\ldots\ldots\ldots$$

-------------------- ▷ (24)

58

Die Schraubenlinie ist dadurch gekennzeichnet, dass der Abstand r von der z-Achse konstant bleibt und gleich R ist. Die Projektion der Schraubenlinie auf der x-y-Ebene ist ein Kreis. Für den Kreis kennen wir bereits die Gleichung in Polarkoordinaten, sie gilt auch hier: $r = R$

Die Höhe z hängt von dem Winkel φ ab. Bei einem Umlauf nimmt der Winkel um 2π zu. Die Höhe nimmt um h zu. Das führt zu der zweiten Gleichung.

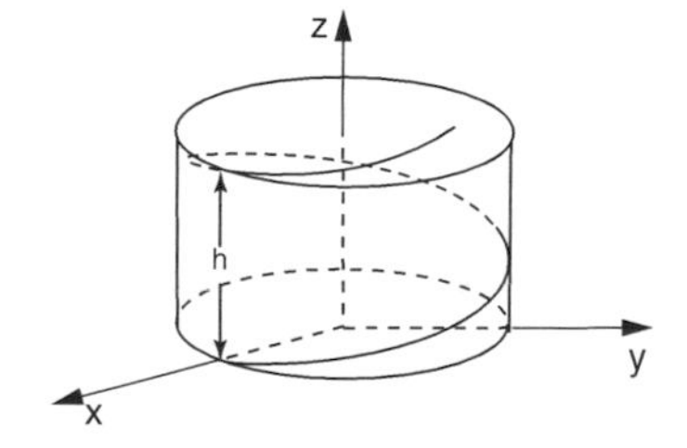

$$z = h\frac{\varphi}{2\pi}$$

-------------------- ▷ (59)

93

Kreisfläche in kartesischen Koordinaten

Die Fläche eines Kreises brauchten wir nicht zu berechnen. Wir kennen sie bereits. Sie ist in Polarkoordinaten berechnet worden. Dennoch ist die Berechnung in kartesischen Koordinaten sehr lehrreich.

a) Sie werden erkennen, dass die Berechnung auch in kartesischen Koordinaten möglich ist.
b) Sie werden weiter erkennen, welchen Vorteil die Benutzung passender Koordinatensysteme bietet.

STUDIEREN SIE im Lehrbuch 15.6 Kreisfläche in kartesischen Koordinaten
Lehrbuch, Seite 58-59

BEARBEITEN SIE DANACH Lehrschritt -------------------- ▷ (94)

14

Zu berechnen ist: $b_n = \frac{2}{T}\int\limits_{-\frac{t_0}{2}}^{0}(-1)\cdot\sin\frac{n2\pi}{T}t\,dt + \frac{2}{T}\int\limits_{0}^{\frac{t_0}{2}}1\cdot\sin\frac{n2\pi}{T}t\,dt$

Wir erinnern uns: $\int\limits_{t_1}^{t_2} sin\frac{n2\pi}{T}t\,dt = \frac{T}{n2\pi}\left[-cos\frac{n2\pi}{T}t\right]_{t_1}^{t_2}$

Wir berechnen die Integrale und erhalten

$$b_n = \frac{2}{T}\left[(-1)\cdot\left(-\cos\frac{n2\pi}{T}t\right)\cdot\frac{T}{n2\pi}\right]_{-\frac{t_0}{2}}^{0} + \frac{2}{T}\left[\left(-\cos\frac{n2\pi}{T}t\right)\cdot\frac{T}{n2\pi}\right]_{0}^{\frac{t_0}{2}}$$

Jetzt vereinfachen wir, klammern konstante Glieder aus, setzen die Grenzen ein und erhalten

$b_n =$...........

Lösung gefunden --------------------- ▷ 16

Schrittweise Lösung --------------------- ▷ 15

33

$F(\omega) = \frac{1}{\omega\pi}\sin\left(\omega\frac{t_0}{2}\right)$

Nun eine neue Aufgabe:
Gegeben sei die Funktion $f(t)$ für das alternierende Rechtecksignal der Dauer t_0.

$$f(t) = \begin{cases} 0 \; für & -\frac{T}{2} < t < -\frac{t_0}{2} \\ -1 \; für & -\frac{t_0}{2} < t < 0 \\ +1 \; für & 0 < t < +\frac{t_0}{2} \\ 0 \; für & +\frac{t_0}{2} < t < +\frac{T}{2} \end{cases}$$

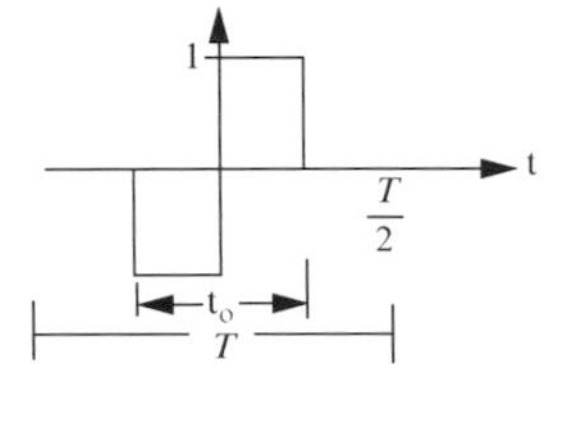

Dann ist das Signal in komplexer Darstellung gegeben durch das Fourierintegral
$f(t) =$...........
Dabei ist die Amplitudenfunktion $F(\omega) =$........... --------------------- ▷ 34

52

Die Abtastfrequenz muss mindestens *doppelt* so groß sein, wie die größte im Amplitudenspektrum vorkommende Frequenz.

Gegeben sei die glockenförmige Gauß-Funktion $f(t) = \frac{1}{\sqrt{2\pi}}\cdot e^{-\frac{a}{2}t^2}$

Dazu gehört die ebenfalls glockenförmige Amplitudenfunktion $F(\omega) = \frac{1}{\sqrt{a}}\cdot e^{-\frac{\omega^2}{2a}}$

Beide Funktionen haben ihr Maximum für $t =$........... und $\omega =$...........

Mit zunehmendem t und ω fallen beide Exponentialterme ab.

Beide Terme werden jeweils zu $\frac{1}{e}$, wenn der Exponent den Wert -1 erreicht: $e^{-\frac{\omega^2}{2a}} = e^{-\frac{a}{2}t^2} = \frac{1}{e}$

Dann gilt für die Exponenten: ....=...........$= -1$

Exponenten gefunden --------------------- ▷ 54

Hilfserläuterung --------------------- ▷ 53

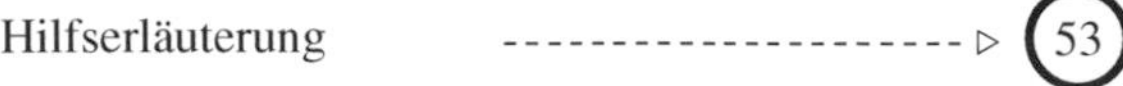

24

$$M = \frac{a \cdot b \cdot \rho_o}{\alpha}(1 - e^{-\alpha h})$$

....

Das ist das Ergebnis auf Seite 46 des Lehrbuches.

Schwierigkeiten treten meist dadurch auf, dass die Konstanten Verwirrung stiften oder nicht korrekt mitgeführt werden.

59

Das Volumenelement in Zylinderkoordinaten können Sie selbst herleiten, falls Ihnen das Flächenelement in Polarkoordinaten geläufig ist.

Es steht in der Tabelle im Lehrbuch, Seite 52. Sehen Sie das nur nach, wenn Sie wirklich Schwierigkeiten mit der Ableitung haben.

$dV =$ ....

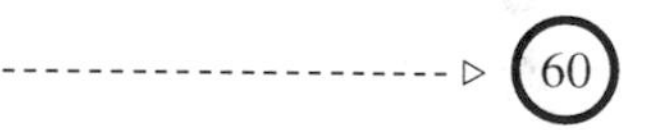

94

Das Problem: Ein Steinmetz hat aus einem Sandstein die Spitze eines Aussichtsturmes nach Zeichnung fertig gestellt. Es ist ein rotationssymmetrischer Körper. Die Dichte des Sandsteins liegt zwischen 2,4 und $2{,}7\,\mathrm{t/m^3}$. Der Steinmetz besitzt einen Kleintransporter, der maximal mit 3 t belastet werden kann. Kann er den Transporter benutzen?

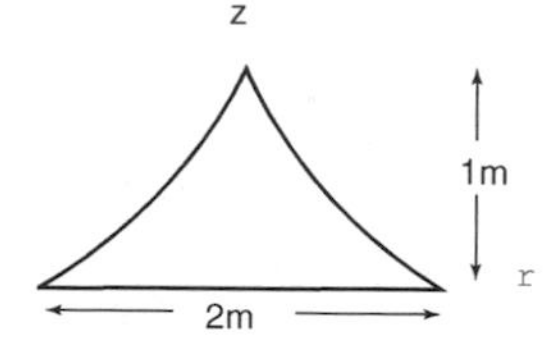

Hier gibt es zwei Probleme zu lösen:

1. Problem: Volumen des Körpers
2. Problem: Gewicht des Körpers, wobei die Dichte nicht genau bekannt ist, sondern nur in Grenzen eingeschlossen werden kann.

Die Gleichung der Begrenzungskurve lautet:

$$z = 1 - 1{,}5\,r + 0{,}5\,r^2$$

Hilfe und Erläuterung ---------------------- ▷ 95

Lösung ---------------------- ▷ 98

13

$$b_n = \frac{2}{T}\int\limits_{-\frac{t_0}{2}}^{0}(-1)\cdot sin\frac{n2\pi}{T}t\,dt + \frac{2}{T}\int\limits_{0}^{\frac{t_0}{2}}1\cdot sin\frac{n2\pi}{T}t\,dt$$

....

Die Integrale sind lösbar und ergeben unter Berücksichtigung der Grenzen und möglicher Vereinfachungen: $b_n =$ ....

Integrale gelöst --------------------▷ (16)

Hilfe und schrittweise Lösung --------------------▷ (14)

32

Im Lehrbuch ist das kontinuierliche Amplitudenspektrum für die Rechteckfunktion der Dauer t_0 berechnet. Rechnen Sie selbstständig erneut, möglichst ohne in das Lehrbuch zu schauen:

$$F(\omega) = \frac{1}{2\pi}\int\limits_{-\frac{t_0}{2}}^{\frac{t_0}{2}} 1\cdot e^{-i\omega t}dt \text{ ....}$$ (Hinweis: Sorgfältig auf Vorzeichen achten.)

Erinnerung: Die Rechteckfunktion war definiert als

$$f(t) = \begin{cases} 0 & für \quad -\infty < t < -\frac{t_0}{2} \\ 1 & für \quad -\frac{t_0}{2} < t < +\frac{t_0}{2} \\ 0 & für \quad +\frac{t_0}{2} < t < \infty \end{cases}$$

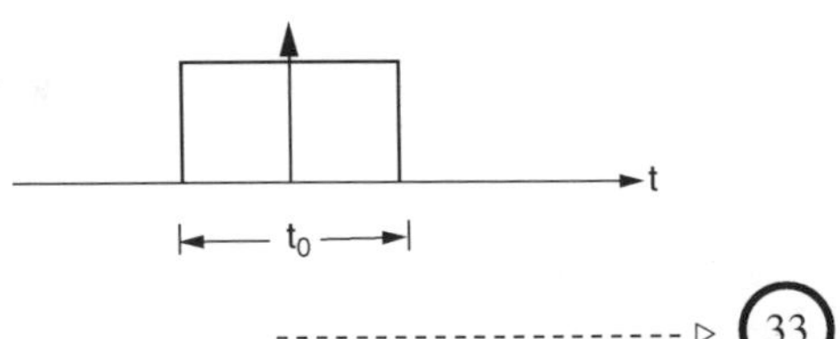

--------------------▷ (33)

51

Die letzten Arbeitsabschnitte sollten Ihnen eher eine allgemeine Orientierung geben. Das Abtasttheorem ist eine der Grundlagen der modernen Informationstechnik, wenn es um die technische Umwandlung von analogen in diskrete Signale und um die Rekonstruktion von analogen Signalen aus diskreten Abtastwerten geht.

Eine vollständige Rekonstruktion einer Funktion aus Abtastwerten ist nur dann möglich, wenn die Abtastfrequenz .... so groß ist wie die größte im Amplitudenspektrum vorkommende Frequenz.

--------------------▷ (52)

25

Mehrfachintegrale mit konstanten Integrationsgrenzen bieten keine grundsätzlichen Schwierigkeiten. Bei der Rechnung muss man Geduld bewahren, denn es sind mehrere Integrationen nacheinander auszuführen. Gegeben sei das Doppelintegral:

$$\int_{x=0}^{1}\int_{y=0}^{2} x^2\,dx\,dy$$

Durch eine Klammer soll das *innere Integral* zusammengefasst werden. Das innere Integral wird als erstes ausgerechnet.

Welcher Ansatz ist richtig? Integrationsgrenzen beachten!

$$\int_{y=0}^{2}\left[\int_{x=0}^{1} x^2\,dx\right] dy$$

---------------------▷ 26

$$\int_{x=0}^{2}\left[\int_{y=0}^{1} x^2\,dx\right] dy$$

---------------------▷ 27

60

$dV = r\,d\varphi\,dr\,dz$

....

Kugelkoordinaten sind durch drei Größen gegeben:

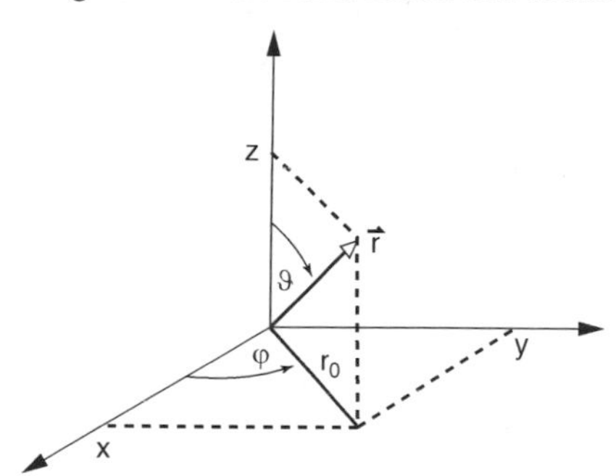

1. r = Länge des Ortsvektors
2. Winkel ϑ des Ortsvektors mit der

   ......-Achse

   Er heißt: ....
3. Winkel φ, den die Projektion des Ortsvektors auf die x-y-Ebene mit der ...... -Achse einschließt.

   Er heißt:...............

---------------------▷ 61

95

Als erstes Problem lösen wir das Volumenproblem: Der Querschnitt durch den Körper ist in der Abbildung gezeichnet. Die Begrenzungskurve ist analytisch gegeben in der Form:

$$z = 1 - 1{,}5\,r + 0{,}5\,r^2$$

Bei der Problemlösung versuchen wir bekannte und unbekannte Größen zu ordnen:

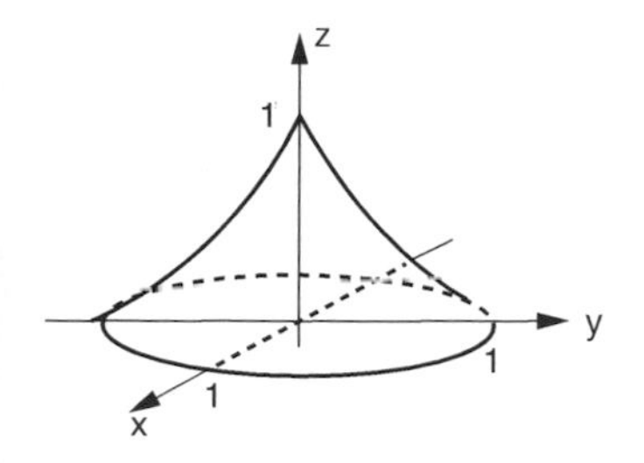

Bekannt ist:	analytischer Ausdruck für die Begrenzung des Körpers
Unbekannt:	Volumen
Lösungsansatz:	Berechnung des Volumens durch Integration

---------------------▷ 96

12

Die Funktion ist ungerade. Daher: $a_n = 0$

....

$$f(t) = \begin{cases} 0 \; für & -\frac{T}{2} < t < -\frac{t_0}{2} \\ -1 \; für & -\frac{t_0}{2} < t < 0 \\ +1 \; für & 0 < t < +\frac{t_0}{2} \\ 0 \; für & +\frac{t_0}{2} < t < +\frac{T}{2} \end{cases}$$

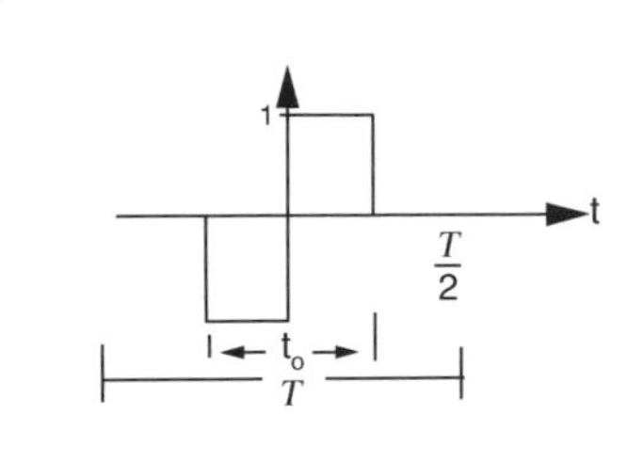

Wir berechnen die b_n abschnittsweise.

Geben Sie die Integrale für die Abschnitte an: $b_n = \ldots\ldots\ldots\ldots$ --------------------▷ 13

31

23.2.3 Komplexe Darstellung der Fourier-Transformation

23.3 Verschiebungssatz

Wie immer gilt, dass Ableitungen im Text separat auf einem Zettel mitgerechnet werden sollten.

STUDIEREN Sie 23.2.3 Komplexe Darstellung der Fourier-Transformation
23.3 Verschiebungssatz
Lehrbuch Seite 192-194

--------------------▷ 32

50

23.4 Diskrete Fouriertransformation, Abtasttheorem

23.5 Fouriertransformation der Gaußschen Funktion

STUDIEREN Sie 23.4 Diskrete Fouriertransformation, Abtasttheorem
23.5 Fouriertransformation der Gaußschen Funktion
Lehrbuch Seite 194-196

--------------------▷

26

RICHTIG!

....

Stehen die Integralzeichen mit den daran vermerkten Integrationsgrenzen nicht in der richtigen Reihenfolge, können und müssen sie umgeordnet werden. Das ist hier geschehen.

Ordnen Sie zur Übung noch folgendes Dreifachintegral:

$$\int_{x=-1}^{1} \int_{y=0}^{1} \int_{z=1}^{2} x^2 y \, dx \, dy \, dz$$

Wenn jeweils das innere Integral ausgerechnet werden soll, ergibt sich folgende Schreibweise (tragen Sie die Grenzen ein):

$$\int_{\dots}^{\dots} \left\{ \int_{\dots}^{\dots} \left[\int_{\dots}^{\dots} x^2 y \, dx \right] dy \right\} dz$$

SPRINGEN SIE JETZT auf Lehrschritt

61

z-Achse	Polwinkel
x-Achse	Meridian

....

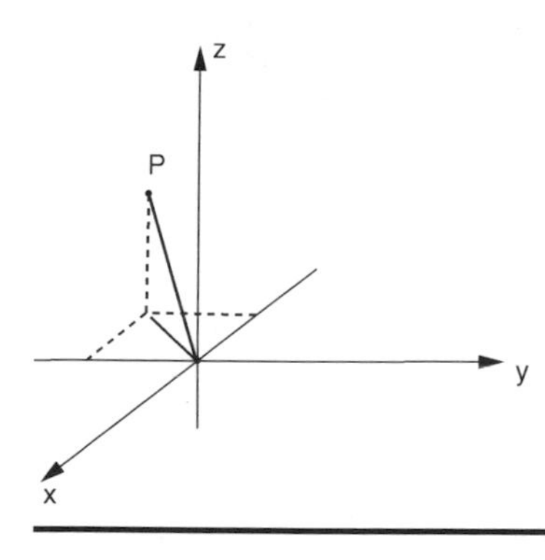

In der Skizze sind Ortsvektor und Projektion des Ortsvektors auf die x-y-Ebene gezeichnet.

Zeichnen Sie Polwinkel ϑ und Meridian φ ein!

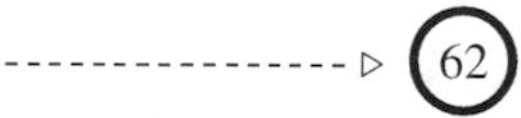

96

Wahl des Koordinatensystems: Da es sich um einen rotationssymmetrischen Körper handelt, bieten sich Zylinderkoordinaten an.

$$V = \int_{\varphi=0} \int_{r=0} \int_{z=0} r \, d\varphi \, dr \, dz$$

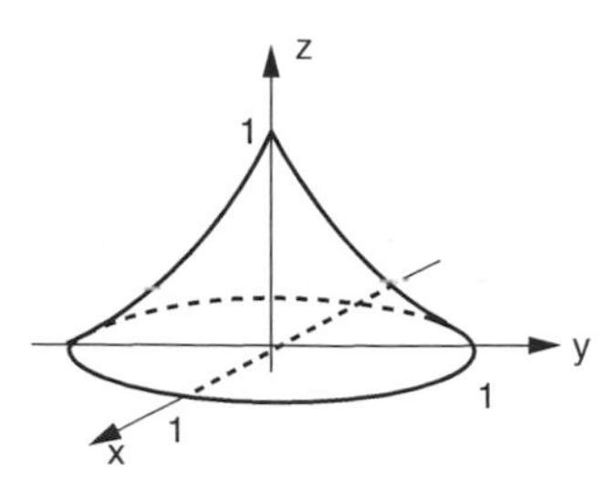

Bestimmung der Grenzen:

Der Winkel φ geht von 0 bis 2π,
r geht von 0 bis 1,
z geht von 0 bis zu einem Wert, der vom Radius abhängt.

$z = 0$ bis $\quad z = 1 - 1{,}5\,r + 0{,}5\,r^2$

Dieses z ist die obere Grenze des Integrals.

$V = \dots\dots\dots\dots\dots$

--------------------▷ 97

11

$$A(\omega) = \frac{1}{\pi}\int_{-\frac{t_0}{2}}^{+\frac{t_0}{2}} \cos \omega t \, dt = \frac{1}{\pi\omega}\left[\sin \omega t\right]_{-\frac{t_0}{2}}^{+\frac{t_0}{2}} = \frac{2}{\pi\omega} \cdot \sin \omega \frac{t_0}{2}$$

....

Auch die Formel für das Amplitudenspektrum der Fourier-Sinustransformation werden wir verifizieren. Zur Vorbereitung berechnen wir die Fourierreihe für die periodische alternierende Rechteckfunktion der Ausdehnung t_0 und der Periode T.

$$f(t) = \begin{cases} 0 & \text{für } -\frac{T}{2} < t < -\frac{t_0}{2} \\ -1 & \text{für } -\frac{t_0}{2} < t < 0 \\ +1 & \text{für } 0 < t < +\frac{t_0}{2} \\ 0 & \text{für } +\frac{t_0}{2} < t < +\frac{T}{2} \end{cases}$$

Die Funktion ist ☐ gerade, ☐ ungerade. Daher sind die .... gleich Null.

▷ 12

30

$$\int_{t_1}^{t_2} e^{-i\omega t} dt = \frac{1}{-i\omega} \cdot \left[e^{-i\omega t_2} - e^{-i\omega t_1}\right] = \frac{1}{\omega}(\sin \omega t_2 - \sin \omega t_1) + \frac{i}{\omega}(\cos \omega t_2 - \cos \omega t_1)$$

$$\int_{t_1}^{t_2} e^{i\omega t} dt = \frac{1}{i\omega} \cdot \left[e^{i\omega t_2} - e^{i\omega t_1}\right] = \frac{1}{\omega}(\sin \omega t_2 - \sin \omega t_1) + \frac{i}{\omega}(\cos \omega t_1 - \cos \omega t_2)$$

▷ 31

49

b) = c) $\quad f(t) = \frac{1}{2\pi} \int_{-\infty}^{+\infty} \int_{-\infty}^{+\infty} f(t) \cdot e^{-i\omega t} dt \cdot e^{i\omega t} d\omega$

....

Ergebnis: In allen drei Schreibweisen erhalten wir das gleiche Ergebnis, wenn wir die Fouriertransformation und die Rücktransformation durchführen.

Diese Überlegung dürfte Ihnen helfen, die unterschiedlichen Schreibweisen zu akzeptieren. Wichtig ist nur, wenn man sich für eine Schreibweise entschieden hat, sie dann auch konsequent und ausschließlich zu benutzen.

▷ 50

27

Hier ist Ihnen ein Fehler unterlaufen. So einfach die Auflösung der Mehrfachintegrale mit konstanten Integrationsgrenzen scheint, an einer Stelle muss man höllisch aufpassen:

Wird über eine Variable integriert, müssen die für diese Variable geltenden Integrationsgrenzen eingesetzt werden.

Im vorliegenden Fall bedeutet es: Die Grenzen müssen umgeordnet werden.

Gegeben war das Integral $\int\limits_{x=0}^{1}\int\limits_{y=0}^{2} x^2\, dx\, dy$

Es soll zuerst über x integriert werden. Schreiben Sie die Integrationsgrenzen so, dass das innere Integral zuerst gerechnet werden kann:

$$\int\limits_{\cdots}^{\cdots}\left[\int\limits_{\cdots}^{\cdots} x^2\, dx\right] dy$$

62

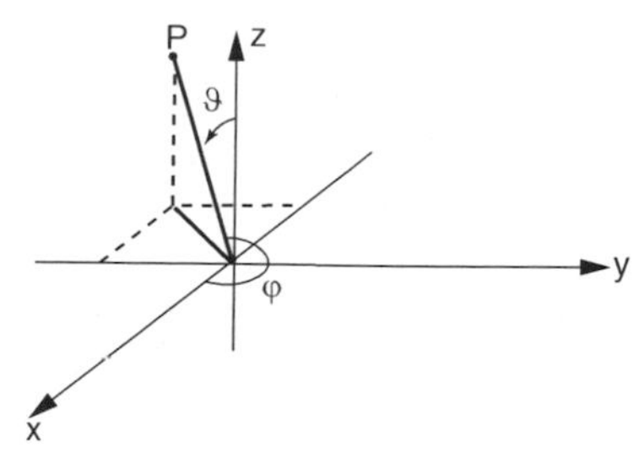

Geben Sie die Transformationsgleichungen an. Sie können sie aus der Zeichnung ablesen:

$x =$ ....

$y =$ ....

$z =$ ....

▷ 63

97

Damit erhalten wir: $V = \int\limits_{\varphi=0}^{2\pi}\ \int\limits_{z=0}^{1-1.5r+0.5r^2}\ \int\limits_{r=0}^{1} r\, dr\, dz\, d\varphi$

Die Integration über φ können wir sofort ausführen:

$$V = 2\pi \int\limits_{z=0}^{1-1.5r+0.5r^2}\ \int\limits_{r=0}^{1} r\, dr\, dz$$

Nach unserem Verbot dürfen wir nun nicht zuerst über r integrieren, denn r steht in den Grenzen von z. Wir müssen also zunächst über z integrieren und dann über r.

$$V = 2\pi \int\limits_{r=0}^{1} \ldots\ldots\ldots\ldots$$

▷ 98

10

Die Formeln für die Bestimmung der Amplitudenspektren $A(\omega)$ und $B(\omega)$ sind im Lehrbuch angegeben, aber nicht hergeleitet, sondern verifiziert worden.

Verifizieren Sie, dass $A(\omega) = \frac{1}{\pi}\int\limits_{-\infty}^{+\infty} f(t)\cdot\cos\omega t\,dt$ gleich dem $A(\omega)$ ist, das wir im Vorausgehenden Abschnitt für die Rechteckfunktion durch Grenzübergang von der Summe zum Fourierintegral erhalten haben: $A(\omega) = \frac{2}{\pi\omega}\cdot\sin\omega\frac{t_0}{2}$

$$A(\omega) = \frac{1}{\pi}\int\limits_{-\infty}^{+\infty} f(t)\cdot\cos\omega t\,dt = \int \ldots\ldots\ldots\ldots\ldots\ldots = [\ldots\ldots\ldots\ldots\ldots\ldots]$$

--------------------▷ 11

29

$$e^{i\omega t} = i\cdot\sin\omega t + \cos\omega t$$
$$e^{-i\omega t} = -i\cdot\sin\omega t + \cos\omega t$$
$$e^{i\omega t} + e^{-i\omega t} = 2\cos\omega t$$

Gegebenenfalls schlagen Sie im Lehrbuch Band 1 das Kapitel 8 „Komplexe Zahlen“ nach, denn im folgenden Abschnitt werden komplexe Zahlen als bekannt vorausgesetzt.

....

Lösen Sie noch und ersetzen Sie die Exponentialausdrücke mit Hilfe der Eulerschen Formeln:

$$\int\limits_{t_1}^{t_2} e^{-i\omega t}\,dt = \ldots\ldots\ldots\ldots = \ldots\ldots\ldots\ldots$$

$$\int\limits_{t_1}^{t_2} e^{i\omega t}\,dt = \ldots\ldots\ldots\ldots = \ldots\ldots\ldots\ldots$$

--------------------▷ 30

48

Es war *a*) $f(t) = \int\limits_{-\infty}^{+\infty} F(\omega)\cdot e^{+i\omega t}\,d\omega \qquad F(\omega) = \frac{1}{2\pi}\int\limits_{-\infty}^{+\infty} f(t)\cdot e^{-i\omega t}\,dt$

b) $f(t) = \frac{1}{2\pi}\int\limits_{-\infty}^{+\infty} F(\omega)\cdot e^{+i\omega t}\,d\omega \qquad F(\omega) = \int\limits_{-\infty}^{+\infty} f(t)\cdot e^{-i\omega t}\,dt$

c) $f(t) = \frac{1}{\sqrt{2\pi}}\int\limits_{-\infty}^{+\infty} F(\omega)\cdot e^{+i\omega t}\,d\omega \qquad F(\omega) = \frac{1}{\sqrt{2\pi}}\int\limits_{-\infty}^{+\infty} f(t)\cdot e^{-i\omega t}\,dt$

Wir betrachten Zeile b), setzen $F(\omega) = \int\limits_{-\infty}^{+\infty} f(t)\cdot e^{-i\omega t}\,dt$ in das erste Integral ein und erhalten

b) $f(t) = \frac{1}{2\pi}\int\limits_{-\infty}^{+\infty} \ldots\ldots\ldots\ldots \cdot e^{i\omega t}\,d\omega$

Das gleiche tun wir mit Zeile c) und klammern die konstanten Glieder aus:

c) $f(t) = \ldots\ldots\ldots\ldots$

--------------------▷ 49

28

$$\int\limits_{y=0}^{2}\left[\int\limits_{x=0}^{1} x^2\,dx\right]dy$$

Jetzt kann das innere Integral ausgerechnet werden. Dazu werden die für die Variable x maßgebenden Grenzen eingesetzt.

$$\int\limits_{y=0}^{2}\left[\ldots\ldots\ldots\right]dy$$

29

63

$x = r\sin\vartheta\cos\varphi$

$y = r\sin\vartheta\sin\varphi$

$z = r\cos\vartheta$

....

Alles richtig  66

Fehler gemacht oder Schwierigkeiten  64

98

$$V = 2\pi\int\limits_{r=0}^{1}(r - 1{,}5\,r^2 + 0{,}5\,r^3)\,dr$$

$$= 2\pi\left[\tfrac{1}{2}r^2 - \tfrac{1}{2}r^3 + \tfrac{1}{8}r^4\right]_0^1$$

$$= \tfrac{\pi}{4}$$

Das Volumen beträgt also $\frac{\pi}{4}\text{m}^3$.

Die Masse ist damit höchstens: $M = \frac{\pi}{4}\cdot 2{,}7\,\text{m}^3\cdot\dfrac{t}{m^3} = 2{,}1\ t$

Der Stein kann transportiert werden. 99 

9

23.2 Fouriertransformationen

STUDIEREN Sie 23.2.1 Fourier-Kosinustransformation
23.2.2 Fourier-Sinustransformation
Lehrbuch Seite 190-193

--------------------▷ 10

28

$e^{ia} = i\sin a + \cos a$
$e^{ia+b} = e^{ia} \cdot e^{b} = e^{b}(i\sin a + \cos a)$

....

Erinnern Sie sich weiter an die folgenden Ausdrücke:

$e^{i\omega t} \quad = \ldots\ldots\ldots\ldots$

$e^{-i\omega t} \quad = \ldots\ldots\ldots\ldots$

$e^{i\omega t} + e^{-i\omega t} \quad = \ldots\ldots\ldots\ldots$

--------------------▷ 29

47

Die Notierungen sind:

a) $f(t) = \int\limits_{-\infty}^{+\infty} F(\omega) \cdot e^{+i\omega t} d\omega \qquad F(\omega) = \frac{1}{2\pi} \int\limits_{-\infty}^{+\infty} f(t) \cdot e^{-i\omega t} dt$

b) $f(t) = \frac{1}{2\pi} \int\limits_{-\infty}^{+\infty} F(\omega) \cdot e^{+i\omega t} d\omega \qquad F(\omega) = \int\limits_{-\infty}^{+\infty} f(t) \cdot e^{-i\omega t} dt$

c) $f(t) = \frac{1}{\sqrt{2\pi}} \int\limits_{-\infty}^{+\infty} F(\omega) \cdot e^{+i\omega t} d\omega \qquad F(\omega) = \frac{1}{\sqrt{2\pi}} \int\limits_{-\infty}^{+\infty} f(t) \cdot e^{-i\omega t} dt$

Um zu sehen, dass die Notierungen gleichwertig sind, setzen wir das jeweils zweite Integral $F(\omega)$ in das erste ein. Für die von uns benutzte Schreibweise erhalten wir dann für a):

a) $f(t) = \int\limits_{-\infty}^{+\infty} F(\omega) \cdot e^{+i\omega t} d\omega = \frac{1}{2\pi} \int\limits_{-\infty}^{+\infty} \int\limits_{-\infty}^{+\infty} f(t) \cdot e^{-i\omega t} dt \cdot e^{i\omega t} d\omega$ Das Gleiche tun wir für b) und c) und erhalten

b) $f(t) = \ldots\ldots\ldots\ldots\ldots\ldots$

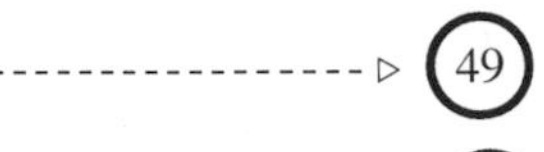

c) $f(t) = \ldots\ldots\ldots\ldots\ldots\ldots$

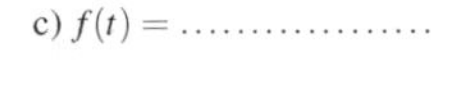

Aufgabe gelöst --------------------▷ 49

Hilfe und Erläuterung --------------------▷ 48

29

$$\int_{y=0}^{2} \left[\frac{1}{3}\right] dy$$

....

1. Ein Mehrfachintegral mit konstanten Integrationsgrenzen lässt sich auf die Berechnung bestimmter Integrale zurückführen.
2. Bei der Ausführung einer Integration über eine Variable sind die zu dieser Variablen gehörenden Grenzen einzusetzen.

Gegeben sei das Mehrfachintegral: $\int\limits_{x=-1}^{1} \int\limits_{y=0}^{1} \int\limits_{z=1}^{2} x^2 y \, dx \, dy \, dz$

Ordnen Sie die Grenzen so um, dass die Integrale von innen nach außen berechnet werden können:

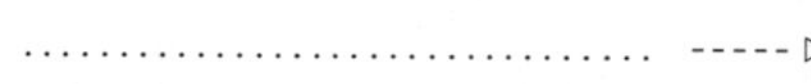

.... ----▷ 30

64

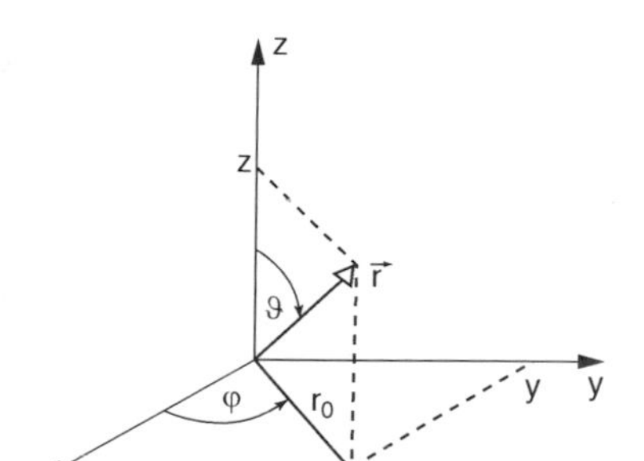

Gesucht sind die Transformationsgleichungen für Kugelkoordinaten. Gegeben seien die Kugelkoordinaten, nämlich Länge des Ortsvektors r, Polwinkel ϑ und Meridian φ.

Als Hilfsgröße berechnet man zunächst die Länge der Projektion des Ortsvektors auf die x-y-Ebene. Sie ergibt sich zu $r \sin\vartheta = r_0$.

Von dieser Hilfsgröße lassen sich jetzt die x- und y-Komponenten ableiten:

$x = (r \sin\vartheta)\cos\varphi$ $\qquad$ $y = (r \sin\vartheta)\sin\varphi$

Das ist die bekannte Beziehung bei Polarkoordinaten. Wichtig ist hier nur, dass wir von der *Projektion* des Ortsvektors auf die x-y-Ebene ausgehen.

----------------------▷ 65

99

Berechnen Sie das Trägheitsmoment des abgebildeten Quaders mit den Kanten a, b und c bei Drehung um die x-Achse.

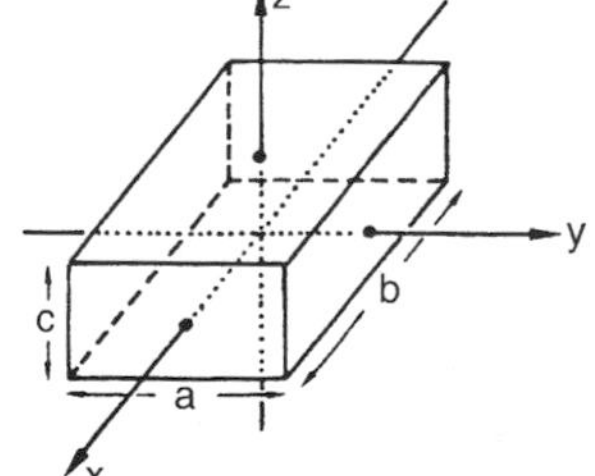

Hinweise:

1. Verwenden Sie kartesische Koordinaten.
2. Der Abstand r von der Drehachse beträgt

$$r^2 = y^2 + z^2$$

$\theta = \ldots\ldots\ldots\ldots$

Hilfe und Erläuterung --------------------▷ 100

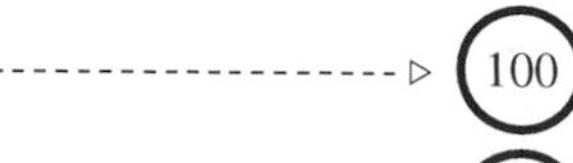

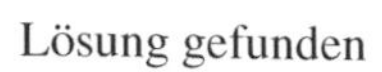

Lösung gefunden --------------------▷ 101

8

$$f(t) = \int_{0}^{\infty} A(\omega) \cdot cos\omega t \, d\omega$$

....

Und nun zum nächsten Abschnitt

- - - - - - - - - ▷ (9)

27

$$B(\omega) = \frac{2}{\pi\omega}\left[1 - \cos\omega\frac{t_0}{2}\right]$$

....

Hiermit haben wir erneut verifiziert, dass wir im Grenzübergang $T \rightarrow \infty$ und $n \rightarrow \infty$ das gleiche kontinuierliche Amplitudenspektrum erhalten, wie bei der Anwendung der in Lehrbuch Seite 190 und 192 angegebenen Formeln.

Zur Vorbereitung des nächsten Abschnittes erinnern wir uns an die komplexen Zahlen:

$e^{ia} = \ldots\ldots\ldots\ldots$

$e^{ia+b} = \ldots\ldots\ldots\ldots$

- - - - - - - - - ▷ 

46

In Anmerkung 1 auf Seite 193 des Lehrbuches ist darauf hingewiesen, dass die Schreibweise der Fouriertransformationen nicht einheitlich gehandhabt wird. Dies kann besonders den Anfänger verwirren, wenn er in verschiedenen Lehrbüchern, Handbüchern und Lexika auf unterschiedliche Formeln stößt wie:

a) $f(t) = \int_{-\infty}^{+\infty} F(\omega) \cdot e^{+i\omega t} d\omega \qquad F(\omega) = \frac{1}{2\pi}\int_{-\infty}^{+\infty} f(t) \cdot e^{-i\omega t} dt$

b) $f(t) = \frac{1}{2\pi}\int_{-\infty}^{+\infty} F(\omega) \cdot e^{+i\omega t} d\omega \qquad F(\omega) = \int_{-\infty}^{+\infty} f(t) \cdot e^{-i\omega t} dt$

c) $f(t) = \frac{1}{\sqrt{2\pi}}\int_{-\infty}^{+\infty} F(\omega) \cdot e^{+i\omega t} d\omega \qquad F(\omega) = \frac{1}{\sqrt{2\pi}}\int_{-\infty}^{+\infty} f(t) \cdot e^{-i\omega t} dt$

Die Unterschiede beziehen sich nur auf den konstanten Faktor $\frac{1}{2\pi}$.

- - - - - - - - - ▷ (47)

30

$$\int_{z=1}^{2}\left\{\int_{y=0}^{1}\left[\int_{x=-1}^{1} x^2\, y\, dx\right] dy\right\} dz$$

Berechnen Sie jetzt dieses Integral:
Das Ergebnis ist ein Zahlenwert:

....

----------------------▷ 31

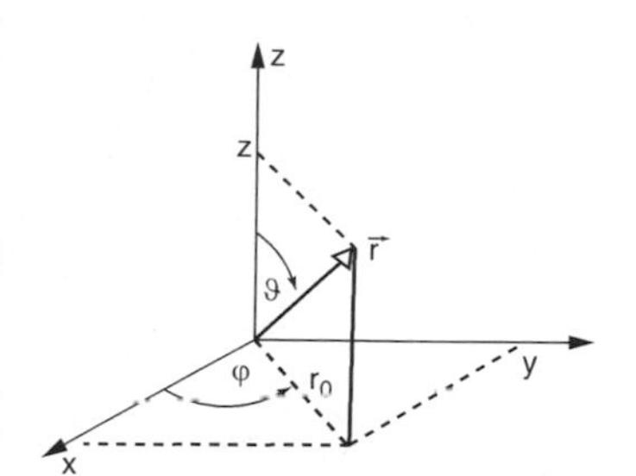

Die z-Komponente ergibt sich aus dem Polwinkel und der Länge des Ortsvektors r.

$z = r \cos \vartheta$

Bei Kugelkoordinaten muss man sich die Definition des *Polwinkels* und des *Meridians* merken.

Das Volumenelement in Kugelkoordinaten braucht man nicht auswendig zu wissen. Wichtig ist, dass man

a) die Herleitung einmal verstanden hat;
b) weiß, dass man es im Bedarfsfall in der Übersicht im Lehrbuch, Seite 52, findet.

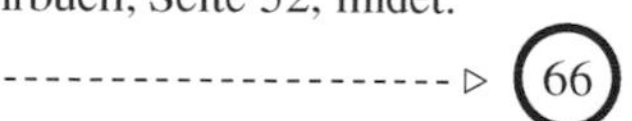

Rechengang: 100

$$\theta = \int r^2\, \mathrm{dm} = \rho \int r^2 dV$$

$$= \rho \int_{x=-\frac{a}{2}}^{\frac{a}{2}} \int_{y=-\frac{b}{2}}^{\frac{b}{2}} \int_{z=-\frac{c}{2}}^{\frac{c}{2}} (y^2 + z^2)\, dx\, dy\, dz$$

$$= \rho \int_{-\frac{a}{2}}^{\frac{a}{2}} dx \int_{-\frac{b}{2}}^{\frac{b}{2}} y^2 dy \int_{-\frac{c}{2}}^{\frac{c}{2}} dz + \int_{-\frac{a}{2}}^{\frac{a}{2}} dx \int_{-\frac{b}{2}}^{\frac{b}{2}} dy \int_{-\frac{c}{2}}^{\frac{c}{2}} z^2\, dz$$

$$= \rho \frac{a\, b\, c}{12} (b^2 + c^2)$$

Mit $M = \rho \cdot a \cdot b \cdot c$ als Masse des Quaders: $\theta =$ .... ---------------▷

7

$$f(t) = \int_0^\infty \frac{2}{\pi\omega} \cdot \sin\omega\frac{t_0}{2} \cdot \cos\omega t\, d\omega$$

....

Mit $A(\omega) = \dfrac{2}{\pi\omega} \cdot \sin\omega\dfrac{t_0}{2}$ kann das Integral auch wie folgt geschrieben werden:

$f(t) = \ldots\ldots\ldots\ldots\ldots\ldots\ldots$

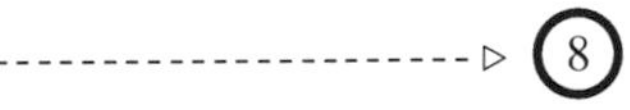

▷ 8

26

$$B(\omega) = \frac{1}{\pi}\left[(-1)\cdot(-\cos\omega t)\cdot\frac{1}{\omega}\right]_{-\frac{t_0}{2}}^{0} + \frac{1}{\pi}\left[\left(-\cos\omega t\cdot\frac{1}{\omega}\right)\right]_0^{\frac{t_0}{2}}$$

....

Jetzt brauchen nur noch die Grenzen eingesetzt zu werden

$B(\omega) = \ldots\ldots\ldots\ldots$

▷ 27

45

$$F(\omega) = \frac{1}{\pi\omega}\left[1 - \cos\omega\frac{t_0}{2}\right] e^{-i\omega t_1 - i\frac{\pi}{2}}$$

....

Hauptergebnis: Das kontinuierliche Amplitudenspektrum ist unabhängig von der Verschiebung des Signals um die Zeit t_1. Es ändert sich nur das Phasenspektrum.

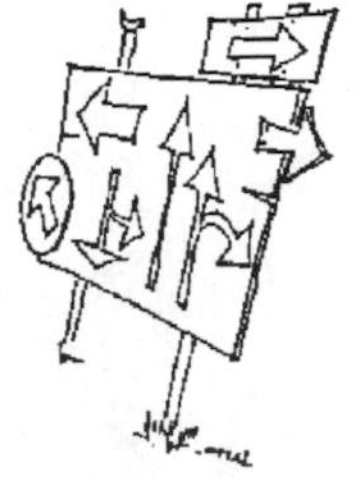

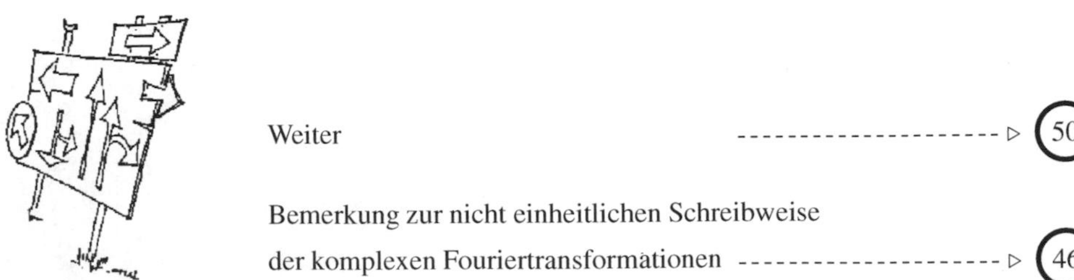

Weiter ▷ 50

Bemerkung zur nicht einheitlichen Schreibweise
der komplexen Fouriertransformationen ▷ 46

31

$\frac{1}{3}$

....

Einfach zu rechnen ist der Sonderfall, bei dem sich der Integrand in ein Produkt von Funktionen zerlegen lässt, die jeweils nur von einer Variablen abhängen.

Welcher Integrand ist ein *Produkt* von Funktionen, die jeweils nur von einer Variablen abhängen?

A) $\int\limits_{x=0}^{2}\int\limits_{y=1}^{2} \frac{x^2}{y^2}dx\,dy$ B) $\int\limits_{x=0}^{2}\int\limits_{y=1}^{2} x\left(x+\frac{1}{y^2}\right)dx\,dy$

A) --------------------▷ 32

B) --------------------▷ 33

Sowohl A) wie B) --------------------▷ 34

66

In der Übersicht im Lehrbuch auf Seite 52 sind die Beziehungen zwischen den Koordinatensystemen systematisch zusammengestellt.

Übersichten sind erst dann nützlich, wenn man die Einzelheiten verstanden hat.

Übersichten sind Informationsspeicher, auf die man jederzeit zurückgreifen kann – und dieses Zurückgreifen sollte man üben.

Bei der künftigen Lösung von Aufgaben im Rahmen dieses Kapitels, sollten Sie jedes Problem daraufhin analysieren, welche Koordinaten dem Problem angemessen sind.

In der Übersicht finden Sie dann die Umrechnungsformeln und den Ausdruck für Flächen bzw. Volumenelemente.

Jetzt aber ist eine PAUSE gerechtfertigt.

--------------------▷ 67

101

$\theta = \frac{M}{12}(b^2+c^2)$ $M = \rho \cdot a \cdot b \cdot c$

....

Jetzt folgen Übungen aus dem ganzen Kapitel.

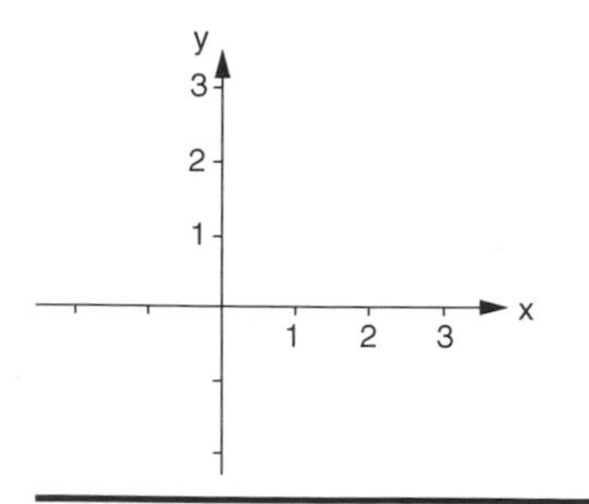

Skizzieren Sie
$r = 2\sin\varphi$ für $0 \leq \varphi \leq \pi$

--------------------▷ 102

6

$$f(t) = \frac{t_0}{T} + \sum_{\omega=0}^{\omega=\infty} \frac{2 \cdot 2\pi}{\omega \cdot T\pi} \cdot \sin\omega\frac{t_0}{2} \cdot \cos\omega t \cdot \frac{T}{2\pi}\Delta\omega = \frac{t_0}{T} + \sum_{\omega=0}^{\omega=\infty} \frac{2}{\omega\pi} \sin\omega\frac{t_0}{2} \cdot \cos\omega t \cdot \Delta\omega$$

....

Jetzt können wir den Grenzübergang $T \rightarrow \infty$ durchführen und erhalten folgendes Integral

$f(t) = \ldots\ldots\ldots\ldots$

- - - - - - - - ▷ 7

25

$$B(\omega) = \frac{1}{\pi} \int_{-\frac{t_0}{2}}^{0} (-1) \sin\omega t \, dt + \int_{0}^{\frac{t_0}{2}} \sin\omega t \, dt$$

....

Wir lösen die Integrale und erhalten

$B(\omega) = \ldots\ldots\ldots\ldots$

- - - - - - - - ▷ 26

44

$$F(\omega) = \frac{1}{2\pi} \left[\frac{-1}{-i\omega} \cdot e^{-i\omega t} \right]_{-\frac{t_0}{2}+t_1}^{t_1} + \frac{1}{2\pi} \left[\frac{1}{-i\omega} \cdot e^{-i\omega t} \right]_{t_1}^{\frac{t_0}{2}+t_1}$$

....

Jetzt bleibt nur noch, geduldig und sorgfältig die Grenzen einzusetzen und zu vereinfachen. Der Ausdruck $e^{-i\omega t_1}$ tritt bei allen Summanden auf und kann ausgeklammert werden.

$F(\omega) = \ldots\ldots\ldots\ldots$

- - - - - - - - ▷ 45

32

RICHTIG!

Nun zerlegen Sie das folgende Doppelintegral in ein Produkt von bestimmten Integralen, bei denen der Integrand nur noch von einer Variablen abhängt:

$$\int_{x=0}^{2}\int_{y=1}^{2} \frac{x^2}{y^2}\,dx\,dy = \ldots\ldots\ldots\ldots\ldots$$

Die Lehrschritte ab 36 finden Sie in **der Mitte der Seiten**.

Lehrschritt 36 steht unterhalb Lehrschritt 1.

BLÄTTERN SIE ZURÜCK

67

Anwendungen: Berechnung von Volumen und Trägheitsmoment

In diesem Abschnitt wird deutlich, wie Rechnungen durch geeignete Wahl des Koordinatensystems vereinfacht werden können.

STUDIEREN SIE im Lehrbuch 15.5 Anwendungen: Volumen und Trägheitsmoment
Lehrbuch, Seite 53-55

BEARBEITEN SIE DANACH Lehrschritt

102

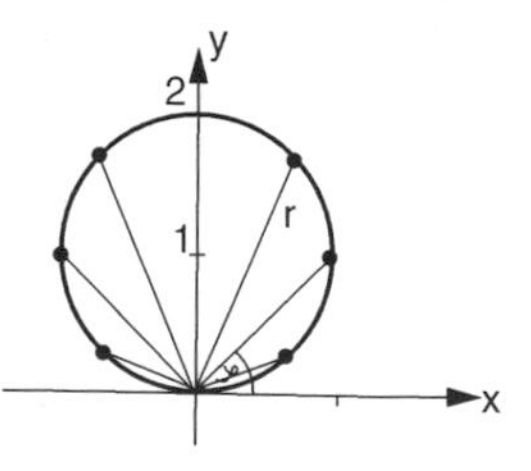

Berechnen Sie das Doppelintegral

$$\int_{x=0}^{1}\int_{y=0}^{1} e^{-x}\,dx\,dy = \ldots\ldots\ldots\ldots\ldots$$

103

5

$$f(t) = \frac{t_0}{T} + \sum_{n=1}^{\infty} \frac{2}{n\pi} \cdot \sin \omega \frac{t_0}{2} \cdot \cos \omega t \cdot \Delta n$$

....

Wir erhalten die Darstellung eines einzelnen Signals der Dauer t_0, wenn wir die Periodendauer T, also die Abstände der Signale voneinander, über alle Grenzen wachsen lassen. Dabei wird die Grundfrequenz $\omega_0 = \frac{2\pi}{T}$ beliebig klein und auch die Abstände der Frequenzen gehen gegen Null. Wenn wir aus der Summe oben zu einem Integral übergehen wollen, müssen wir noch etwas berücksichtigen. In der Summe fungierte die Laufzahl n als Variable. Im Integral müssen wir n durch die Frequenz ω und außerdem Δn durch $\Delta\omega$ ersetzen. Dabei helfen die folgenden Beziehungen.

$$\omega = n \cdot \frac{2\pi}{T} \qquad \Delta\omega = \Delta n \cdot \frac{2\pi}{T}$$

$$n = \omega \cdot \frac{T}{2\pi} \qquad \Delta n = \frac{T}{2\pi}\Delta\omega$$

Ersetzen Sie nun n und Δn : $f(t) = \ldots\ldots\ldots\ldots\ldots\ldots$ - - - - - - - - - - ▷ (6)

24

Zu lösen: $B(\omega) = \frac{1}{\pi} \int_{-\infty}^{+\infty} f(t) \sin \omega t dt$

Die Funktion ist abschnittsweise definiert.

$$f(t) = \begin{cases} 0 \ \textit{für} & -\frac{T}{2} < t < -\frac{t_0}{2} \\ -1 \ \textit{für} & -\frac{t_0}{2} < t < 0 \\ +1 \ \textit{für} & 0 < t < +\frac{t_0}{2} \\ 0 \ \textit{für} & +\frac{t_0}{2} < t < +\frac{T}{2} \end{cases}$$

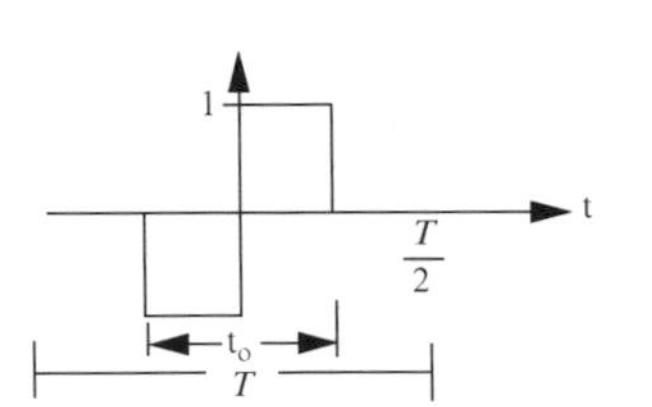

Wir geben das Integral für die zwei Abschnitte an, für die $f(t)$ nicht verschwindet

$B(\omega) = \ldots\ldots\ldots\ldots\ldots\ldots + \ldots\ldots\ldots\ldots\ldots\ldots$  - - - - - - - - - - ▷ (25)

43

$$F(\omega) = \frac{1}{2\pi} \int_{-\frac{t_0}{2}+t_1}^{t_1} (-1) \cdot e^{-i\omega t} dt + \frac{1}{2\pi} \int_{t_1}^{\frac{t_0}{2}+t_1} e^{-i\omega t} dt$$

....

Wir lösen die beiden Integrale:

$$F(\omega) = \frac{1}{2\pi} \left[\ldots\ldots\ldots \right] + \frac{1}{2\pi} \left[\ldots\ldots\ldots \right]$$

 - - - - - - - - - - ▷ (44)

33

Leider Irrtum: Das Doppelintegral B hieß: $\int\limits_{x=0}^{2}\int\limits_{y=1}^{2} x(x+\frac{1}{y^2})dx\,dy$

Der Integrand ist dann $x(x+\frac{1}{y^2})$

Die Klammer enthält sowohl die Variable x wie die Variable y. Welche Gleichungen lassen sich in ein Produkt von Funktionen zerlegen, die jeweils nur von *einer* Variablen abhängen?

a) $f_1 = (x+2y)y$

b) $f_2 = (x+x^2)\cdot(y+y^2)$

c) $f_3 = \sin\, x \cdot \cos\, y$

d) $f_4 = (\sin\, x + \sin\, y)\cos\, x$

SPRINGEN SIE AUF ---------------------- ▷ 

68

Im Lehrbuch sind zwei Volumina und ein Trägheitsmoment berechnet.

Sie können jetzt wählen!

Berechnung eines weiteren Beispiels zum Trägheitsmoment ---------------------- ▷ 69

Möchte gleich weitergehen ---------------------- ▷ 

* Die Lehrschritte ab 71 stehen **unten auf den Seiten**.
Sie finden Lehrschritt 75 unterhalb Lehrschritt 5.
BLÄTTERN SIE ZURÜCK.

103

$$\left(1-\frac{1}{e}\right)$$

....

Ein Punkt habe die kartesischen Koordinaten

$P_0 = (1,1,2)$

Geben Sie die Zylinderkoordinaten dieses Punktes an:

$r =$ ....

$z =$ ....

$\varphi =$ ....

---------------------- ▷ 

$$\omega = n\omega_0 = n\frac{2\pi}{T}$$

....

Die Laufzahl n wächst diskontinuierlich von $n = 1$ bis $n = \infty$, wobei die Laufzahl von Glied zu Glied um 1 anwächst. Wir schreiben dies als $\Delta n = 1$.
Dies setzen wir ein in die Gleichung des periodischen Signals vom vorhergehenden Lehrschritt. Es war:

$$f(t) = \frac{t_0}{T} + \sum_{n=1}^{\infty} \frac{2}{n\pi} \cdot \sin\frac{n\pi t_0}{T} \cdot \cos\frac{2\pi nt}{T}$$

Die um $\Delta n = 1$ ergänzte Gleichung lautet nun

$f(t) = \ldots\ldots\ldots\ldots\ldots\ldots\ldots\ldots$

- ▷ 5

23

$$B(\omega) = \frac{2}{\pi \cdot \omega} \cdot \left(1 - \cos\omega\frac{t_0}{2}\right)$$

....

Wir können das kontinuierliche Amplitudenspektrum auch mit der in Gleichung (23.4) angegebenen Formel für die Fourier-Sinustransformation (Lehrbuch Seite 190) erhalten und diese damit erneut verifizieren.

$$B(\omega) = \frac{1}{\pi}\int_{-\infty}^{+\infty} f(t)\sin\omega t\,dt \qquad B(\omega) = \ldots\ldots\ldots\ldots\ldots\ldots$$

Lösung gefunden - ▷ 27

Hilfe und schrittweise Lösung - ▷ 24

Das Signal war:

$$f(t) = \begin{cases} 0 \;\; für & -\frac{T}{2}+t_1 < t < -\frac{t_0}{2}+t_1 \\ -1 \;\; für & -\frac{t_0}{2}+t_1 < t < t_1 \\ +1 \;\; für & t_1 < t < \frac{t_0}{2}+t_1 \\ 0 \;\; für & \frac{t_0}{2}+t_1 < t < \frac{T}{2}+t_1 \end{cases}$$

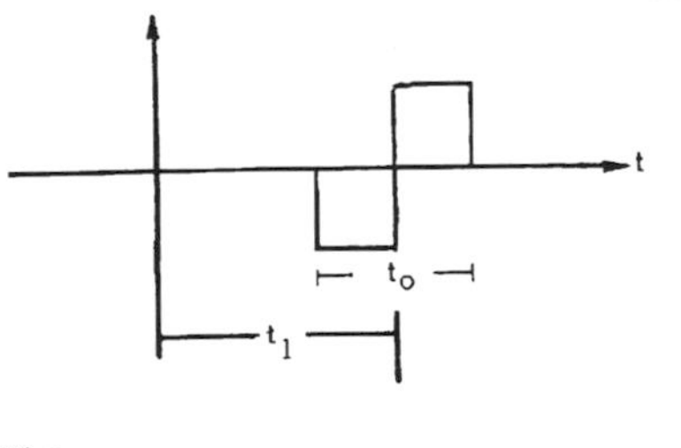

Die Amplitudenfunktion war $F(\omega) = \frac{1}{2\pi}\int_{-\infty}^{\infty} f(t) \cdot e^{-i\omega t}\,dt$

Wir schreiben das Integral getrennt auf für die Abschnitte, in denen $f(t)$ nicht verschwindet:

$F(\omega) = \ldots\ldots\ldots\ldots + \ldots\ldots\ldots\ldots$

- ▷ 43

34

A ist richtig, B ist aber falsch. Der Integrand $x(x+\frac{1}{y^2})$ ist zwar ein Produkt, aber die Klammer hängt von *zwei* Variablen ab.

....

Welche Funktionen lassen sich in ein Produkt von Funktionen zerlegen, die jeweils nur von *einer* Variablen abhängen?

a) $f_1 = (x+2y)y$

b) $f_2 = (x+x^2)\cdot(y+y^2)$

c) $f_3 = \sin x \cdot \cos y$

d) $f_4 = (\sin x + \sin y)\cos x$

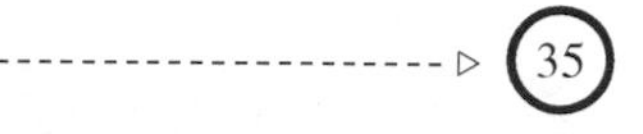
--------------------▷ 35

69

Man betrachte ein Rohr der Länge L mit innerem Radius R_1 und äußerem Radius R_2 und konstanter Dichte ρ. Zu berechnen sei das Trägheitsmoment bezüglich der Rohrachse:

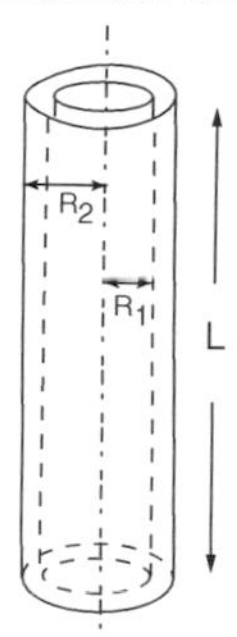

Dieses Problem lässt sich auf verschiedene Weise lösen.

a) Es wird ein systematisches Lösungsverfahren gesucht und auf das Problem angewandt.

b) Das Problem wird so umgeformt, dass es auf ein bereits gelöstes zurückgeführt wird oder dass sich die Lösung aus den Ergebnissen bereits gelöster Probleme kombinieren lässt.

Gehen Sie zunächst systematisch vor und berechnen Sie $\theta =$ ....

Erläuterung oder Hilfe erwünscht --------------------▷ 70

Lösung gefunden --------------------▷ *73

* Den Lehrschritt 73 finden Sie **unten auf den Seiten**. BLÄTTERN SIE ZURÜCK.

104

$r = \sqrt{2}$ $\qquad \varphi = \frac{\pi}{4}$ $\qquad z = 2$

....

Berechnen Sie die Fläche zwischen den Graphen der Funktionen $y = x$ und $y = +\sqrt{x}$ im Intervall $0 \le x \le 1$.

Skizzieren Sie zuerst die Fläche.

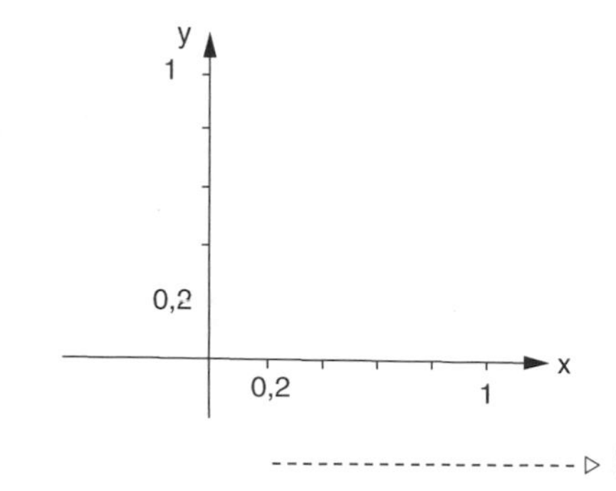

--------------------▷ 105

3

Gegeben war die Fourierreihe für eine Rechteckfunktion, also für ein periodisches Signal der Dauer t_0 und der Periode T.

$$f(t) = \frac{t_0}{T} + \sum_{n=1}^{\infty} \frac{2}{n\pi} \cdot \sin \frac{n\pi t_0}{T} \cdot \cos \frac{2\pi nt}{T}$$

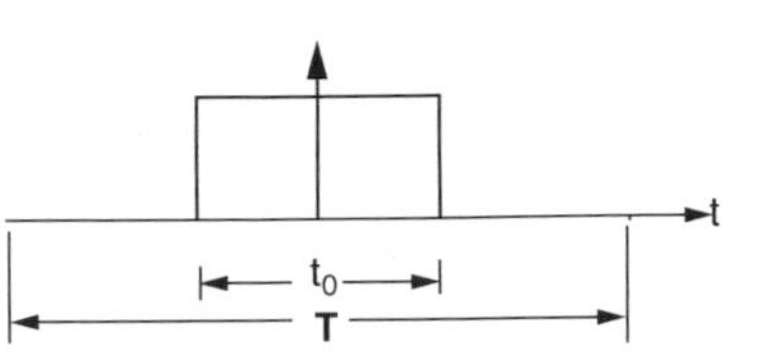

Um ein isoliertes Signal der endlichen Dauer t_0 zu erhalten, müssen wir T und auch n über alle Grenzen wachsen lassen.

Der Periodendauer T entspricht eine Schwingung mit der Grundfrequenz $\omega_0 = \frac{2\pi}{T}$.

Die Frequenzen der einzelnen Summanden mit der Laufzahl n sind dann $\omega = \ldots\ldots\ldots$

▷ 4

22

$$f(t) = \frac{2}{\pi} \sum_{n=1}^{n=\infty} \frac{2\pi}{\omega T} \left(1 - \cos \omega \frac{t_0}{2}\right) \cdot \sin \omega t \cdot \Delta\omega \frac{T}{2\pi}$$

....

Jetzt können wir kürzen und den Grenzübergang durchführen.

$$f(t) = \frac{2}{\pi} \int_0^{\infty} \frac{1}{\omega} \left(1 - \cos \omega \frac{t_0}{2}\right) \cdot \sin \omega t \cdot d\omega$$

Das kontinuierliche Amplitudenspektrum wird:

$B(\omega) = \ldots\ldots\ldots\ldots\ldots$

▷ 23

41

$$A(\omega) = \frac{1}{\pi\omega} \cdot \left[1 - \cos \omega \frac{t_0}{2}\right] \qquad \text{Phasenspektrum} : \varphi(\omega) = e^{-i\frac{\pi}{2}}$$

....

Übung zum Verschiebungssatz.

Gegeben sei das alternierende Rechteck-Signal.

$$f(t) = \begin{cases} 0 & \textit{für} \quad -\frac{T}{2} < t < -\frac{t_0}{2} \\ -1 & \textit{für} \quad -\frac{t_0}{2} < t < 0 \\ +1 & \textit{für} \quad 0 < t < \frac{t_0}{2} \\ 0 & \textit{für} \quad +\frac{t_0}{2} < t < \frac{T}{2} \end{cases}$$

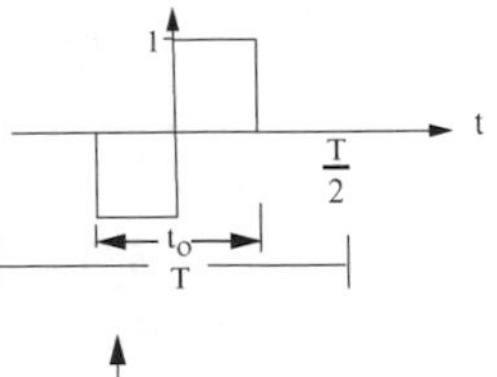

Wir verschieben das Signal um die Zeit t_1. Dann wird $f(t)$ zu

$$f(t) = \begin{cases} 0 & \textit{für} \quad -\frac{T}{2} + t_1 < t < -\frac{t_0}{2} + t_1 \\ -1 & \textit{für} \quad -\frac{t_0}{2} + t_1 < t < t_1 \\ +1 & \textit{für} \quad t_1 < t < \frac{t_0}{2} + t_1 \\ 0 & \textit{für} \quad \frac{t_0}{2} + t_1 < t < \frac{T}{2} + t_1 \end{cases}$$

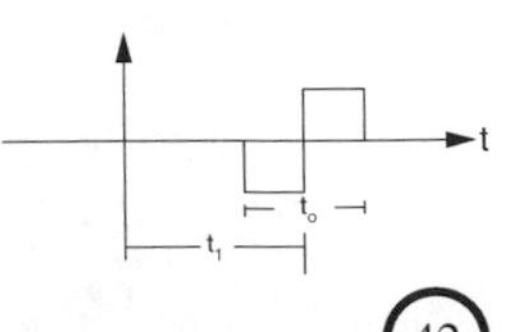

Berechnen Sie erneut die Amplitudenfunktion $F(\omega) = \ldots\ldots\ldots\ldots$

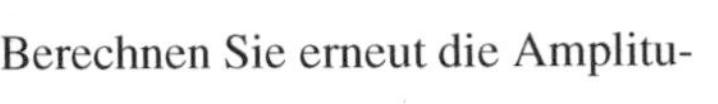

Hilfe und detaillierte Rechnung ▷ 42

Lösung gefunden ▷ 45

35

b) $f_2 = (x + x^2) \cdot (y + y^2) = g(x)h(y)$
c) $f_3 = \sin x \cdot \cos y = g(x)h(x)$

....

Zerlegen Sie nun das folgende Doppelintegral in ein Produkt von bestimmten Integralen, bei denen der Integrand nur noch von einer Variablen abhängt.

$$\int_{x=0}^{2} \int_{y=1}^{2} \frac{x^2}{y^2} dx\, dy = \ldots\ldots\ldots\ldots\ldots$$

Lehrschritt 36 steht unter Lehrschritt 1

70

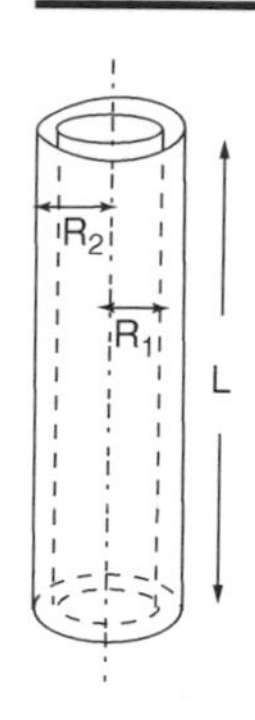

Das Trägheitsmoment ist definiert als

$$\theta = \int r^2\, dm$$

Dabei ist r der Abstand der Massenelemente dm von der Drehachse.
Wegen $dm = \rho\, dV$ wird

$$\theta = \int r^2 \rho\, dV$$

Zur Behandlung des Problems verwenden wir......... -Koordinaten

In diesen Koordinaten lautet das Volumenelement dV = ...

Das Massenelement ist dm = ...

Lehrschritt 71 steht unter Lehrschritt 36

105

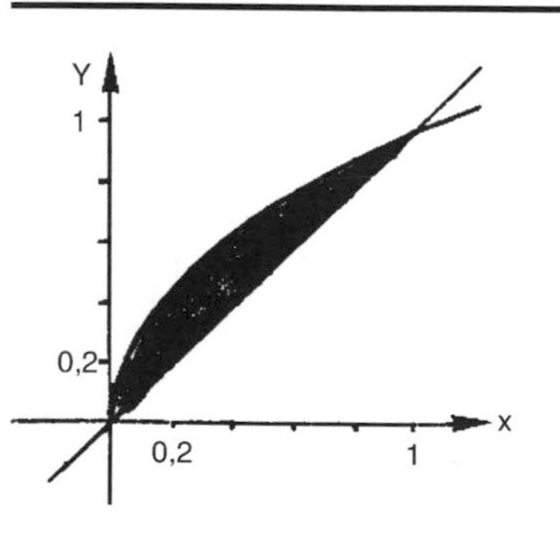

$A = \frac{1}{6}$ Rechnung $A = \int_{y=x}^{+\sqrt{x}} \int_{0}^{1} dx\, dy$

$$A = \int_{x=0}^{1} \int_{y=x}^{+\sqrt{x}} dx\, dy = \int_{x=0}^{1} \left(\sqrt{x} - x\right) dx$$

$$A = \left[\frac{2}{3} x^{\frac{3}{2}} - \frac{x^2}{2}\right]_0^1 = \frac{1}{6}$$

....

Damit haben Sie das  dieses Kapitels erreicht.

2

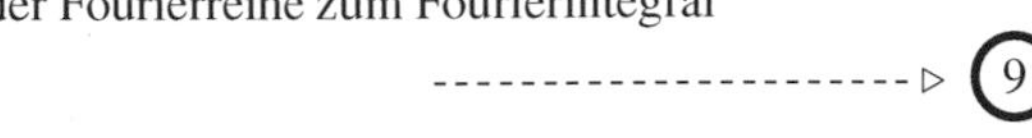

Grenzübergang von der Fourierreihe zum Fourierintegral
gut verstanden ---------------------▷ (9)

Hilfserläuterungen erwünscht ---------------------▷ (3)

21

Die Fourierreihe für die periodische alternierende Rechteckfunktion der Ausdehnung t_0 und der Periode T war: $f(t) = \frac{2}{\pi}\sum_{n=1}^{\infty}\frac{1}{n}\left(1-\cos\left(\frac{n2\pi}{T}\cdot\frac{t_0}{2}\right)\right)\cdot\sin\left(\frac{n2\pi}{T}t\right)$

Jetzt wollen wir zum Fourierintegral übergehen.

In der Summe wächst n schrittweise um $\Delta n = 1$. Wenn wir von der Summe zum Integral und zur Variablen ω übergehen, müssen wir den Zusammenhang zwischen Δn und $\Delta\omega$ berücksichtigen.

Wegen $\frac{n2\pi}{T} = \omega$ und $n = \omega\frac{T}{2\pi}$ wird $\Delta n = \Delta\omega\frac{T}{2\pi}$ und $\Delta\omega = \Delta n\cdot\frac{2\pi}{T}$.

Wir setzen zunächst in die Summe ein: $f(t) = \frac{2}{\pi}\sum_{n=1}^{n=\infty}$ ....

40

$$F(\omega) = \frac{1}{\pi\omega}\left[1-\cos\omega\frac{t_0}{2}\right](-i)$$
$$= \frac{1}{\pi\omega}\left[1-\cos\omega\frac{t_0}{2}\right]e^{-\frac{i\pi}{2}}$$

....

Aus der Amplitudenfunktion entnehmen wir das kontinuierliche Amplitudenspektrum

$A(\omega) =$ ....

Das Phasenspektrum ist in unserem Fall gegeben durch

$\varphi(\omega) =$ ....

---------------------▷ (41)

Kapitel 16
Parameterdarstellung, Linienintegral

K. Weltner, *Leitprogramm Mathematik für Physiker 2*.
DOI 10.1007/978-3-642-25163-4_16

1

23. Fourier-Integrale

23.1 Übergang von der Fourierreihe zum Fourier-Integral

Im vorhergehenden Kapitel wurde gezeigt, dass eine beliebige periodische Funktion als Summe von diskreten Sinus- und Kosinusfunktionen dargestellt werden kann. Bedeutsam speziell in der Physik und Informationstechnik ist, dass periodische Signale dementsprechend als Überlagerung von Sinus- und Kosinusschwingungen aufgefasst und auch erzeugt werden können.

In diesem Kapitel wird bewiesen, dass auch ein einzelnes zeitlich begrenztes Signal als Summe von Sinus- und Kosinusfunktionen dargestellt werden kann, wobei aus der Summe ein Integral und aus den diskreten Funktionen eine kontinuierliche Verteilung von Schwingungen wird.

LESEN Sie intensiv 23.1 Übergang von der Fourierreihe zum Fourierintegral
Lehrbuch Seite 187-189

---------------------- ▷ 2

20

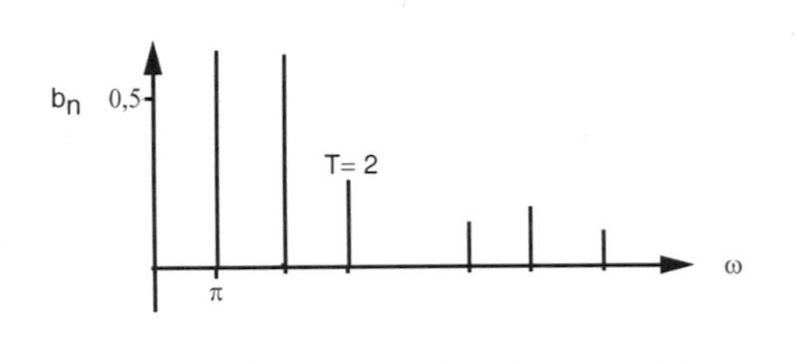

....

Die b_n für andere Werte von t_0 und T werden in entsprechender Weise berechnet.

Für $t_0 = 1$ und $T = 4$ sowie $T = 8$ sind die Ergebnisse im Lehrbuch Seite 191 dargestellt.

---------------------- ▷ 21

39

$$F(\omega) = \frac{1}{2\pi(-i\omega)} \cdot \left[-1 + e^{i\omega\frac{t_0}{2}} + e^{-i\omega\frac{t_0}{2}} - 1\right]$$

....

Wir fassen zusammen und formen um

$F(\omega) = \ldots\ldots\ldots\ldots$

Erinnerung : $\frac{1}{i} = \frac{i}{i^2} = -i = e^{-i\frac{\pi}{2}}$

---------------------- ▷ 40

1

Nichts wird schneller vergessen als gute Vorsätze und ein gutes Essen.
(Altchinesische Weisheit)

Vor Beginn eines Kapitels sollten Sie kurz das vorhergehende wiederholen.
Kapitel 15 behandelte folgende Themen:

....
....
....
....
....
....

--------------------▷ 2

22

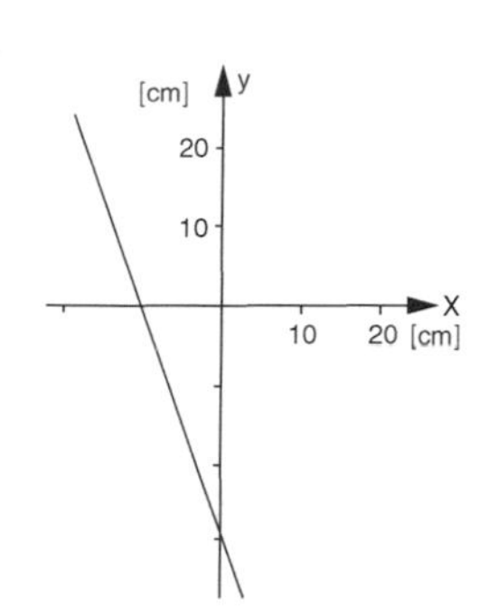

Weiterer Hinweis: Gefragt ist nach dem *Betrag* der Geschwindigkeit.
Gegeben war:

$$x = -10\,\text{cm} + 10\frac{\text{cm}}{\text{sec}} \cdot t$$

$$y = -30\frac{\text{cm}}{\text{sec}} \cdot t$$

Wir bestimmen zunächst die Komponenten der Geschwindigkeit:

$v_x = \ldots\ldots\ldots\ldots\ldots$

$v_y = \ldots\ldots\ldots\ldots\ldots$

$\vec{v} = (\ldots\ldots\ldots\ldots\ldots)$

--------------------▷ 23

43

Dieser Abschnitt enthielt nun die letzte schwierige Überlegung dieses Kapitels. Herzlichen Glückwunsch, wenn Sie bis hierher durchgehalten und die Rechnungen mitgerechnet haben.

Wenn man die einzelnen Umformungen nicht durchführt, geht einem leicht die Übersicht verloren. Umgekehrt erfordert es immer einige Überwindung, mit Papier und Bleistift die Umformungen nachzuvollziehen.

Tut man es, folgt die Belohnung auf dem Fuße. Man stellt fest, dass die Umformungen gar nicht so schwierig auszuführen sind und dass man dann die Gedankenführung nachvollziehen kann.

--------------------▷ 44

Kapitel 23
Fourier-Integrale

K. Weltner, *Leitprogramm Mathematik für Physiker 2.*
DOI 10.1007/978-3-642-25163-4_23

2

Mehrfachintegrale mit festen Grenzen
Mehrfachintegrale mit variablen Grenzen
Polarkoordinaten
Zylinderkoordinaten
Kugelkoordinaten

....

Rekapitulieren Sie in Gedanken die Regeln für die Ausführung von Mehrfachintegralen und berechnen Sie

$$I = \int_{y=x-1}^{3x} \int_{x=0}^{2} x \, dx \, dy = \ldots\ldots\ldots$$

Es handelt sich um ein Integral mit .... Grenzen.

---------------------▷ 

23

$v_x = 10 \dfrac{\text{cm}}{\text{sec}}$

$v_y = -30 \dfrac{\text{cm}}{\text{sec}}$

$\vec{v} = (10 \dfrac{\text{cm}}{\text{sec}}, -30 \dfrac{\text{cm}}{\text{sec}})$

Jetzt bleibt nur noch übrig, den *Betrag* von $\vec{v}$ zu berechnen.

$|\vec{v}| = \ldots\ldots\ldots\ldots\ldots$

---------------------▷ 

44

Die folgende Übungsaufgabe steht auch im Lehrbuch auf Seite 78.
Berechnen Sie für das unten gegebene Vektorfeld A das Linienintegral längs der Kurve $r(t)$ von $t = 0$ bis $t = \frac{\pi}{2}$.

$$\vec{A} = (x, y, z) = (0, -z, y)$$

$$\vec{r}(t) = \left(\sqrt{2}\cos t, \cos 2t, \frac{2t}{\pi}\right)$$

$$\int_{t=0}^{t=\frac{\pi}{2}} \vec{A} \cdot \overrightarrow{dr} = \ldots\ldots\ldots\ldots\ldots$$

Lösung gefunden 

Erläuterung oder Hilfe erwünscht ---------------------▷ 

29

Es handelt sich um eine ungerade Funktion. Deshalb verschwinden die Koeffizienten a_n.

....

Wir betrachten weiter die Rechteckschwingung $f(t) = \begin{cases} -1 & \textit{für} \quad -\pi < t < 0 \\ +1 & \textit{für} \quad 0 < t < \pi \end{cases}$

Zeigen Sie, dass auch a_0 verschwindet: $a_0 = \frac{1}{\pi} \int\limits_{-\pi}^{\pi} f(t)dt = \ldots\ldots\ldots\ldots\ldots\ldots$

BITTE ZURÜCKBLÄTTERN --------------------▷ (30)

58

Gegeben war die Fourierreihe für die Variable x mit der Periode 2π.
Sie ist in der Übersicht auf Seite 176 im Lehrbuch dargestellt.
Schlagen Sie, bitte, diese Seite auf.

Wir ersetzen x durch $\frac{2\pi}{T}t$ und dx durch $\frac{2\pi}{T}dt$.
Für $t = T$ wird dann $x = \ldots\ldots\ldots$

Jetzt substituieren Sie in der Übersichtsseite auf Seite 176 für a_n : $x = \frac{2\pi}{T}t$ und $dx = \frac{2\pi}{T}dt$
Dann erhalten Sie $a_n = \ldots\ldots\ldots\ldots\ldots\ldots\ldots\ldots\ldots\ldots$

BITTE ZURÜCKBLÄTTERN --------------------▷ 

3

18

Rechengang: $I = \int\limits_{x=0}^{2} \int\limits_{y=x-1}^{3x} x\,dy = \int\limits_{x=0}^{2} \left[\frac{9}{2}x^2 - \frac{1}{2}(x-1)^2\right] dx = 18$

Variable Grenzen. Das Integral musste deshalb vor der Berechnung umgeordnet werden.

Berechnen Sie noch das Integral

$$I = \int\limits_{x=0}^{2} \int\limits_{y=1}^{2} \frac{x^2}{y^2} dx\,dy = \ldots\ldots\ldots\ldots$$

Das Mehrfachintegral hat .... Grenzen.

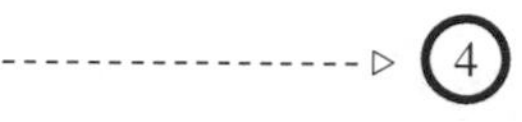
▷ 4

24

$v = \sqrt{100+900}\frac{\text{cm}}{\text{sec}} = 31,6\frac{\text{cm}}{\text{sec}}$

Rechnen Sie jetzt die Aufgabe 16.2A auf Seite 77 im Lehrbuch.

Bestimmen Sie dabei auch den Betrag des Beschleunigungsvektors und versuchen Sie herauszubekommen, welche Richtung der Beschleunigungsvektor hat.

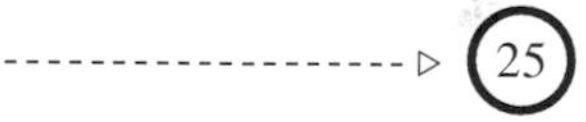
▷ 25

45

Gegeben sind das Vektorfeld $\vec{A}$ in kartesischen Koordinaten und die Kurve in Parameterdarstellung: $\vec{A} = (0, -z, y)$ $\quad \vec{r} = (\sqrt{2}\cos t, \cos 2t, \frac{2t}{\pi})$

1. Schritt: Wir drücken zunächst das Vektorfeld $\vec{A}$ durch den Parameter aus. Wir ersetzen x durch $z = \frac{2t}{\pi}$ und y durch $\cos 2t$. Die x-Koordinate ist 0.
2. Schritt: Wir berechnen das Wegelement $\overrightarrow{dr}$.
3. Schritt: Das Wegelement wird in das Linienintegral eingesetzt und gemäß der Regel auf Seite 76 im Lehrbuch ausgerechnet.

$$\int\limits_{0}^{\frac{\pi}{2}} \vec{A} \cdot \overrightarrow{dr} = \ldots\ldots\ldots\ldots$$

Lösung gefunden ▷ 49

Weitere Erläuterung oder Hilfe erwünscht ▷ 46

28

Gegeben sei die Rechteckschwingung

$$f(t) = \begin{cases} +1 & \textit{für} \quad -\pi < t < 0 \\ +1 & \textit{für} \quad 0 < t < \pi \end{cases}$$

Es handelt sich um eine .... Funktion.

In diesem Fall verschwinden die Koeffizienten ....

▷ 29

57

Keine Probleme mit der Erweiterung auf beliebige Perioden ▷ 60

Weitere Erläuterungen erwünscht ▷ 58

86

Sie haben nun das Kapitel “Fourierreihen” erfolgreich beendet und sicher manche Schwierigkeit mit der sorgfältigen Beachtung von Integrationsgrenzen und Vorzeichen gemeistert.

Über diese Erfolge dürfen Sie sich mit gutem Gewissen freuen.

… des Kapitels 22

4

$$I = \int_{x=0}^{2} x^2 dx \cdot \int_{y=1}^{2} \frac{1}{y^2} dy = \frac{4}{3}$$

Feste Grenzen

....

Eine Schraubenlinie hat in Zylinderkoordinaten die Form:

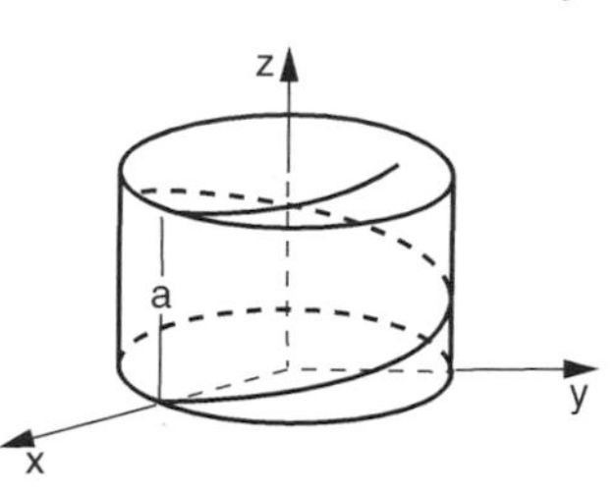

$r = R$

$z = \frac{a}{2\pi} \cdot \varphi$

Geben Sie die kartesischen Koordinaten an:

$x =$..............

$y =$..............

$z =$..............

---------------------- ▷ 

25

Der Betrag der Beschleunigung ist

$$a = \omega^2 r$$

Die Richtung des Beschleunigungsvektors erfordert etwas mehr Überlegung: Wir haben den Beschleunigungsvektor

$$\vec{a}(t) = -\omega^2 r(\cos \omega t, \sin \omega t)$$

Vergleichen wir dies mit dem Ortsvektor selbst.

$$\vec{r}(t) = r(\cos \omega t, \sin \omega t)$$

Man sieht hier, dass in der Klammer der gleiche Ausdruck steht. Es gilt:

$$\vec{a} = -\omega^2 \vec{r}$$

Die Beschleunigung hat die *entgegengesetzte* Richtung wie der Ortsvektor. Sie ist auf das Kreiszentrum hin gerichtet.

---------------------- ▷ 

46

Wir ersetzen in $\vec{A} = (0, -z, y)$ die Koordinaten x, y, z durch die gegebene Parameterdarstellung

$z = \frac{2t}{\pi}$

$y = \cos 2t$

Wir erhalten $\vec{A} = (0, \ldots\ldots)$

Wir berechnen $\vec{dr}$ aus $\vec{r} = \left(\sqrt{2}\cos t, \cos 2t, \frac{2t}{\pi}\right)$

$\vec{dr} =$..............

---------------------- ▷ 47

27

Es gibt zwei gleichwertige Lösungen:

$$\text{Lösung 1:}\quad f(t) = \begin{cases} -1 & \text{für } -\pi < t < 0 \\ +1 & \text{für } \quad 0 < t < \pi \end{cases}$$

$$\text{Lösung 2:}\quad f(t) = \begin{cases} +1 & \text{für } -\pi < t < 0 \\ -1 & \text{für } \quad 0 < t < \pi \end{cases}$$

Berechnen Sie die Fourierreihe für die Rechteckschwingung der Lösung 1:

$f(t) =$ ....

Lösung gefunden --------------------▷ 33

Hilfe erwünscht --------------------▷ 28

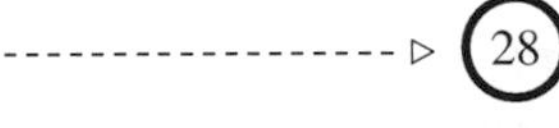

56

22.3 Die Fourriereihe für Funktionen mit beliebiger Periode T

Der folgende Abschnitt ist wichtig, aber er ist einfach zu verstehen. Führen Sie, bitte, die Substitutionen auf einem separaten Zettel durch.

STUDIEREN Sie 22.3 Die Fourierreihe für Funktionen mit beliebiger Periode T Lehrbuch Seite 180-181

--------------------▷ 57

85

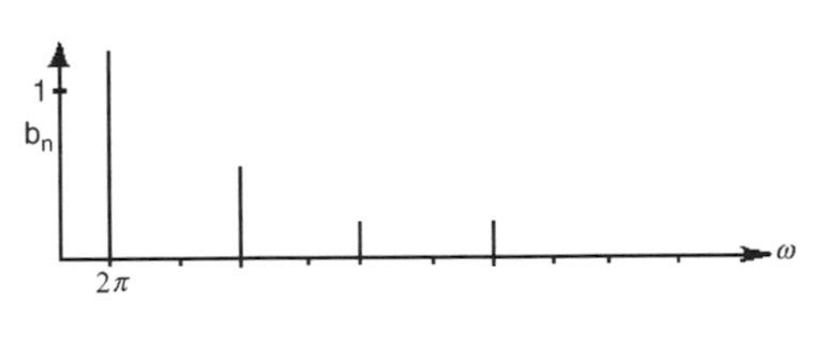

--------------------▷ 86

5

$x = R\cos\varphi$
$y = R\sin\varphi$
$z = \frac{a}{2\pi}\varphi$

....

Falls Sie Schwierigkeiten bei einer der Aufgaben hatten, rechnen Sie diese Aufgaben noch einmal anhand des Lehrbuches Kapitel 15 nach.

26

Rechnen Sie jetzt die Übungsaufgabe 16.2B auf Seite 77 im Lehrbuch.

Überlegen Sie vorher auch, welche Bahn hier vorliegt, die Bahnkurve ist bereits im Lehrbuch vorgekommen.

Suchen Sie sie im Lehrbuch notfalls auf.

Es handelt sich um eine ....

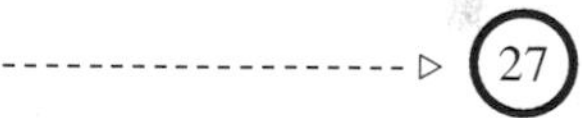

47

$\vec{A} = (0, -\frac{2t}{\pi}, \cos 2t)$

$\vec{dr} = (-\sqrt{2}\ \sin t,\ -2\sin\ 2t,\ \frac{2}{\pi})dt$ oder $\vec{dr} = (-\sqrt{2}\sin t, dt, -2\sin 2t\ dt, 2\frac{dt}{\pi})$

Dies wird eingesetzt in das Integral und dann wird das innere Produkt gebildet.

$$\int \vec{A}\cdot\vec{dr} = \ldots\ldots\ldots\ldots\ldots$$

▷ 48

26

Gegeben sei die Rechteckschwingung

$$f(t) = \begin{cases} -1 & \text{für} \quad -\pi \leq t \leq -\frac{\pi}{2} \\ 1 & \text{für} \quad -\frac{\pi}{2} < t < \frac{\pi}{2} \\ -1 & \text{für} \quad \frac{\pi}{2} \leq t \leq \pi \end{cases}$$

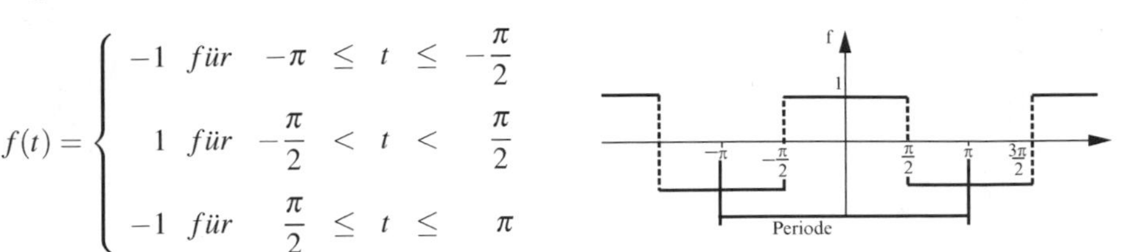

Verschieben Sie die Rechteckschwingung so, dass eine ungerade Funktion entsteht. Gibt es nur eine Lösung?

$f(t) = \begin{cases} \dots\dots\dots\dots\dots\dots \end{cases}$

---------------------- ▷ 27

55

$$f(t) = 1 + \sum_{n=1}^{\infty} \frac{2}{\pi n} \cdot (-1)^{n+1} \sin nt$$

....

Die hier angegebene Fourierreihe unterscheidet sich von der im Lehrbuch (Seite 179) berechneten Reihe nur durch a_0. Beide Kurven können durch Koordinatenverschiebung in y-Richtung ineinander überführt werden.

---------------------- ▷ 56

84

$b_1 = 1{,}3$	$b_2 = 0$
$b_3 = 0{,}42$	$b_4 = 0$
$b_5 = 0{,}25$	$b_6 = 0$
$b_7 = 0{,}18$	$b_8 = 0$

....

Skizzieren Sie das Amplitudenspektrum für $t_0 = 1$.

Erinnerung: $\omega_n = n \cdot \omega_0 = n \cdot \frac{2\pi}{t_0}$

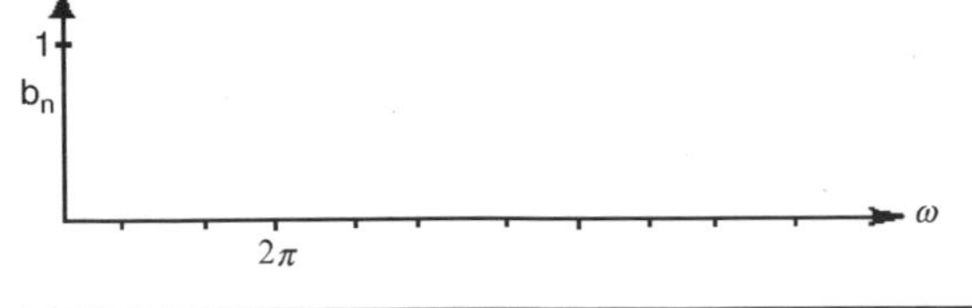

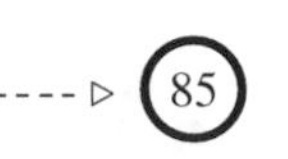
---------------------- ▷ 85

6

Parameterdarstellung von Kurven

Auf die Parameterdarstellung von Kurven führt uns die Beschreibung von Bewegungen. Der Ort eines Punktes ist eine Funktion der Zeit. Dies führt häufig auf nicht einfache Gleichungen. Eine Vereinfachung erzielen wir, wenn die Bewegung eines Punktes im Raum auf die Betrachtung der Bewegung der Komponenten reduziert wird.

Das Prinzip der Beschreibung von Bahnkurven als Funktion einer dritten Größe – in der Praxis ist es meist die Zeit – wird dann verallgemeinert.

STUDIEREN SIE im Lehrbuch 16.1 Parameterdarstellung von Kurven
Lehrbuch, Seite 63-68

▷ 7

27

Schraubenlinie

....

Wie groß ist die Beschleunigung für die Bewegung des Massenpunktes auf der Schraubenlinie in unserem Beispiel?
Es war der Ortsvektor:

$$\vec{r}(t) = (R\cos\omega t, \quad R\sin\omega t, \quad t)$$

Die Beschleunigung ist:

$$\vec{a}(t) = \ldots\ldots\ldots\ldots$$

▷ 28

48

$$\int \vec{A}\cdot\vec{dr} = \int \left[\frac{4t}{\pi}\sin 2t + 2\frac{\cos 2t}{\pi}\right] dt$$

Wir setzen die Grenzen des Integrals ein und erhalten: $\int\limits_0^{\frac{\pi}{2}} \vec{A}\,\vec{dr} = \int\limits_0^{\frac{\pi}{2}} \left(\frac{4t}{\pi}\sin 2t + 2\frac{\cos 2t}{\pi}\right) dt$

Das Integral $\int \frac{4t}{\pi}\sin 2t$ wird durch partielle Integration berechnet.

Es gilt, wovon man sich durch Verifizierung überzeugt: $\int t\cdot\sin 2t\cdot dt = \frac{\sin 2t}{4} - \frac{t\cdot\cos 2t}{2}$

Damit ergibt das Integral bei Beachtung der Grenzen $\int\limits_0^{\frac{\pi}{2}} \vec{A}\cdot\vec{dr} = \ldots\ldots\ldots\ldots$

▷ 49

25

Für gerade Funktionen gilt für alle Koeffizienten $b_n = 0$.
Die Fourierreihe besteht dann nur aus cos-Funktionen.

....

Im vorhergehenden Beispiel hätten wir uns also die Berechnung der b_n durch eine Symmetriebetrachtung ersparen können.

In den Beispielen im Lehrbuch ist die Ortsvariable x durch die Zeitvariable t ersetzt, weil es sich um Schwingungen handelt, deren Behandlung in der Physik bedeutsam ist. Die Rechteckschwingung ist praktisch völlig analog zur Rechteckfunktion behandelt.

Jetzt folgt noch eine Übung zur Rechteckfunktion. --------▷ (26)

54

$$\int_{-\pi}^{\pi} \frac{1}{\pi}\left(-\frac{\cos nt}{n}\right) dt = \left[-\frac{1}{\pi}\frac{\sin n\pi}{n^2}\right]_{-\pi}^{\pi} = 0$$

....

Das Integral verschwindet, weil $\sin n\pi = \sin(-n\pi) = 0$. Damit ist das Integral 1 gefunden: $\int_{-\pi}^{\pi} \frac{t}{\pi} \sin nt \, dt = \frac{2}{n}(-1)^{n+1}$. Das Integral 2 (Lehrschritt 47) verschwindet wegen der Symmetrie der cos-Funktion: $\cos(n\pi) = \cos(-n\pi)$: $\int_{-\pi}^{\pi} \sin nt \, dt = \left[\frac{1}{n}(-\cos nt)\right]_{-\pi}^{\pi} = 0$

Damit haben wir die b_n bestimmt zu $b_n = \frac{2}{\pi \cdot n}(-1)^{n+1}$.

Die Sägezahnkurve war gegeben durch $f(t) = \left(\frac{t}{\pi} + 1\right)$ *für* $-\pi < t < \pi$

Ihre Fourierreihe ist damit $f(t) =$ .... (Hinweis: a_0 nicht vergessen!)

--------▷ (55)

83

$$b_n = \frac{1}{n\pi}\left[1 - \cos\left(\frac{n2\pi}{t_0} \cdot \frac{t_0}{2}\right) + 1 - \cos\left(\frac{n2\pi}{t_0} \cdot \frac{t_0}{2}\right)\right] = \frac{2}{n\pi}[1 - \cos n\pi]$$

....

Wegen $\cos n\pi = (-1)^n$ wird $b_n = \frac{2}{n\pi}[1 - (-1)^n]$

Jetzt berechnen wir

$b_1 =$ .... $b_2 =$ ....

$b_3 =$ .... $b_4 =$ ....

$b_5 =$ .... $b_6 =$ ....

$b_7 =$ .... $b_8 =$ ....

--------▷ (84)

7

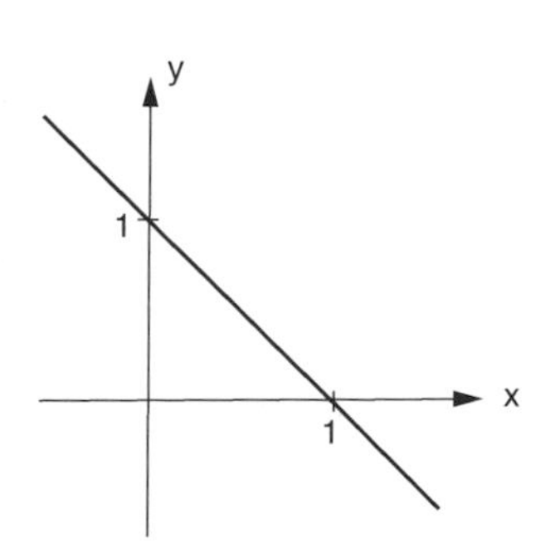

Geben Sie eine Parameterdarstellung der Geraden an.
Im Lehrbuch hieß im 3. Beispiel der Parameter t.
Hier wollen wir den Parameter λ nennen.

$x = \ldots\ldots\ldots\ldots\ldots$

$y = \ldots\ldots\ldots\ldots\ldots$

8

28

$\vec{a}(t) = (-R\omega^2 \cdot \cos\omega t, \quad -R\omega^2 \cdot \sin\omega t, \quad 0)$

Berechnen Sie jetzt den Betrag der Beschleunigung bei dieser Bewegung auf der Schraubenlinie.

$|\vec{a}| = \ldots\ldots\ldots\ldots\ldots$

Die Richtung der Beschleunigung bei der Bewegung auf der Schraubenlinie können Sie auch angeben: Die Beschleunigung liegt in der

.... Ebene

und zeigt immer auf die

.... Achse

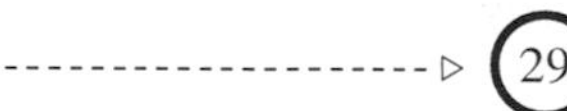
29

49

$$\int_0^{\frac{\pi}{2}} \vec{A} \cdot \vec{dr} = \frac{4}{\pi} \left[\frac{\sin 2t}{4} - \frac{t \cos 2t}{2} \right]_0^{\frac{\pi}{2}} + \frac{1}{\pi} [\sin 2t]_0^{\frac{\pi}{2}} = 1$$

Nach diesen nun wirklich schwierigen Überlegungen und Rechnungen einige leichtere Wiederholungsaufgaben aus dem ganzen Kapitel.

--------------------▷ 50

24

Gerade Funktion

....

Für gerade Funktionen gilt für die Koeffizienten:

☐ $a_n = 0$

☐ $b_n = 0$

Für gerade Funktionen besteht die Fourierreihe dann nur aus .... Funktionen.

--------------------▷ (25)

53

$$\left[\frac{t}{\pi}\left(-\frac{\cos nt}{n}\right)\right]_{-\pi}^{\pi} = \frac{2}{n}(-1)^{n+1}$$

....

Damit wird unsere Aufgabe zu:

$$\text{Integral } 1 = \int_{-\pi}^{\pi} \frac{t}{\pi} \sin nt \, dt = \frac{2}{n}(-1)^{n+1} - \int_{-\pi}^{\pi} \frac{1}{\pi}\left(-\frac{\cos nt}{n}\right) dt$$

Das verbleibende Integral ist elementar zu lösen:

$$\int_{-\pi}^{\pi} \frac{1}{\pi}\left(-\frac{\cos nt}{n}\right) dt = \ldots\ldots\ldots\ldots\ldots$$

--------------------▷ (54)

82

Zu berechnen ist:

$$b_n = \frac{2}{t_0} \int_{-\frac{t_0}{2}}^{0} (-1) \sin\left(\frac{n2\pi}{t_0} t\right) dt + \frac{2}{t_0} \int_{0}^{-\frac{t_0}{2}} \sin\left(\frac{n2\pi}{t_0} t\right) dt$$

Hinweis: $\displaystyle\int_{-\frac{t_0}{2}}^{0} \sin\left(\frac{n2\pi}{t_0} t\right) dt = \left[-\frac{t_0}{n2\pi} \cdot \cos\left(\frac{n2\pi}{t_0} t\right)\right]_{-\frac{t_0}{2}}^{0}$

Dies eingesetzt ergibt

$$b_n = \frac{2}{t_0}\left[(-1) \cdot \frac{t_0}{n2\pi}\left(-\cos\frac{n2\pi}{t_0} \cdot t\right)\right]_{-\frac{t_0}{2}}^{0} + \frac{2}{t_0}\left[\frac{t_0}{n2\pi}\left(-\cos\frac{n2\pi}{t_0} \cdot t\right)\right]_{0}^{-\frac{t_0}{2}}$$

Setzen Sie jetzt die Grenzen ein und vereinfachen Sie:

$b_n = \ldots\ldots\ldots\ldots\ldots\ldots\ldots\ldots\ldots\ldots\ldots\ldots\ldots\ldots\ldots$

--------------------▷ 

8

Eine Parameterdarstellung der Geraden ist:

$x = 1 \cdot \lambda$

$y = 1 - \lambda$

λ durchläuft debei alle Werte von $-\infty$ bis $+\infty$

Gewinnen Sie aus der obigen Parameterdarstellung der Geraden jetzt wieder die übliche Darstellung:

$y =$ ....

Lösung gefunden ---------------------▷ 10

Erläuterung oder Hilfe erwünscht ---------------------▷ 9

29

$|\vec{b}| = R\omega^2$

x-y-Ebene

z-Achse

....

---------------------▷ 30

50

Die Gerade $y = 2 + x$ ist in eine Parameterdarstellung zu überführen.

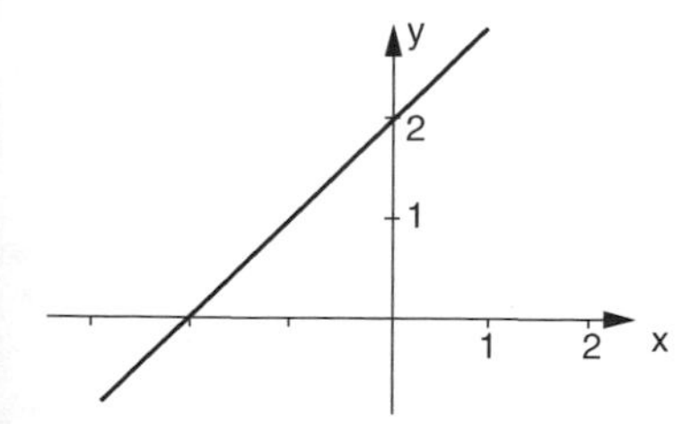

$\vec{r} = \vec{r}_o + r_1 \cdot \lambda$

Wählen wir $\vec{r}_o$ längs der y-Achse.

$\vec{r}_o$ hat die Komponenten

$\vec{r}_o =$ ....

---------------------▷ 51

23

Die im vorhergehenden Leitprogrammabschnitt ab Lehrschritt 12 behandelte Rechteckfunktion ist eine

☐ gerade Funktion

☐ ungerade Funktion

--------------------▷ 24

52

$$\left[\frac{t}{\pi}\left(-\frac{\cos nt}{n}\right)\right]_{-\pi}^{\pi} = \left[\frac{\pi}{\pi}\left(-\frac{\cos n\pi}{n}\right) - \frac{-\pi}{\pi}\left(-\frac{\cos n\pi}{n}\right)\right]$$

....

Wir kürzen und vereinfachen: $\left[\frac{t}{\pi}\left(-\frac{\cos nt}{n}\right)\right]_{-\pi}^{\pi} = \left[-\frac{\cos n\pi}{n} - \frac{\cos(-n\pi)}{n}\right] = -2\frac{\cos n\pi}{n}$

Mit $\cos n\pi = (-1)^n$ schreiben wir $-\cos n\pi = (-1)^{n+1}$

So erhalten wir schließlich $\left[\frac{t}{\pi}\left(-\frac{\cos nt}{n}\right)\right]_{-\pi}^{\pi} = \ldots\ldots\ldots\ldots$

--------------------▷ 53

81

$$b_n = \frac{2}{t_0}\int_{-\frac{t_0}{2}}^{\frac{t_0}{2}} f(t)\sin\left(\frac{n2\pi}{t_0}\cdot t\right)dt$$

Wir teilen in zwei Abschnitte auf, weil $f(t)$ für zwei Abschnitte definiert ist.

$$b_n = \frac{2}{t_0}\int_{-\frac{t_0}{2}}^{0}(-1)\sin\left(\frac{n2\pi}{t_0}t\right)dt + \frac{2}{t_0}\int_{0}^{\frac{t_0}{2}}\sin\left(\frac{n2\pi}{t_0}\right)dt$$

Jetzt bleibt nur noch, die Integrale zu berechnen, wobei die Grenzen genau zu beachten sind.

$b_n = \ldots\ldots\ldots\ldots\ldots\ldots\ldots\ldots\ldots\ldots\ldots\ldots$

Lösung gefunden --------------------▷ 83

Schrittweise Lösung --------------------▷ 82

9

Die Parameterdarstellung war $x = 1 \cdot \lambda$
$y = 1 - \lambda$

Umformung der Parameterdarstellung in die übliche Notation:

Aus den beiden Gleichungen für x und y wird der Parameter eliminiert; dann wird die entstehende Gleichung nach y aufgelöst.

1. Schritt:
Wir drücken in der ersten Gleichung λ durch die Variable x aus: $\lambda = x$

2. Schritt:
Wir ersetzen λ in der 2. Gleichung oben durch x und erhalten y = ...

10

30

Das Linienintegral

Dieser Abschnitt ist wichtig, jedoch nicht einfach. Er muss intensiv gelesen werden. Vollziehen Sie die Überlegungen mit Papier und Bleistift nach. Sie erinnern sich:

Reading without a pencil is daydreaming.

Das Linienintegral ist eine neue Erweiterung des Integralbegriffs. Das Linienintegral ist gedanklich leicht zu verstehen. Die Berechnung von Linienintegralen führt jedoch oft auf schwierige Ausdrücke und wird hier für einfache Sonderfälle durchgeführt.

STUDIEREN SIE im Lehrbuch 16.3 Das Linienintegral
16.3.1 Einige Sonderfälle
Lehrbuch, Seite 71-76

BEARBEITEN SIE DANACH Lehrschritt

31

51

$\vec{r}_o = (0, 2)$

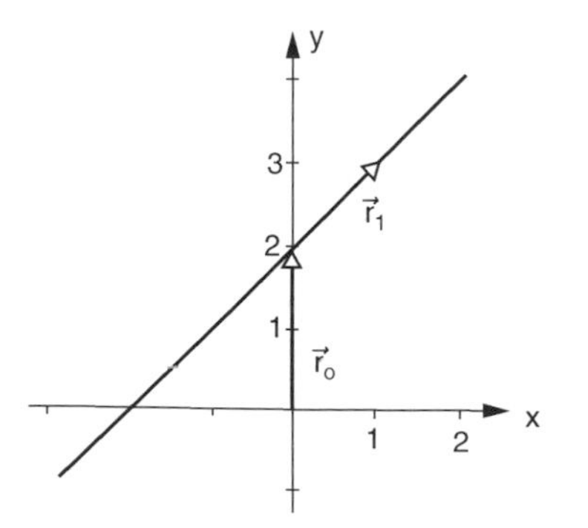

Ermitteln wir nun einen Richtungsvektor $\vec{r}_1$.

Die Gerade hat die Steigung 1. Damit ist eine möglich Wahl:

$\vec{r}_1 =$ ....

-------------------- ▷ 52

22

22.2 Beispiele für Fourierreihen
22.2.1 Symmetriebetrachtungen
22.2.2 Rechteckschwingung, Kippschwingung, Dreieckschwingung

Nach der nicht ganz einfachen Ableitung der Fourierreihe folgen nun einige Beispiele, bei denen keine grundsätzlichen Probleme auftreten. Bei den Umformungen allerdings müssen Sie gut aufpassen, hier schleichen sich leicht Flüchtigkeitsfehler ein. Und, bitte, nicht vergessen, die Beispiele auf einem separaten Blatt mitzurechnen.

STUDIEREN Sie nun intensiv 22.2.1 Symmetriebetrachtungen
22.2.2 Rechteckschwingung, Kippschwingung, Dreieckschwingung
Lehrbuch Seite 176-180

Danach ---------------------▷ 

51

Zu berechnen ist: $\left[\frac{t}{\pi}\left(-\frac{\cos nt}{n}\right)\right]_{-\pi}^{\pi}$

Wir beachten: $\cos n\pi = \cos(-n\pi) = (-1)^n$

Wir setzen die Grenzen ein und erhalten ausführlich geschrieben:

$\left[\frac{t}{\pi}\left(-\frac{\cos nt}{n}\right)\right]_{-\pi}^{\pi} = [\ldots\ldots\ldots\ldots\ldots\ldots\ldots\ldots\ldots\ldots]$

---------------------▷ 

80

Die Funktion ist ungerade. Daher verschwinden die a_n.

....

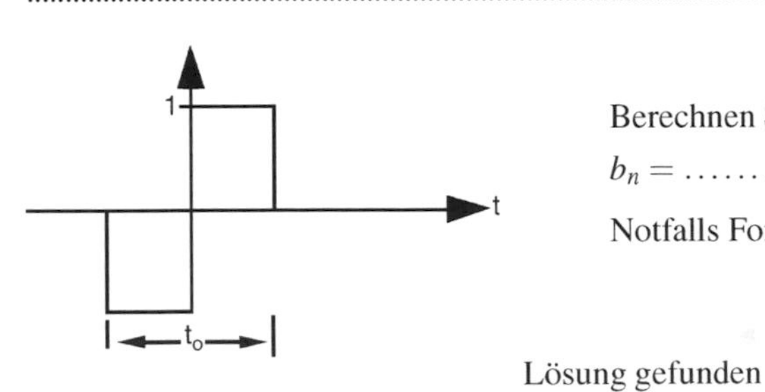

Berechnen Sie nun

$b_n = \ldots\ldots\ldots$

Notfalls Formeln im Lehrbuch Seite 181 nachsehen!

Lösung gefunden ---------------------▷ 83

Hilfe erwünscht ---------------------▷ 

10

$y = 1 - x$

....

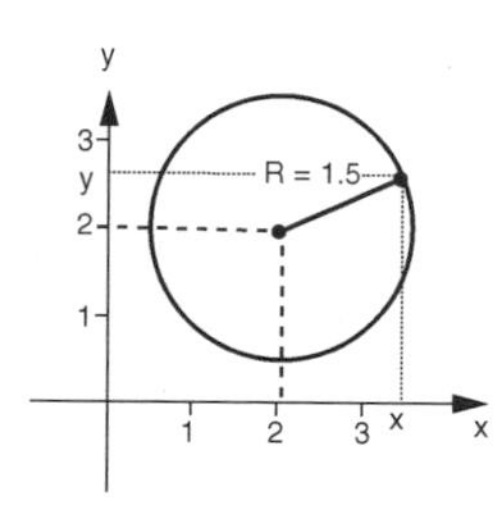

Ein Punkt bewege sich auf dem abgebildeten Kreis.

Geben Sie eine Parameterdarstellung für die Bahnkurve an.

$x =$..............

$y =$..............

Lösung gefunden 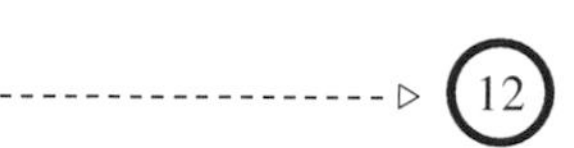 12

Erläuterung oder Hilfe erwünscht  11

31

Wir werden anhand eines Beispiels ein einfaches Linienintegral berechnen.

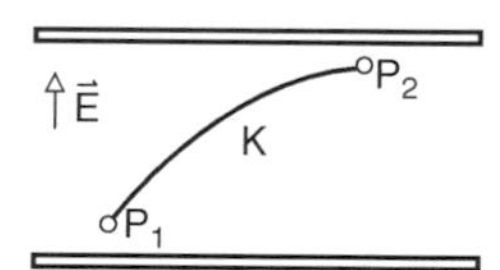

Die Zeichnung stellt einen Querschnitt durch einen Plattenkondensator dar. Eine elektrische Ladung werde vom Punkt P_1 zum Punkt P_2 bewegt. Dabei wirkt die Kraft $\vec{F} = \vec{E} \cdot q$ auf die Ladung.

Zu berechnen ist die aufgewandte Arbeit. Eines wissen Sie bereits: Die bei der Bewegung aufzuwendende Arbeit

ist ein ....

Wir können es bereits formal hinschreiben:

$W =$..............

Die Linie K soll den Weg angeben.

 32

52

$\vec{r}_1 = (1, 1)$ oder $\vec{r}_1 = (2, 2)$ oder $\vec{r}_1 = (\frac{1}{\sqrt{2}}, \frac{1}{\sqrt{2}})$

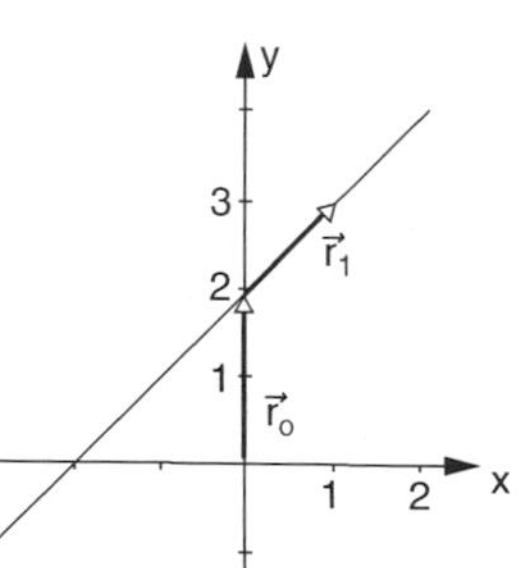

Mit $\vec{r}_1 = (1, 1)$ erhalten wir die Geradengleichung in Komponentendarstellung

$\vec{r}(t) = (x(t), y(t))$
$x(t) = t$
$y(t) = 2 + t$

Geben Sie die gleichwertige Komponentendarstellung an für $\vec{r}_1 = (2, 2)$ und $\vec{r}_1 = (-1, -1)$

$x =$.............. $x =$..............

$y =$.............. $y =$..............

--------------------▷ 53

21

$$b_n = \frac{2}{\pi} \int_{-\frac{\pi}{2}}^{+\frac{\pi}{2}} \sin nx dx = \frac{2}{\pi} \left[-\frac{\cos n\frac{\pi}{2}}{n} + \frac{\cos n\frac{\pi}{2}}{n} \right] = 0$$

Damit ist unser Problem gelöst. Die Fourierreihe für die Rechteckfunktion ist:

$$f(x) = 1 + \sum_{n=1}^{\infty} \frac{4}{\pi n} \sin n\frac{\pi}{2} \cos nx$$

Die Reihe besteht bis auf $a_0 = 1$ aus cos-Funktionen, deren Amplituden mit wachsendem n abnehmen. Im Übrigen verschwinden die Summanden für die geraden n.

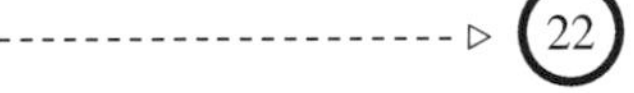

▷ 22

50

Integral 1: $\int_{-\pi}^{\pi} \frac{t}{\pi} \sin nt\, dt = \left[\frac{t}{\pi} \left(-\frac{\cos nt}{n} \right) \right]_{-\pi}^{\pi} - \int_{-\pi}^{+\pi} \frac{1}{\pi} \left(-\frac{\cos nt}{n} \right) dt$

Wir berechnen zuerst die linke Klammer. Im Prinzip ist das einfach, aber Schwierigkeiten können immer wieder mit den Vorzeichen auftreten.

Wir erinnern uns, dass $\cos n\pi = \cos(-n\pi)$ und dass $\cos n\pi = (-1)^n$

$$\left[\frac{t}{\pi} \left(-\frac{\cos nt}{n} \right) \right]_{-\pi}^{\pi} = \ldots\ldots\ldots\ldots$$

Lösung gefunden ▷ 53

Ausführliche Rechnung ▷ 51

Gegeben sei eine alternierende Rechteckfunktion mit der beliebigen Periode t_0

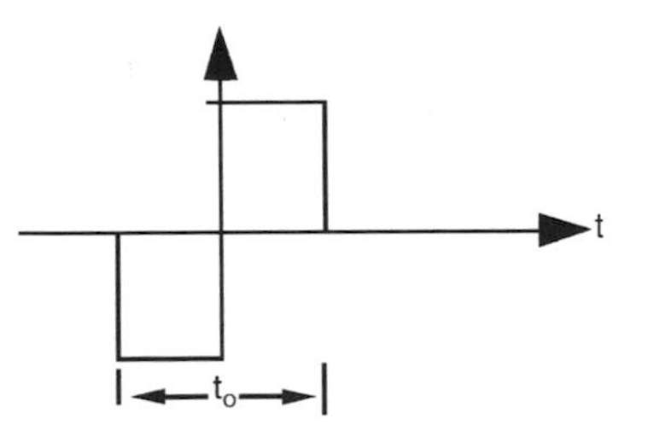

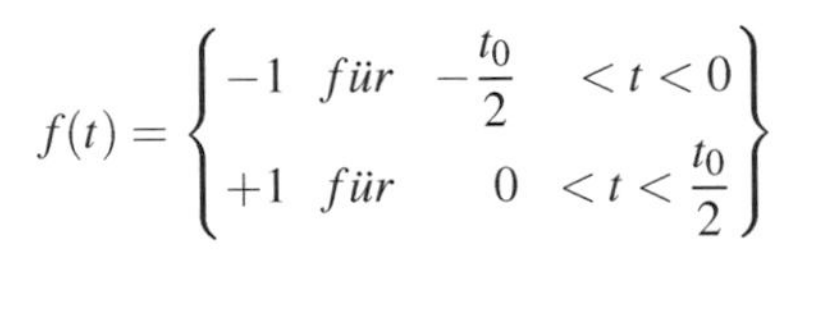

$$f(t) = \begin{cases} -1 & \text{für } -\frac{t_0}{2} < t < 0 \\ +1 & \text{für } 0 < t < \frac{t_0}{2} \end{cases}$$

Die Funktion ist ☐ gerade oder ☐ ungerade

Daher verschwinden die ....

▷ 80

11

Die Aufgabe ist nahezu identisch mit dem 2. Beispiel auf Seite 64 des Lehrbuches. Der Unterschied besteht darin, dass der Mittelpunkt des Kreises jetzt die Koordinaten (2,2) hat.

Wir setzen die gesamte Darstellung zusammen, indem wir für beide Koordinaten die Mittelpunktskoordinate $R_0 = (2,2)$ und die Koordinaten des Punktes auf der Kreisbahn in Polarkoordinaten addieren. Der Winkel φ ist der Parameter.

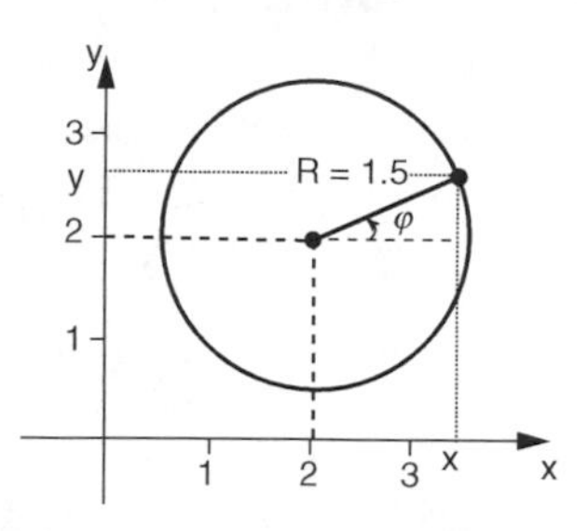

$x = \ldots\ldots\ldots\ldots$

$y = \ldots\ldots\ldots\ldots$

32

Linienintegral

$$W = \int_K \vec{F} \cdot \overrightarrow{dr} = \int_K \vec{E}\, q \cdot \overrightarrow{dr}$$

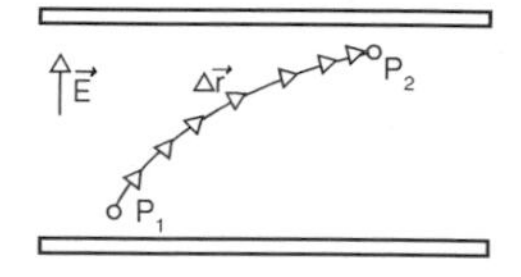

Die Bedeutung des Linienintegrals wird am deutlichsten, wenn man es als Summe versteht.

Längs des vorgegebenen Weges ist die Arbeit schrittweise zu berechnen. Numerisch lässt sich diese Handlungsvorschrift leicht ausführen, wenn das Feld bekannt ist.

Analytisch lässt sich das Linienintegral lösen, wenn man es in bekannte Integrale überführt. Dazu muss das skalare Produkt ausgerechnet werden.

53

$x = 2t$ $\quad$ $x = -2t$

$y = 2 + 2t$ $\quad$ $y = 2 - 2t$

Geben Sie eine Parameterdarstellung der Geraden, die durch die folgenden Punkte mit den angegebenen Ortsvektoren geht

$\vec{p}_1 = (2,\ 1,\ 1)$ $\qquad$ $\vec{p}_2 = (-1,\ 3,\ 1)$

$r(t) = \ldots\ldots\ldots\ldots$

▷ 54

20

$$b_n = \frac{1}{\pi}\int_{-\pi}^{\pi} f(x)\sin nx\,dx = \frac{1}{\pi}\int_{-\pi}^{-\frac{\pi}{2}} 0\cdot\sin nx\,dx + \frac{1}{\pi}\int_{-\frac{\pi}{2}}^{+\frac{\pi}{2}} 2\cdot\sin nx\,dx + \frac{1}{\pi}\int_{-\frac{\pi}{2}}^{\pi} 0\cdot\sin nx\,dx$$

$$= \frac{2}{\pi}\int_{-\frac{\pi}{2}}^{\frac{\pi}{2}} \sin nx\,dx$$

Dieses Integral dürfte keine Schwierigkeiten bereiten:

$$b_n = \frac{2}{\pi}\int_{-\frac{\pi}{2}}^{\frac{\pi}{2}} \sin nx\,dx = \ldots\ldots\ldots\ldots$$

▷ 21

49

$$u = \frac{t}{\pi} \qquad v' = \sin nt$$

$$u' = \frac{1}{\pi} \qquad v = -\frac{\cos nt}{n}$$

Im Zweifel verifizieren Sie dies, indem Sie die Ableitung von v bilden.

Es war bekanntlich $\int_a^b u\cdot v' = [u\cdot v]_{-\pi}^{\pi} - \int_{-\pi}^{\pi} u'\cdot v$

Mit den obigen Funktionen wird daraus $\int_{-\pi}^{\pi} \frac{t}{\pi}\sin nt\,dt = \ldots\ldots\ldots\ldots\ldots\ldots$

▷ 50

78

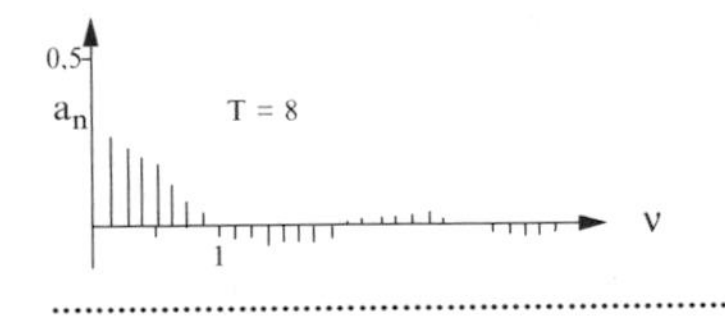

Das Frequenzspektrum bleibt gleich. Geändert hat sich nur die Skaleneinteilung.

Wir vergleichen nun die Frequenzspektren der Rechteckkurve mit $t_0 = 1$ und $T = 2$ bzw. $T = 8$:

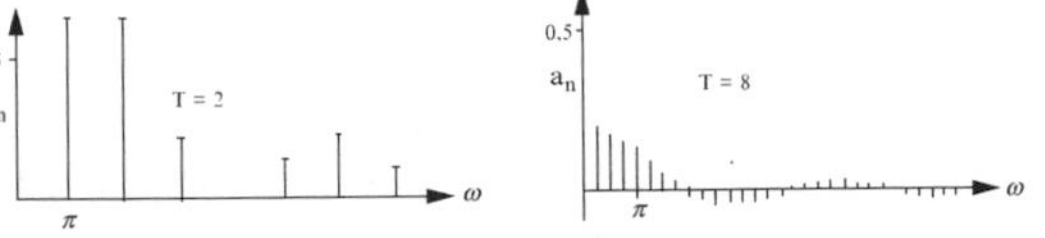

Der wesentliche Unterschied ist, dass mit wachsender Periode T die Frequenzabstände der Fourierkomponenten kleiner werden.

Noch eine weitere Übung ▷ 79

Kapitel abschließen ▷ 86

12

$x = 2 + 1,5\cos\varphi$

$y = 2 + 1,5\sin\varphi$

....

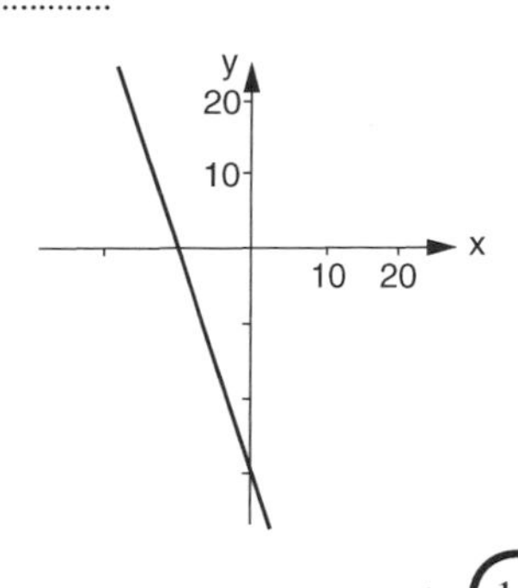

Geben Sie eine Parameterdarstellung der gezeichneten Geraden an:

Der Parameter heiße t.

$x = \ldots\ldots\ldots\ldots\ldots$

$y = \ldots\ldots\ldots\ldots\ldots$

-------------------- ▷ 13

33

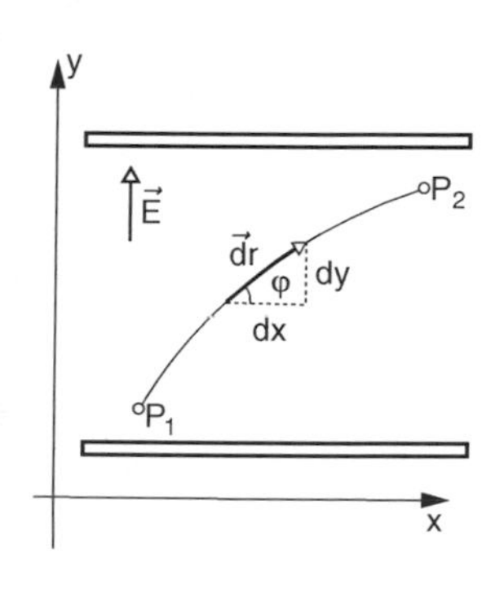

Zu berechnen ist

$$W = q \cdot \int_K \vec{E} \cdot \vec{dr}$$

Es sind $\vec{E} = (0, E)$ und $\vec{dr} = (dr \cdot \cos\varphi, dr \cdot \sin\varphi) = (dx,\ dy)$

Also wird $\vec{E} \cdot \vec{dr} = (0, E) \cdot (dx,\ dy)$

Bilden Sie das innere Produkt und setzen Sie ein:

$$W = q \int_K \ldots\ldots\ldots\ldots\ldots$$

-------------------- ▷ 34

54

$\vec{r}(t) = \vec{p}_1 + (\vec{p}_2 - \vec{p}_2)t \qquad x = 2 - 3t \qquad y = 1 + 2t \qquad z = 1$

Hinweis: Als Punkt auf der Geraden ist hier der Ortsvektor $\vec{p}_1$ gewählt. Die Richtung der Geraden ist durch die Differenz der Ortsvektoren bestimmt.

....

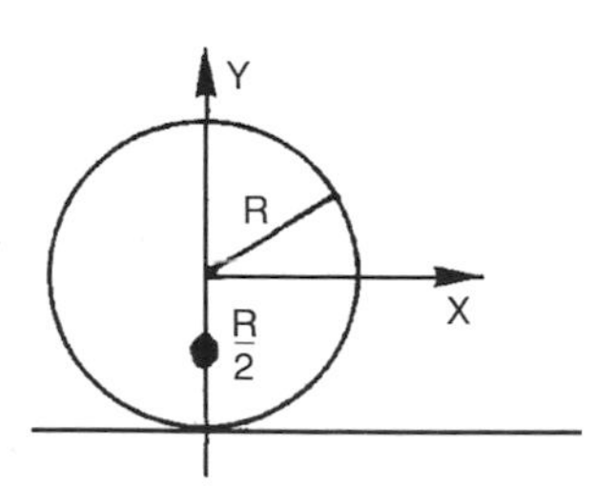

Ein Rad rolle auf einer Ebene nach rechts. Geben Sie die Bahnkurve des Punktes auf dem Rad an.

Hilfe finden Sie auf Seite 68 im Lehrbuch.

$r(\varphi) = \ldots\ldots\ldots\ldots\ldots$

Die Kurve heißt ....

-------------------- ▷ 55

19

Wieder müssen wir das gesuchte Integral für die drei Abschnitte aufteilen und abschnittsweise vorgehen.
Die Funktion war

$$f(x) = \begin{cases} 0 \ \textit{für} & -\pi \leq x \leq -\frac{\pi}{2} \\ 2 \ \textit{für} & -\frac{\pi}{2} < x < +\frac{\pi}{2} \\ 0 \ \textit{für} & +\frac{\pi}{2} \leq x \leq +\pi \end{cases}$$

$$b_n = \frac{1}{\pi} \int_{-\pi}^{\pi} f(x) \sin nx \cdot dx = \dots\dots\dots\dots\dots\dots$$

-------------------- ▷ 20

48

Zu berechnen ist das Integral 1: $\int_{-\pi}^{\pi} \frac{t}{\pi} \sin nt \cdot dt$

Die Situation entspricht der in Lehrschritt 42: die Integration von Produkten durch partielle Integration ist im Lehrbuch Band 1, Seite 149, hergeleitet und sollte gegebenenfalls dort nachgelesen werden. Für zwei Funktionen $u(t)$ und $v(t)$ und beliebige Grenzen a und b gilt

$$\int_a^b u \cdot v' = [u \cdot v]_a^b - \int_a^b u' \cdot v$$

Wir setzen $u = \frac{1}{\pi}$ $\qquad v' = \sin nt$

Damit erhalten wir $u' = \dots\dots\dots$ $\qquad v = \dots\dots\dots$

-------------------- ▷ 49

77

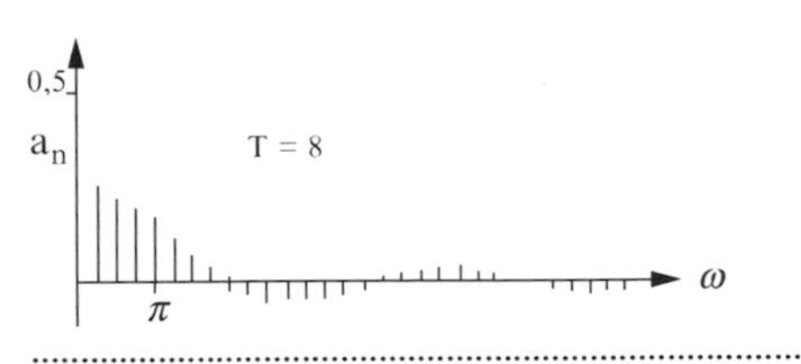

Wir können das obige Frequenzspektrum statt für die Kreisfrequenz ω, die in der Theorie meist benutzt wird, auch für die Frequenz $\nu = \frac{1}{T}$ angeben. Es gilt $\omega = 2\pi\nu$, das heißt $\nu = \frac{\omega}{2\pi}$.
Skizzieren Sie das Frequenzspektrum für die Frequenz ν:

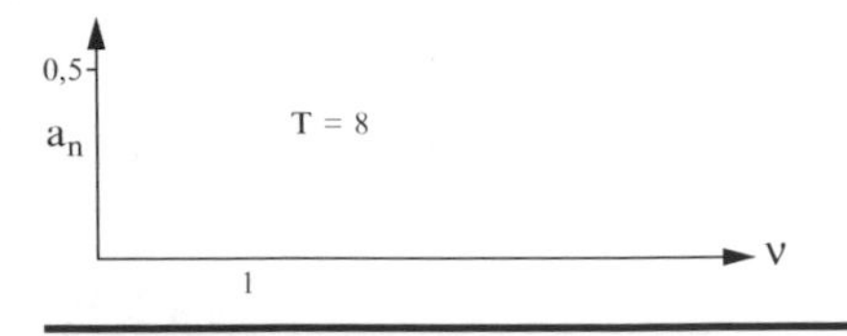

-------------------- ▷ 78

13

Eine Parameterdarstellung ist z.B.

$x = -10 + 10t$
$y = -30t$

Wäre auch folgende Darstellung eine richtige Lösung? $x = 5t$ $y = -30 - 15t$

☐ Ja ☐ Nein

Hinweis: Jede Parameterdarstellung muss auf die gleiche Geradengleichung führen, nämlich
$y = \dots\dots\dots\dots$

Lösung gefunden ----------------------▷ 

Erläuterung oder Hilfe erwünscht ----------------------▷ 

34

$$W = q\int_K E\sin\varphi\,dr$$

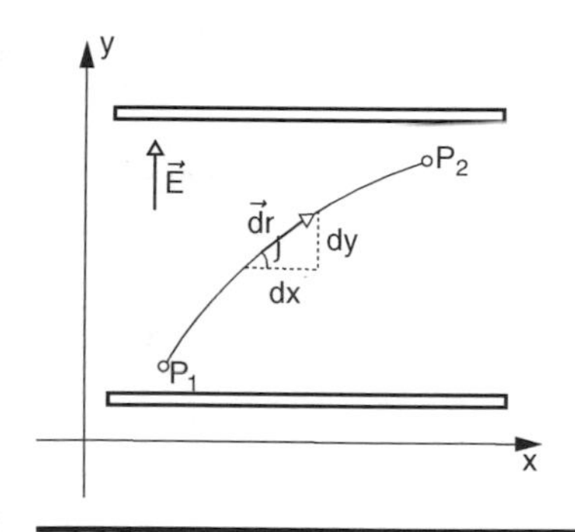

$\sin\varphi\,dr = dy$

$P_1 = (x_1, y_1)$
$P_2 = (x_2, y_2)$

Damit wird $W = \int_K qE\sin\varphi\,dr$ zu

$W = \int \dots\dots\dots\dots$

----------------------▷ 

55

$\vec{r}(\varphi) = (R\cdot\varphi - \frac{R}{2}\sin\varphi,\ R - \frac{R}{2}\cos\varphi) = R(\varphi - \frac{\sin\varphi}{2},\ 1 - \frac{\cos\varphi}{2})$ Zykloide

In einem homogenen Kraftfeld $\vec{F} = (-3N,\ 2N)$ wird ein Körper längs des gezeichneten Kreisbogens von $\vec{p}_1 = (2\text{m},\ 0)$ nach $\vec{p}_2 = (0,\ 2\text{m})$ gebracht.

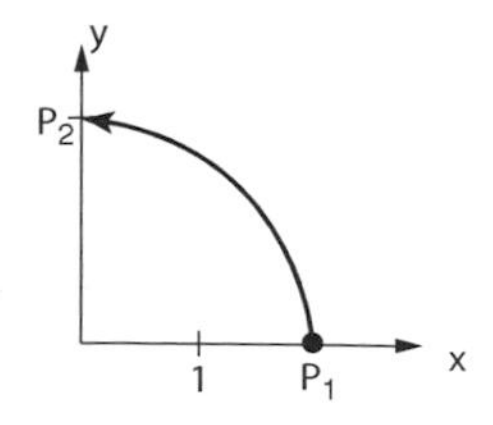

Welche Arbeit ist erforderlich?

$W = \dots\dots\dots\dots$

----------------------▷ 56

18

$$a_n = \frac{1}{\pi}\int_{-\pi}^{\frac{\pi}{2}} 0\cdot\cos nx\,dx + \frac{1}{\pi}\int_{-\frac{\pi}{2}}^{\frac{\pi}{2}} 2\cdot\cos nx\,dx + \frac{1}{\pi}\int_{\frac{\pi}{2}}^{\pi} 0\cdot\cos nx\,dx$$

$$a_n = 0 + \frac{1}{\pi}\cdot\frac{2}{n}\left[\sin n\frac{\pi}{2} + \sin n\frac{\pi}{2}\right] + 0 = \frac{4}{\pi\cdot n}\sin n\frac{\pi}{2}$$

....

Es bleibt noch die Berechnung der $b_n = \frac{1}{\pi}\int_{-\pi}^{+\pi} f(x)\sin nx\cdot dx = \ldots\ldots\ldots\ldots\ldots\ldots$

Lösung gefunden --------------------▷ 21

Hilfe und Erläuterung --------------------▷ 19

47

$$b_n = \frac{1}{\pi}\int_{-\pi}^{\pi}\left(\frac{t}{\pi}+1\right)\sin nt\cdot dt = \frac{1}{\pi}\left[\underbrace{\int_{-\pi}^{\pi}\frac{t}{\pi}\sin nt\cdot dt}_{\text{Integral 1}} + \underbrace{\int_{-\pi}^{\pi}\sin nt\cdot dt}_{\text{Integral 2}}\right]$$

....

Wir beginnen mit der Berechnung von Integral 1: $\int_{-\pi}^{\pi}\frac{t}{\pi}\sin nt\,dt = \ldots\ldots\ldots\ldots$

Lösung gefunden --------------------▷ 54

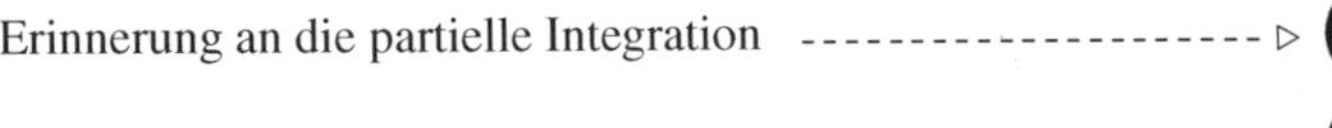

Erinnerung an die partielle Integration --------------------▷ 48

Ausführliche Lösung --------------------▷ 50

76

$\sin\frac{\pi}{8} = 0{,}38$ $\sin\frac{2\pi}{8} = 0{,}71$ $\sin\frac{3\pi}{8} = 0{,}92$ $\sin\frac{4\pi}{8} = 1$

$\sin\frac{5\pi}{8} = 0{,}92$ $\sin\frac{6\pi}{8} = 0{,}71$ $\sin\frac{7\pi}{8} = 0{,}38$ $\sin\frac{8\pi}{8} = 0$

$a_1 = 0{,}24$ $a_2 = 0{,}23$ $a_3 = 0{,}20$ $a_4 = 0{,}16$

$a_5 = 0{,}12$ $a_6 = 0{,}08$ $a_7 = 0{,}03$ $a_8 = 0$

Mit diesen Werten können Sie das Frequenzspektrum der Rechteckkurve für $T = 8$ skizzieren

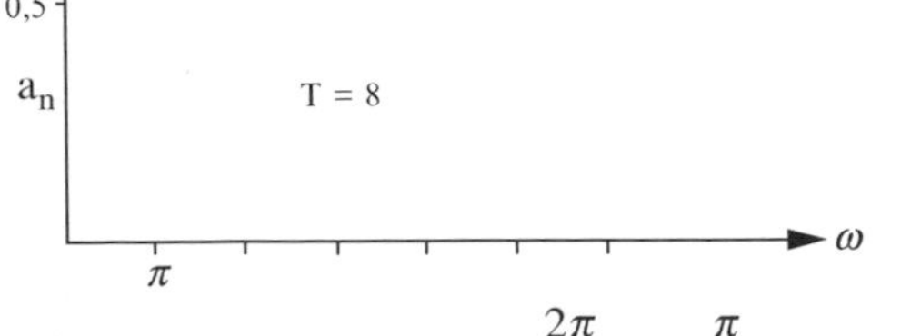

Erinnerung: $\omega_n = n\cdot\omega_0 = n\cdot\frac{2\pi}{8} = n\cdot\frac{\pi}{4}$ --------------------▷ 77

14

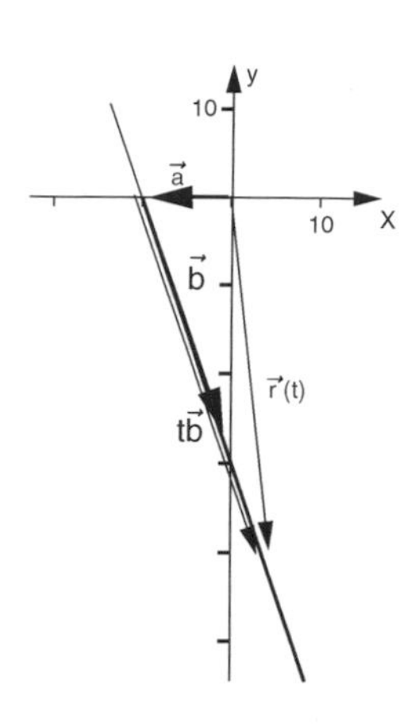

Gegeben ist die Gerade. Bekannt ist die Vektorschreibweise

$\vec{r}(t) = \vec{a} + \vec{b}t$

Bedeutung: Der Ortsvektor zu jedem Punkt der Geraden kann wie in der Zeichnung aus zwei Vektoren zusammengesetzt werden:

- Vektor vom Nullpunkt zu *einem Punkt* der Geraden: $\vec{a}$
- Vektor in *Richtung* der Geraden: $t \cdot \vec{b}$

In der Zeichnung ist $\vec{a} = (-10, 0)$ und $\vec{b} = (10, -30)$.

Wir schreiben die Vektorgleichung mit $\vec{a}$ und $\vec{b}$ komponenten-weise hin: $x = -10 + 10t$ und $y = -30t$.

Wenn wir noch den Parameter t eliminieren, so erhalten wir:

y = ...

15

35

$$W = q \int_{y_1}^{y_2} E\,dy = qE\,(y_1 - y_2)$$

Der entscheidende Übergang war hier, dass wir dr durch dy ausdrücken konnten und wir dann ein Integral über die Variable y erhielten. Für y sind die Grenzen gegeben gewesen. Die physikalische Bedeutung unseres Ergebnisses ist, dass die Arbeit nicht von dem Weg selbst abhängt, sondern nur von den y-Koordinaten der Endpunkte.

36

56

$W = -3(0-2)\text{Nm} + 2(2-0)\text{Nm} = 10\text{Nm}$

Hinweis: Bei homogenen Kraftfeldern ist die Arbeit unabhängig vom Weg.

Gegeben sei das Kraftfeld $\vec{F} = \dfrac{(x,y)}{+\sqrt{x^2+y^2}}\text{N}$

Ein Körper mit der Masse m werde auf einem Kreisbogen bewegt von $\vec{p}_1 = (-3\text{m}, 0)$ nach $\vec{p}_2 = (3\text{m}, 0)$.

Die geleistete Arbeit ist: $W =$ ....

Hinweis: Struktur des Feldes beachten.

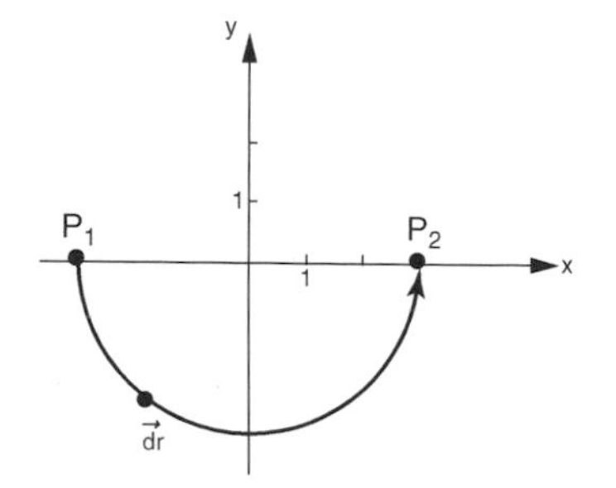

57

17

$$a_n = \frac{1}{\pi}\int_{-\pi}^{+\pi} f(x)\cos nx\,dx = \frac{1}{\pi}\int_{-\pi}^{-\frac{\pi}{2}} f(x)\cos nx\,dx + \frac{1}{\pi}\int_{-\frac{\pi}{2}}^{+\frac{\pi}{2}} f(x)\cos nx\,dx + \frac{1}{\pi}\int_{\frac{\pi}{2}}^{\pi} f(x)\cos nx\,dx$$

....

Die Funktion war

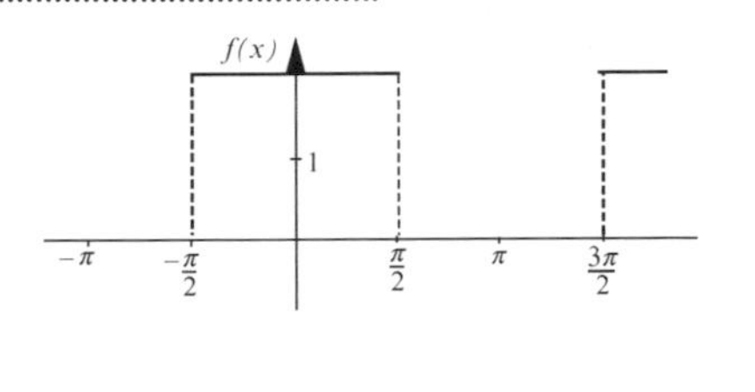

$$f(x) = \begin{cases} 0 & \textit{für} \quad -\pi \leq x \leq -\frac{\pi}{2} \\ 2 & \textit{für} \quad -\frac{\pi}{2} < x < +\frac{\pi}{2} \\ 0 & \textit{für} \quad +\frac{\pi}{2} \leq x \leq +\pi \end{cases}$$

Eingesetzt erhalten wir $a_n =$ ....

--------------------▷ 18

46

$\int_{-\pi}^{\pi} \cos nt \cdot dt = \left[\frac{\sin nt}{n}\right]_{-\pi}^{\pi} = 0$. Damit ist bewiesen, was zu vermuten war: $a_n = 0$ für $n = 1, 2, 3 \ldots$

....

Nun sind die Koeffizienten $b_n = \frac{1}{\pi}\int_{-\pi}^{\pi} f(t)\sin nt \cdot dt$ zu berechnen.

Wir setzen ein: $f(t) = \frac{t}{\pi} + 1$. Damit erhalten wir $b_n = \frac{1}{\pi}\int_{-\pi}^{\pi}$ ....

Wir erinnern uns: Das Integral über eine Summe von Funktionen ist die Summe der Integrale:

$$b_n = \frac{1}{\pi}\left[\int_{-\pi}^{\pi} \ldots\ldots\ldots\ldots + \int_{-\pi}^{\pi} \ldots\ldots\ldots\ldots\right]$$

--------------------▷ 47

75

Die a_n sind in unserem Fall gegeben durch $a_n = \frac{2}{n\pi} \cdot \sin\left(\frac{n \cdot \pi}{T} \cdot t_0\right)$

Geändert hat sich gegenüber der vorhergehenden Aufgabe nur T, es ist diesmal größer, nämlich $T = 8$. Wir setzen ein, berechnen die Werte von $\sin\left(n\frac{\pi}{8}\right)$ und erhalten gerundet

$\sin\frac{\pi}{8} =$ .... $\sin\frac{2\pi}{8} =$ .... $\sin\frac{3\pi}{8} =$ .... $\sin\frac{4\pi}{8} =$ ....

$\sin\frac{5\pi}{8} =$ .... $\sin\frac{6\pi}{8} =$ .... $\sin\frac{7\pi}{8} =$ .... $\sin\frac{8\pi}{8} =$ ....

Dieses setzen wir ein und erhalten schließlich:

$a_1 =$ .... $a_2 =$ .... $a_3 =$ .... $a_4 =$ ....

$a_5 =$ .... $a_6 =$ .... $a_7 =$ .... $a_8 =$ ....

--------------------▷ 76

Ja $y = -3x - 30$

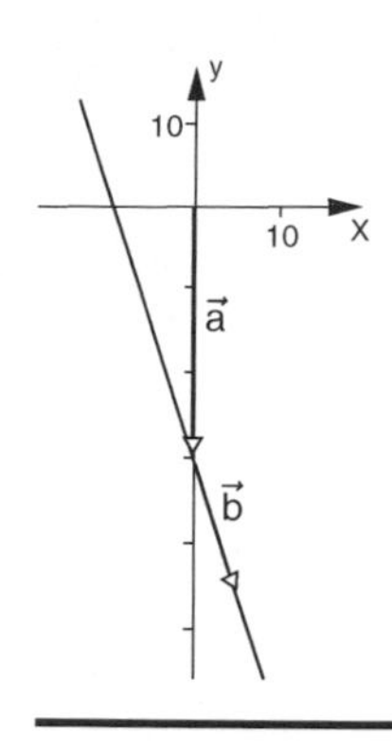

Die Wahl der Vektoren $\vec{a}$ und $\vec{b}$ ist an zwei Punkten frei:

- Der Vektor $\vec{a}$ muss vom Nullpunkt zu *einem* Punkt der Gerade führen, zu *welchem* ist beliebig.
- der Vektor $\vec{b}$ muss in *Richtung* der Geraden liegen. Sein *Betrag* ist beliebig.

Auch die links skizzierte Wahl von $\vec{a} = (0, -30)$ und $\vec{b} = (5, -15)$ ist möglich. Schreiben wir dafür die Vektorgleichung komponentenweise auf:

$x = 5t \qquad y = -30 - 15t$

Setzen Sie $t = \frac{x}{5}$ in die Gleichung für y ein.

$y = \ldots\ldots\ldots\ldots\ldots$

▷ 16

Hier noch ein Beispiel zum homogenen Feld. Beachten Sie, dass die Variable hier nicht r genannt wird sondern s.

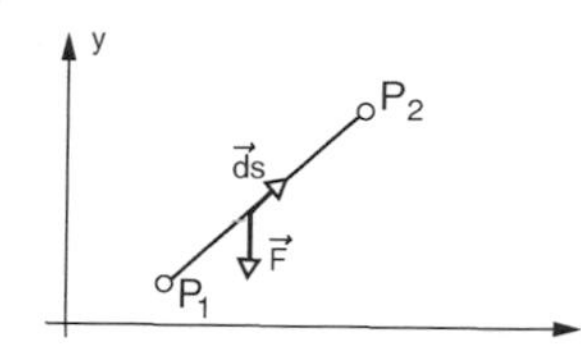

Ein Gegenstand soll auf der Linie K von P_1 nach P_2 gebracht werden. Auf den Körper wirke die Kraft

$$\vec{F} = (F_x, F_y) = (0, -m \cdot g) = 0 \cdot \vec{e}_x - mg\vec{e}_y$$

Hinweis: Hier wird über den Weg s integriert. Das ist das Neue. Die Variable ist s.

Das Wegelement $\vec{ds}$ in Komponentendarstellung: $\vec{ds} = (dx, dy)$. Die Entfernung $\overline{P_1P_2}$ sei S.

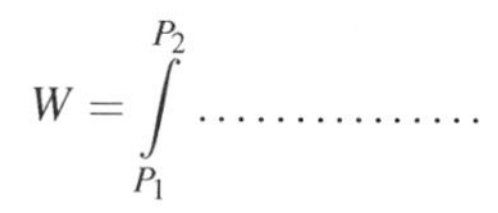

$$W = \int_{P_1}^{P_2} \ldots\ldots\ldots\ldots\ldots$$

▷ 37

57

$W = 0$

Hinweis: Es handelte sich um ein radialsymmetrisches Feld und einen Weg auf einem Kreisbogen. Die Masse m spielt überhaupt keine Rolle.

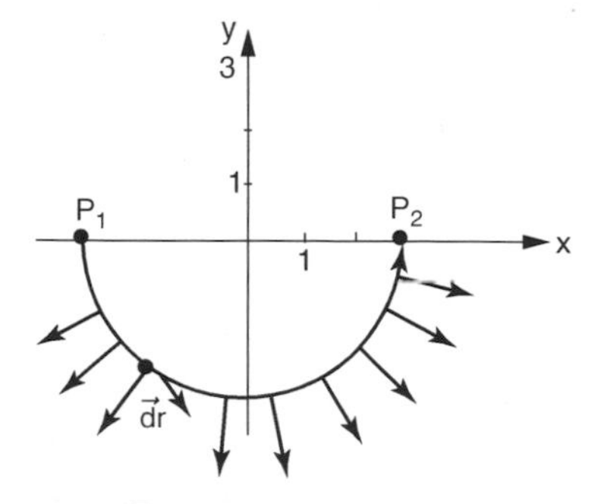

▷ 58

16

Zu berechnen ist: $a_n = \frac{1}{\pi}\int_{-\pi}^{+\pi} f(x)\cdot\cos(nx)dx$ für

$$f(x) = \begin{cases} 0 \;\; für & -\pi \;\; \le x \le \;\; -\frac{\pi}{2} \\ 2 \;\; für & -\frac{\pi}{2} \;\; < x < \;\; +\frac{\pi}{2} \\ 0 \;\; für & +\frac{\pi}{2} \;\; \le x \le \;\; +\pi \end{cases}$$

Wieder müssen wir die Integrale für die drei Abschnitte, für die die Funktion definiert ist, separat berechnen:

$$a_n = \frac{1}{\pi}\int_{-\pi}^{+\pi} f(x)\cdot\cos(nx)dx = \ldots\ldots\ldots\ldots\ldots\ldots\ldots\ldots$$

--------------------▷ (17)

45

Integral 1: $\int_{-\pi}^{\pi} \frac{t}{\pi}\cos\, nt\cdot dt = 0$

....

Es war insgesamt zu berechnen:

$$a_n = \frac{1}{\pi}\int_{-\pi}^{\pi}\left(\frac{t}{\pi}+1\right)\cos\, nt\cdot dt = \frac{1}{\pi}\Bigg[\underbrace{\int_{-\pi}^{\pi}\frac{t}{\pi}\cos\, nt\cdot dt}_{\text{Integral 1}} + \underbrace{\int_{-\pi}^{\pi}\cos\, nt\cdot dt}_{\text{Integral 2}}\Bigg]$$

Integral 1 ist berechnet und liefert keinen Beitrag.

Das Integral 2 ist elementar zu bearbeiten, was und Ihnen nicht zu schwer fallen dürfte.

$$\int_{-\pi}^{\pi}\cos\, nt\cdot dt = \Big[\ldots\ldots\ldots\ldots\Big]_{-\pi}^{\pi} = \ldots\ldots\ldots\ldots$$

--------------------▷ (46)

74

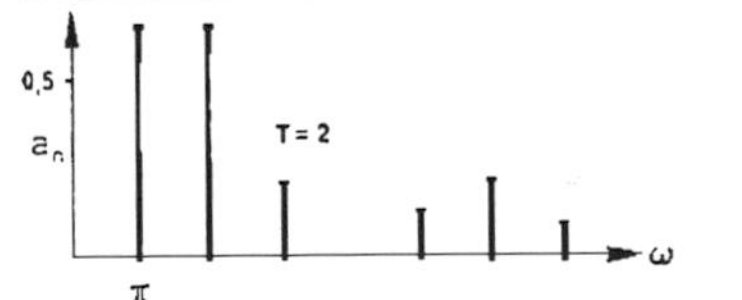

....

Gegeben sei wieder die Fourierreihe der Rechteckkurve $f(t) = \frac{t_0}{T} + \sum_{n=1}^{\infty}\frac{2}{n\pi}\sin\frac{n\pi t_0}{T}\cdot\cos\frac{n2\pi t}{T}$

Berechnen Sie die a_n für ein größeres T, nämlich für $T = 8$ und $t_0 = 1$

$a_1 = \ldots\ldots\ldots$ $a_2 = \ldots\ldots\ldots$ $a_3 = \ldots\ldots\ldots$ $a_4 = \ldots\ldots\ldots$

$a_5 = \ldots\ldots\ldots$ $a_6 = \ldots\ldots\ldots$ $a_7 = \ldots\ldots\ldots$ $a_8 = \ldots\ldots\ldots$

Hilfe erwünscht --------------------▷ (75)

Lösung --------------------▷ (76)

16

$y = -3x - 30$ Hinweis: Wir haben die gleiche Gleichung erhalten.

....

Handlungsanweisung für die Bestimmung einer Parameterdarstellung für eine Gerade:

1. Schritt: Suche einen Vektor $\vec{a}$ vom Nullpunkt zu einem Punkt der Geraden.
2. Schritt: Suche einen Vektor $\vec{b}$ in Richtung der Geraden – seine Länge spielt keine Rolle.
3. Schritt: Bilde $\vec{r}(t) = \vec{a} + t\vec{b}$. Wenn t von $-\infty$ bis $+\infty$ variiert wird, tastet die Spitze des Ortsvektors $\vec{r}(t)$ jeden Punkt der Geraden ab.
4. Schritt: Schreibe die Vektorgleichung komponentenweise hin

$$x(t) = a_x + t\,b_x$$

$$y(t) = a_y + t\,b_y$$

--------------------▷ 17

37

$$W = \int_{P_1}^{P_2} \vec{F} \cdot \vec{ds}$$

....

Dann können wir zur Komponentendarstellung übergehen:

$W = \ldots\ldots\ldots\ldots\ldots$

--------------------▷ 38

58

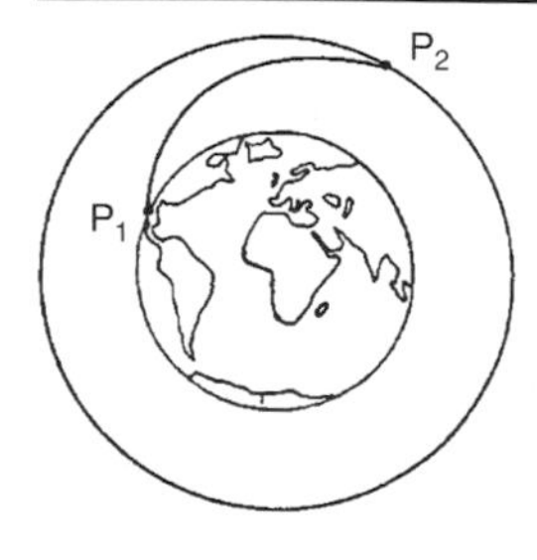

Zum Schluss noch eine etwas komplexere Aufgabe.
Die Zeichnung stellt die Erde und die Bahn eines Satelliten dar. Auf dem eingezeichneten Weg soll der Satellit vom Startpunkt P_1 auf die Kreisbahn (Radius R_2) gebracht werden.
Im Punkt P_2 möge er seine Bahn erreicht haben.
Abstand des Satelliten vom Erdmittelpunkt sei R. Erdradius sei R_1.

Wie groß ist die potentielle Energie W, die dem Satelliten dabei zugeführt wird?

Hinweis: Ein Ausdruck für die Schwerkraft ist: $F = m \cdot g(\frac{R_1}{R})^2$ W = ...

Lösung --------------------▷ 63

Erläuterung und Hilfe --------------------▷ 59

15

$$a_0 = \frac{1}{\pi}\int_{-\pi}^{+\pi} f(x)dx = \frac{1}{\pi}\int_{-\pi}^{-\frac{\pi}{2}} 0\cdot dx + \frac{1}{\pi}\int_{-\frac{\pi}{2}}^{\frac{\pi}{2}} 2\cdot dx + \frac{1}{\pi}\int_{\frac{\pi}{2}}^{\pi} 0\cdot dx = \frac{2}{\pi}\left[\frac{\pi}{2}+\frac{\pi}{2}\right] = 2$$

Wir berechnen nun, ebenfalls abschnittsweise, die weiteren $a_n = \frac{1}{\pi}\int_{-\pi}^{+\pi} f(x)\cos\, nx\, dx$

Die Funktion war $f(x) = \begin{cases} 0 & für \quad -\pi \leq x \leq -\frac{\pi}{2} \\ 2 & für \quad -\frac{\pi}{2} < x < +\frac{\pi}{2} \\ 0 & für \quad +\frac{\pi}{2} \leq x \leq +\pi \end{cases}$

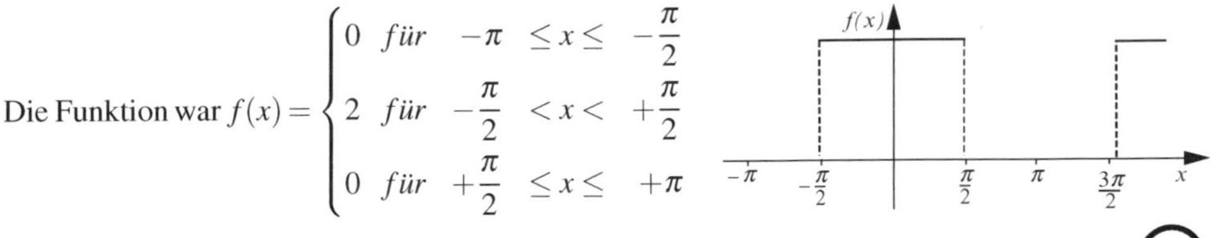

$a_n = \ldots\ldots\ldots\ldots\ldots\ldots$ Lösung gefunden ▷ 18

Hilfe und Erläuterung ▷ 16

44

Integral 1 ist: $\int_{-\pi}^{\pi} \frac{t}{\pi}\cos\, nt dt = \left[\frac{t}{\pi}\cdot\frac{1}{n}\sin\, nt\right]_{-\pi}^{\pi} - \int_{-\pi}^{\pi} \frac{1}{\pi}\cdot\frac{1}{n}\sin\, nt dt$

Die Klammer wird zu Null, denn es gilt: $\sin n\pi = \sin(-n\pi) = 0$.
Das verbleibende Integral ist elementar zu lösen, denn:

$$\int_{-\pi}^{\pi} \sin\, nt dt = \left[-\frac{1}{n}\cos\, nt\right]_{-\pi}^{\pi}$$

Hier erinnern wir uns: $\cos n\pi = \cos(-n\pi)$. Also gilt auch $\int_{-\pi}^{\pi} \sin\, nt\, dt = 0$

Damit haben wir das Integral 1 berechnet mit dem Ergebnis $\int_{-\pi}^{\pi} \frac{t}{\pi}\cos\, nt dt = \ldots\ldots\ldots\ldots$

▷ 45

73

$a_1 = 0{,}64$ $\quad a_2 = 0$ $\quad a_3 = -0{,}21$ $\quad a_4 = 0$
$a_5 = 0{,}13$ $\quad a_6 = 0$ $\quad a_7 = -0{,}09$ $\quad a_8 = 0$

Skizzieren Sie das Frequenzspektrum der Rechteckkurve

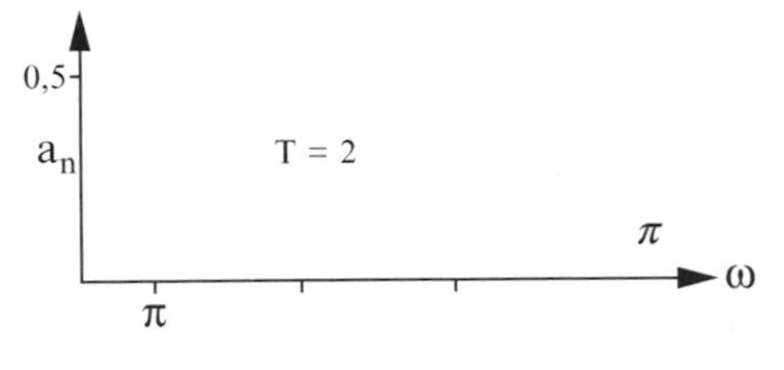

Hilfshinweis: $\omega_0 = \frac{2\pi}{T}$, $\omega_n = \frac{n2\pi}{T} = n\cdot\pi$

▷ 74

17

Rechnen Sie in den nächsten Tagen die Übungsaufgaben 16.1 auf Seite 77 im Lehrbuch.

Sie sollten alle Übungsaufgaben 16.1 rechnen. Sie sind nicht schwer und erfordern mehr Überlegung als Rechenaufwand.

▷ 18

38

$$W = \int_{x_1}^{x_2} 0 \cdot dx - \int_{y_1}^{y_2} m \cdot g \cdot dy$$

Das erste Integral verschwindet. Damit hat man:

$$W = -\int_{y_1}^{y_2} mg\, dy = \ldots\ldots\ldots\ldots$$

▷ 39

59

Formuliert man die Fragestellung um, so lässt sich das Problem in eine Form bringen, in der es anderen Problemen ähnelt, die in diesem Leitprogramm behandelt wurden.

Gesucht ist die Arbeit, die notwendig ist, um den Satelliten gegen die Schwerkraft vom Punkt P_1 zum Punkt P_2 zu bringen.

Hinweis: Gefragt ist hier nur nach der potentiellen Energie, nicht nach der kinetischen Energie, die dem Satelliten für eine Bewegung auf der Kreisbahn zugefügt werden muss.

In diesem Kapitel haben Sie gelernt, diese Arbeit als Linienintegral zu berechnen.

Wie lautet das allgemeine Linienintegral?

$W = \ldots\ldots\ldots\ldots$

▷ 60

14

Zu berechnen ist $a_0 = \frac{1}{\pi}\int\limits_{-\pi}^{+\pi} f(x)dx$

Es war $f(x) = \begin{cases} 0 & für \quad -\pi \leq x \leq -\frac{\pi}{2} \\ 2 & für \quad -\frac{\pi}{2} < x < +\frac{\pi}{2} \\ 0 & für \quad +\frac{\pi}{2} \leq x \leq +\pi \end{cases}$

Das Integral ist über das gesamte Intervall $-\pi \leq x \leq \pi$ zu erstrecken. Dort ist die Funktion in drei Abschnitten definiert.
Das vollständige Integral ist die Summe der drei Teilintegrale für jeden Abschnitt.

$$a_0 = \frac{1}{\pi}\int\limits_{-\pi}^{+\pi} f(x)dx = \frac{1}{\pi}\int\limits_{-\pi}^{\frac{-\pi}{2}} f(x)dx + \frac{1}{\pi}\int\limits_{-\frac{\pi}{2}}^{-\frac{\pi}{2}} f(x)dx + \frac{1}{\pi}\int\limits_{\frac{\pi}{2}}^{-\pi} f(x)dx$$

Jetzt muss die Funktion für jeden Abschnitt eingesetzt werden, um die drei Integrale zu erhalten:

$a_0 = \frac{1}{\pi}\int_{-\pi}^{+\pi} f(x)dx = \ldots\ldots\ldots\ldots\ldots\ldots\ldots\ldots$

--------------------▷ (15)

43

$u' = \frac{1}{\pi}$ $\qquad v = \frac{1}{\pi}\sin nt$

Es war: $u = \frac{t}{\pi}$ $\qquad v' = \cos nt$

Im Zweifel verifizieren Sie dies, indem Sie die Ableitungen bilden. Nun brauchen Sie nur noch die obigen Funktionen in die bekannte Formel für die partielle Integration einzusetzen.

$$\int\limits_{-\pi}^{\pi} u \cdot v' = [u \cdot v]_{-\pi}^{\pi} - \int\limits_{-\pi}^{\pi} u' \cdot v$$

Damit erhalten wir für das Integral 1: $\int\limits_{-\pi}^{\pi} \frac{t}{\pi}\cos nt\, dt = \ldots\ldots\ldots\ldots\ldots\ldots\ldots\ldots$

--------------------▷ (44)

72

Die a_n sind in unserem Fall gegeben durch: $a_n = \frac{2}{n\pi} \cdot \sin \frac{n\pi t_0}{T}$
Wir formen um und setzen ein: $T = 2,\ t_0 = 1$

$$a_n = \frac{2}{n\pi} \cdot \sin\left(n \cdot \frac{\pi}{2}\right)$$

Damit erhalten wir gerundet:

$a_1 = \ldots\ldots\ldots$ $\quad a_2 = \ldots\ldots\ldots$ $\quad a_3 = \ldots\ldots\ldots$ $\quad a_4 = \ldots\ldots\ldots$

$a_5 = \ldots\ldots\ldots$ $\quad a_6 = \ldots\ldots\ldots$ $\quad a_7 = \ldots\ldots\ldots$ $\quad a_8 = \ldots\ldots\ldots$

--------------------▷ (73)

18

Differentiation eines Vektors nach einem Parameter.

Wir haben bisher den Ortsvektor für eine beliebige Bahnkurve so beschrieben, dass wir die Koordinaten des Vektors als Funktion einer dritten Größe – des Parameters – dargestellt haben. Der Parameter kann die Zeit sein. Nun wird gezeigt werden, dass wir von dieser Darstellung sofort zur Ermittlung der Geschwindigkeit kommen, indem wir nach der Zeit differenzieren.

STUDIEREN SIE im Lehrbuch 16.2 Differentiation eines Vektors nach einem Parameter
Lehrbuch, Seite 68-70

39

$W = mg(y_1 - y_2)$

....

Ein Satellit bewege sich auf einer kreisförmigen Bahn um die Erde. Die Arbeit für eine Erdumrundung ist

$$W = \int_{Kreis} \vec{F} \cdot \vec{ds}$$

Die Arbeit verschwindet, weil

$\vec{F}$ und $\vec{ds}$ ....
aufeinander stehen.

60

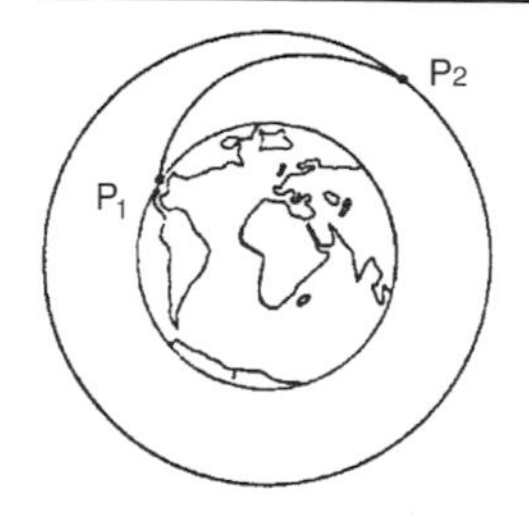

$$W = \int_{p_1}^{p_2} \vec{F} \cdot \vec{ds}$$

Wir erinnern uns, dass das Gravitationsfeld radialsymmetrisch ist.

Weiter hängt der Wert des Integrals $\int_{p_1}^{p_2} \vec{F} \cdot \vec{ds}$

nur von den Endpunkten P_1 und P_2 des Integrationsweges ab, nicht von seinem Verlauf.

Versuchen Sie jetzt die Arbeit zu berechnen. $W =$ ....

Lösung

Benötige weitere Hilfe

Hinweis: $F = m \cdot g(\frac{R_1}{R})^2$

13

Zu berechnen ist die Rechteckfunktion, die definiert ist durch:

$$f(x) = \begin{cases} 0 & \text{für} \quad -\pi \leq x \leq -\frac{\pi}{2} \\ 2 & \text{für} \quad -\frac{\pi}{2} < x < +\frac{\pi}{2} \\ 0 & \text{für} \quad +\frac{\pi}{2} \leq x \leq +\pi \end{cases}$$

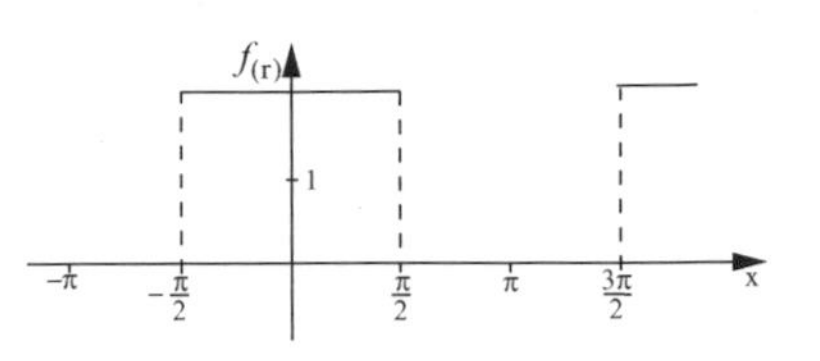

Das heißt, die Funktion ist abschnittsweise definiert. Für die Berechnung der Koeffizienten in der Übersicht (22.3) auf Seite 176 im Lehrbuch müssen wir die Integrale für jeden Abschnitt separat berechnen. Beginnen wir mit a_0:

$$a_0 = \frac{1}{\pi} \int_{-\pi}^{+\pi} f(x)dx = \ldots\ldots\ldots\ldots\ldots\ldots\ldots\ldots$$

Lösung gefunden ----------------- ▷ 15

Hilfe und Erläuterung ----------------- ▷ 14

42

Die partielle Integration ermöglicht in vielen Fällen die Integration von Produkten. Sie ist im Lehrbuch Band 1 auf Seite 149 hergeleitet und sollte gegebenenfalls dort nachgelesen werden. Erinnern wir uns: Es seien $u(t)$ und $v(t)$ zwei verschiedene Funktionen. Dann gilt für beliebige Grenzen a und b $\int_a^b u \cdot v' = [u \cdot v]_a^b - \int_a^b u' \cdot v$

In unserem Fall war das Integral 1: $\int_{-\pi}^{\pi} \frac{t}{\pi} \cos nt\, dt$

Wir setzen: $u = \frac{t}{\pi}$ $\quad v' = \cos nt$. Daraus erhalten wir

$u' = \ldots\ldots\ldots\ldots$ $\qquad v = \ldots\ldots\ldots\ldots$

----------------- ▷ 43

71

Wir berechnen jetzt das Frequenzspektrum für die Rechteckschwingung, deren Fourierreihe wir soeben in den Lehrschritten 60-64 berechneten.

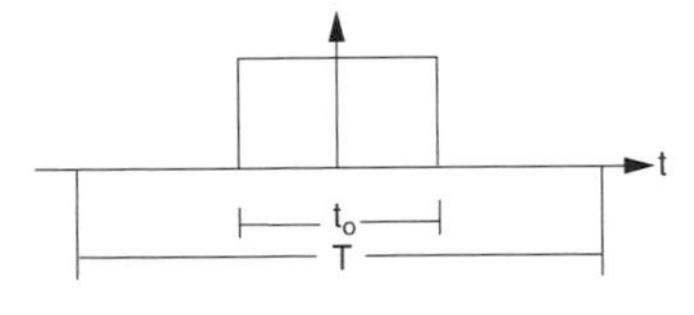

Es war: $f(t) = \frac{t_0}{T} + \sum_{n=1}^{\infty} \frac{2}{n\pi} \sin \frac{n\pi t_0}{T} \cdot \cos \frac{n2\pi t}{T}$

Berechnen Sie die a_n für $n = 1$ bis $n = 8$, für $T = 2$ und $t_0 = 1$

$a_1 = \ldots\ldots\ldots$ $\quad a_2 = \ldots\ldots\ldots$ $\quad a_3 = \ldots\ldots\ldots$ $\quad a_4 = \ldots\ldots\ldots$

$a_5 = \ldots\ldots\ldots$ $\quad a_6 = \ldots\ldots\ldots$ $\quad a_7 = \ldots\ldots\ldots$ $\quad a_8 = \ldots\ldots\ldots$

Aufgabe gelöst ----------------- ▷ 73

Hilfe erwünscht ----------------- ▷ 72

19

Kennen wir die Koordinaten eines Punktes als Funktion der Zeit, so können wir unmittelbar die Geschwindigkeit für die Koordinaten berechnen.

Berechnen Sie die Geschwindigkeit und die Beschleunigung für den schiefen Wurf nach oben (Wurfwinkel $= \alpha$).

$$\vec{r}(t) = (v_o \cdot \cos\alpha \cdot t, \quad v_o \cdot \sin\alpha \cdot t - \frac{g}{2}t^2)$$

$\vec{v}(t) = \ldots\ldots\ldots\ldots\ldots$

$a(t) = \ldots\ldots\ldots\ldots\ldots$

20

40

Senkrecht

....

Im letzten Beispiel handelte es sich um den Sonderfall radialsymmetrisches Feld, kreisförmiger Weg.

Rechnen Sie jetzt die Übungsaufgaben 16.3.1 auf Seite 77 im Lehrbuch. Die Lösungen finden Sie im Lehrbuch auf den Seiten 78 und 79.

Hinweis für Aufgabe C: Ermitteln Sie aufgrund des Kapitels 13 „Funktionen mehrerer Veränderlicher" welcher Typ eines Vektorfeldes hier vorliegt.

Dann ist die Aufgabe sofort zu lösen.

41

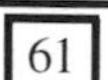
61

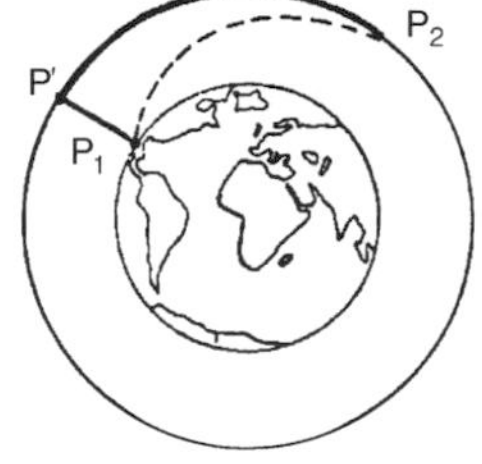

Der Wert des Integrals hängt nur von den Endpunkten P_1 und P_2 ab. Der Weg ist beliebig.
Ein geschickt gewählter Weg besteht aus zwei Teilstücken

a) einem radialen Wegstück von P_1 nach P' und
b) einem Stück auf der Kreisbahn von P' nach P_2.

Die Arbeit ist dann $W = \int\limits_{P_1}^{P'} \vec{F} \cdot \overrightarrow{ds} + \int\limits_{P'}^{P_2} \vec{F} \cdot \overrightarrow{ds}$. Hinweis: $F = m \cdot g \cdot \frac{R_1^2}{R^2}$.

Berechnen Sie nun die beiden Integrale: $W = \ldots\ldots\ldots\ldots\ldots$

Lösung  63

Weitere Hilfe erwünscht  62

12

Schwierigkeiten beim Nachvollziehen der Argumentation könnten daraus resultieren, dass Ihnen die Beziehungen der trigonometrischen Funktionen, die wir in den vorbereitenden Lehrschritten übten, noch nicht geläufig genug sind. Notfalls die Herleitungen auf separatem Zettel noch einmal anhand des Lehrbuchs rechnen!
Mit der Zusammenfassung im Lehrbuch auf Seite 176 oben wollen wir die Fourierreihe angeben für die Rechteckfunktion $f(x)$, die im Intervall von $-\pi < x < \pi$ definiert ist.

$$f(x) = \begin{cases} 0 \text{ für } & -\pi \leq x \leq -\frac{\pi}{2} \\ 2 \text{ für } & -\frac{\pi}{2} < x < +\frac{\pi}{2} \\ 0 \text{ für } & +\frac{\pi}{2} \leq x \leq +\pi \end{cases}$$

$f(x) = \ldots\ldots\ldots\ldots\ldots\ldots$

Lösung gefunden ------------▷ 21

Hilfe und Erläuterungen -------▷ 13

41

$$a_n = \frac{1}{\pi}\int_{-\pi}^{\pi}\left(\frac{t}{\pi}+1\right)\cos nt\,dt = \frac{1}{\pi}\left[\int_{-\pi}^{\pi}\frac{t}{\pi}\cos nt\,dt + \int_{-\pi}^{\pi}\cos nt\,dt\right]$$

Integral 1 Integral 2

Beide Integrale in der Klammer sind nun zu berechnen. Integral 1 kann mit Hilfe der partiellen Integration ausgewertet werden: $\int_{-\pi}^{\pi}\frac{t}{\pi}\cos nt\,dt = \ldots\ldots\ldots\ldots\ldots\ldots$

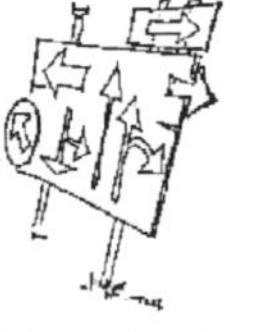

Lösung selbständig gefunden --------------------▷ 45

Erinnerung an partielle Integration gewünscht ----------▷ 42

Ausführliche Lösung --------------------▷ 44

70

22.4 Fourierreihe in spektraler Darstellung

Vermutlich völlig überflüssige Erinnerung: $\sin\frac{n2\pi}{T}t = \sin\omega t$, wobei $\omega = \frac{n2\pi}{T}$

STUDIEREN Sie 22.4 Fourierreihe in spektraler Darstellung
Lehrbuch Seite 181-182

--------------------▷ 71

20

$\vec{v}(t) = (v_0 \cos\alpha,\ v_0 \sin\alpha - gt)$
$\vec{a}(t) = (0, -g)$

Hinweis: Die Beschleunigung ist die Ableitung des Geschwindigkeitsvektors nach der Zeit. Wir mussten den Ortsvektor zweimal differenzieren.

Ein Punkt bewege sich auf einer Geraden. Die Bewegung wird beschrieben durch:

$$x = -10\,\text{cm} + 10\frac{\text{cm}}{\text{sec}} \cdot t$$
$$y = -30\frac{\text{cm}}{\text{sec}} \cdot t$$

Wie groß ist der Betrag der Geschwindigkeit des Punktes? v = ...

Lösung --------------------▷ 24

Erläuterung oder Hilfe --------------------▷ 21

41

Der Begriff des Linienintegrals hilft, bestimmte physikalische Problemstellungen zu beschreiben. Wichtig sind vor allem die besprochenen Sonderfälle.

homogenes Feld	beliebiger Weg
radialsymmetrisches Feld	radialer Weg
radialsymmetrisches Feld	kreisförmiger Weg
ringförmiges Feld	kreisförmiger Weg

Versuchen Sie immer, das Problem auf einen dieser Spezialfälle zurückzuführen.

Nun könnten Sie denken, die Mathematiker könnten das Linienintegral nur für Sonderfälle berechnen. Dem ist nicht so. Im nächsten Abschnitt wird gezeigt, dass die Berechnung des Linienintegrals im allgemeinen Fall durchgeführt werden kann.

--------------------▷ 42

62

Das zweite Integral verschwindet, denn $\vec{F}$ und $\overrightarrow{ds}$ stehen auf dem Kreisbogen von P' bis P_2 senkrecht aufeinander. $\int\limits_{P'}^{P_2} \vec{F} \cdot \overrightarrow{ds} = 0$

Um das erste Integral zu berechnen, muss man nun die Kraft einsetzen, mit der der Satellit gegen die Schwerkraft bewegt wird. Diese Kraft zeigt in radialer Richtung und hat den Betrag $F = mg\frac{R_1^2}{R^2}$

R_1 ist dabei der Erdradius, R der Abstand vom Erdmittelpunkt. Da $\vec{F}$ und $\overrightarrow{ds}$ auf dem radialen Wegstück parallel sind, gilt:

$$\int\limits_{P_1}^{P'} \vec{F} \cdot \overrightarrow{ds} = \int\limits_{R_1}^{R_2} F\,dR = \int\limits_{R_1}^{R_2} mg\frac{R_1^2}{R^2}dR$$

Also ist: $W =$ .... ----------▷ 63

11

$$\sin nx \cdot \cos mx = \frac{1}{2}\sin(n+m)x + \frac{1}{2}\sin(n-m)x$$

$$\cos nx \cdot \cos mx = \frac{1}{2}\cos(n+m)x + \frac{1}{2}\cos(n-m)x$$

$$\sin nx \cdot \sin mx = \frac{1}{2}\cos(n-m)x - \frac{1}{2}\cos(n+m)x$$

Notieren Sie sich auf einem separaten Zettel diese Ergebnisse sowie $\int_{-\pi}^{+\pi} \sin nx\, dx = \int_{-\pi}^{+\pi} \cos nx\, dx = 0$

....

Jetzt haben wir uns alle Voraussetzungen erarbeitet, um unser eigentliches Ziel zu erreichen. Lesen Sie nun sorgfältig, alle Umformungen begleitend

22.1 Entwicklung einer periodischen Funktion in eine Fourierreihe
Lehrbuch Seite 172-176

Danach ▷ 12

40

Berechnung der a_n für die gegebene Sägezahnkurve

$$f(t) = \left(\frac{t}{\pi} + 1\right) \quad \mathit{für}\ -\pi < t < \pi$$

Zu berechnen ist: $a_n = \frac{1}{\pi}\int_{-\pi}^{\pi} f(t)\cdot\cos(nt)dt$

Wir setzen $f(t)$ in das Integral ein und erinnern uns: Das Integral über eine Summe ist die Summe der Integrale.

$$a_n = \frac{1}{\pi}\int_{-\pi}^{\pi} \ldots\ldots\ldots\ldots = \frac{1}{\pi}\left[\int_{-\pi}^{\pi} \ldots\ldots\ldots\ldots + \int_{-\pi}^{\pi} \ldots\ldots\ldots\ldots\right]$$

▷ 41

69

$$b_n = \left(\frac{2}{T}\right)^2 \left[2\left(\frac{T}{2}\right)^2 \cdot \frac{1}{n\cdot\pi}(-1)^{n+1}\right] = \frac{2}{n\pi}(-1)^{n+1}$$

....

Damit wird die Fourierreihe der Kippschwingung mit der Periode T zu

$$f(t) = \sum_{n=1}^{\infty} \frac{2}{n\pi}\cdot(-1)^{n+1}\cdot\sin\left(\frac{n2\pi}{T}t\right)$$

Dies entspricht dem Ergebnis auf Seite 179 des Lehrbuchs.

▷ 70

21

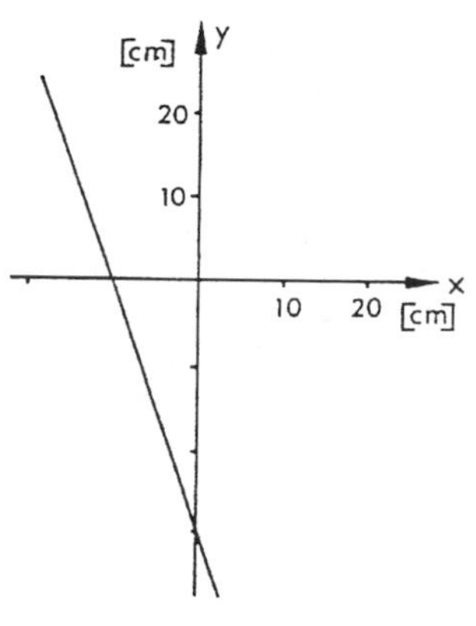

Gegeben sind die Bahngleichungen in Parameter-darstellung

$$x = -10\,\text{cm} + 10\frac{\text{cm}}{\text{sec}} \cdot t \qquad y = -30\frac{\text{cm}}{\text{sec}} \cdot t$$

Hinweis: Bei der Angabe einer Geschwindigkeit müssen auch die Maßeinheiten mitgenannt werden. Hier wird die Zeit in sec und der Weg in cm angegeben. x und y sind Längenangaben.

Kontrollieren Sie, dass dies für die beiden Gleichungen erfüllt ist.

Lehrschritt 22 steht unter Lehrschritt 1

42

Berechnung des Linienintegrals im allgemeinen Fall

Nur wenige können die Umformungen im Kopf nachvollziehen. Den meisten hilft es, auf einem Zettel mitzurechnen.

STUDIEREN SIE im Lehrbuch 16.3.2 Berechnung des Linienintegrals im allgemeinen Fall
Lehrbuch, Seite 75-76

BEARBEITEN SIE DANACH Lehrschritt

Lehrschritt 43 steht unter Lehrschritt 21

63

$$W = mg\,R_1^2 \int_{R_1}^{R_2} \frac{dR}{R^2}$$

$$W = mg\,R_1^2 \left[-\frac{1}{R}\right]_{R_1}^{R_2}$$

$$W = mg\,R_1^2 \left(\frac{1}{R_1} - \frac{1}{R_2}\right)$$

....

Sie haben das ENDE des Kapitels erreicht.

10

$$\cos(n+m)x - \cos(n-m)x = -2\cos nx \cdot \sin mx$$
$$\sin nx \cdot \sin mx = \frac{1}{2}\cos(n-m)x - \frac{1}{2}\cos(n+m)x$$

....

Damit haben wir die drei wichtigsten Beziehungen gefunden, die wir bei der Herleitung von Fourierreihen benötigen werden:

$\sin nx \cdot \cos mx =$ ....

$\cos nx \cdot \cos mx =$ ....

$\sin nx \cdot \sin mx =$ ....

--------------------▷ (11)

39

$$a_0 = \frac{1}{\pi}\left[\frac{t^2}{2\pi} + t\right]_{-\pi}^{\pi} = \frac{1}{\pi}[\pi - (-\pi)] = 2$$

....

Nun beachten wir, dass die hier zu behandelnde Kippschwingung $f(t)$ durch Koordinatenverschiebung in Richtung der y-Achse $f(t) - 1 = g(t)$ in die im Lehrbuch (Seite 179) behandelte ungerade Kippschwingung überführt werden kann, für die galt $a_n = 0$ für alle $n > 0$.
Wir können also vermuten, dass auch für $f(t)$ für alle $n > 0$ gilt $a_n = 0$.

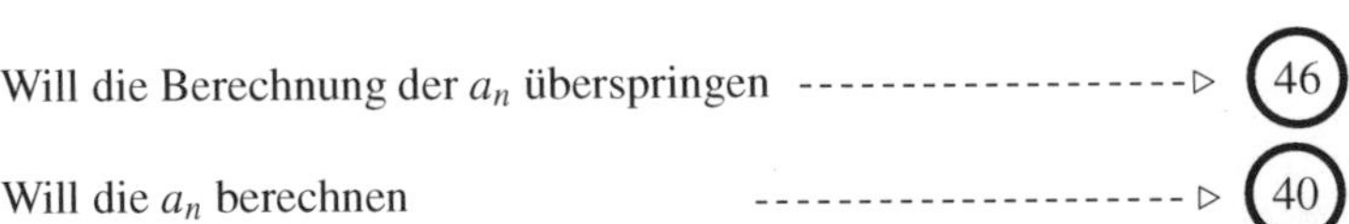

Will die Berechnung der a_n überspringen --------------------▷ (46)

Will die a_n berechnen --------------------▷ (40)

68

$$b_n = \left(\frac{2}{T}\right)^2 \left[\left[t\left(-\cos\left(\frac{n2\pi}{T}t\right)\cdot\frac{T}{n2\pi}\right)\right]_{-\frac{T}{2}}^{\frac{T}{2}} - \int_{-\frac{T}{2}}^{\frac{T}{2}} 1\cdot\left[-\cos\left(\frac{n2\pi}{T}t\right)\cdot\frac{T}{n2\pi}\right]\right]$$

....

Das verbleibende Integral ist elementar lösbar und verschwindet wegen

$$\sin\left(\frac{n2\pi}{T}\cdot\frac{T}{2}\right) = \sin(n\pi) = 0$$

$$\int_{-\frac{T}{2}}^{\frac{T}{2}} \cos\left(\frac{n2\pi}{T}t\right) = \frac{T}{n2\pi}\left[\sin\left(\frac{n2\pi}{T}t\right)\right]_{-\frac{T}{2}}^{\frac{T}{2}} = 0$$

Damit wird $b_n = \left(\frac{2}{T}\right)^2$ .... (Hinweis: $-\cos n\pi = (-1)^{n-1}$)

--------------------▷ (69)

Kapitel 17
Oberflächenintegrale

K. Weltner, *Leitprogramm Mathematik für Physiker 2*.
DOI 10.1007/978-3-642-25163-4_17

9

Zu lösen ist: $\sin nx \cdot \sin mx = \ldots\ldots\ldots\ldots\ldots\ldots$

Wir benutzen
$\cos(n+m)x = \cos nx \cdot \cos mx - \sin nx \cdot \sin mx$
$\cos(n-m)x = \cos nx \cdot \cos mx + \sin nx \cdot \sin mx$

Wir subtrahieren die Gleichungen und erhalten

$\cos(n+m)x - \cos(n-m)x = \ldots\ldots\ldots$

Damit ist die Lösung gefunden

$\sin nx \cdot \sin mx = \ldots\ldots\ldots$

▷ 10

38

Gegeben sei jetzt eine Sägezahnkurve, die eine Kippschwingung darstellt.

Hier brauchen wir nicht abschnittsweise vorzugehen. Die Funktion ist für die ganze Periode durch einen Term definiert.

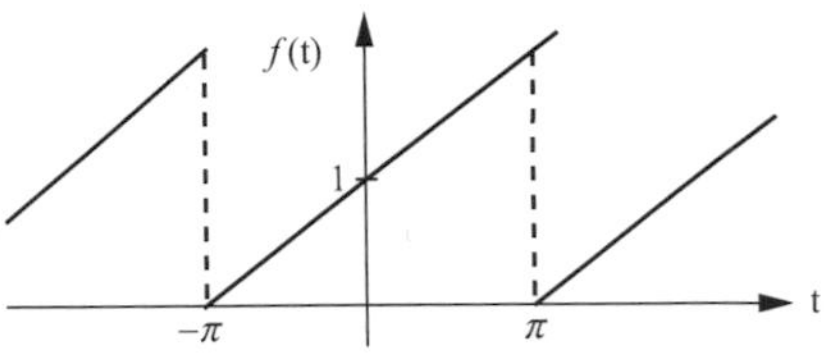

$f(t) = \left(\frac{t}{\pi} + 1\right)$ für $-\pi < t < \pi$

Berechnung von $a_0 = \frac{1}{\pi} \int_{-\pi}^{\pi} f(t)dt = \frac{1}{\pi} \int_{-\pi}^{+\pi} \left(\frac{t}{\pi} + 1\right) dt$

Dieses einfache Integral ist sofort ausgewertet zu: $a_0 = \frac{1}{\pi} \Big[\ldots\ldots\ldots\ldots\ldots\ldots \Big]_{-\pi}^{\pi}$

▷ 39

67

Zu berechnen ist: $b_n = \left(\frac{2}{T}\right)^2 \int_{-\frac{T}{2}}^{\frac{T}{2}} t \cdot \sin\left(\frac{n2\pi}{T} t\right) dt$

Erinnerung an die partielle Integration: $\int u \cdot v' = [u \cdot v] - \int u' \cdot v$

Mit $u = t$ und $v' = \sin\left(\frac{n2\pi}{T} t\right) dt$ gilt weiter $u' = 1$ und $v = -\cos \frac{n2\pi}{T} t \cdot \frac{T}{2\pi n}$

Dies brauchen Sie nur in das obige Integral einzusetzen und geduldig zu rechnen.

$$b_n = \left(\frac{2}{T}\right)^2 \left(\Big[\ldots\ldots\ldots \Big]_{-\frac{T}{2}}^{\frac{T}{2}} - \int_{-\frac{T}{2}}^{\frac{T}{2}} \Big[\ldots\ldots\ldots \Big] \right)$$

▷ 68

1

Der Vektorfluss durch eine Fläche

Dieses Kapitel setzt voraus, dass Sie das Kapitel 13 bearbeitet haben. Funktionen mehrerer Variablen, skalare Felder und Vektorfelder müssen Ihnen bekannt sein. Auch eine kurze Wiederholung des Kapitels 13 könnte für Sie nützlich sein.

STUDIEREN SIE im Lehrbuch 17.1 Der Vektorfluss durch eine Fläche
Lehrbuch, Seite 80-82

BEARBEITEN SIE DANACH Lehrschritt ----------------------▷

22

Leider falsch!

Suchen Sie sich aus dem Lehrbuch die Konvention über die Richtung der Flächenvektoren für den Fall geschlossener und nichtgeschlossener Flächen heraus und notieren Sie sich diese.

Die orientierten Flächenelemente stehen

a) senkrecht auf der Oberfläche
b) zeigen bei geschlossenen Flächen *immer* nach ....

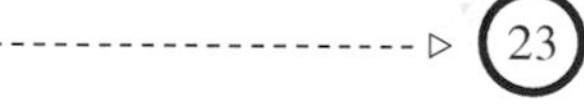

43

$$\oint \vec{F} \cdot d\vec{A} = \oint \frac{dA}{r^2} = 4\pi R^2 \cdot \frac{1}{R^2} = 4\pi$$

....

Gegeben ist ein radialsymmetrisches Kraftfeld $\vec{F}(r)$:

$$\vec{F}(r) = \frac{a}{r^3}\vec{e}_r \qquad \vec{e}_r = \frac{\vec{r}}{r}$$

Wie groß ist der Fluss des Kraftfeldes $\vec{F}(r)$ durch eine Kugelfläche, die den Abstand R vom Kraftzentrum hat (das Kraftzentrum liegt bei $r = 0$)?

Lösung gefunden ----------------------▷ 

Erläuterung oder Hilfe erwünscht ----------------------▷ 

8

$\cos nx \cdot \cos mx = \frac{1}{2}\cos(n+m)x + \frac{1}{2}\cos(n-m)x$

....

In entsprechender Weise lösen wir auch die dritte Aufgabe:

$\sin nx \cdot \sin mx = \ldots\ldots\ldots\ldots$

Hinweis: Benutzen Sie die Additionstheoreme, in denen das Produkt von Sinusfunktionen vorkommt.

Lösung gefunden --------------------▷ 10

Noch eine Hilfe nötig? --------------------▷ 9

37

Falls Sie die Beispiele im Lehrbuch und hier im Leitprogramm schrittweise ohne größere Schwierigkeiten mitgerechnet haben, können Sie die nächste Übung überspringen.

--------------------▷ 56

Falls Sie jedoch Schwierigkeiten hatten, sollten Sie besser noch die folgende Übung rechnen, bei der die Umformungen erläutert werden. ----------▷ 38

66

$f(t) = \frac{2}{T} \cdot t \quad \text{für} \quad -\frac{T}{2} < t < \frac{T}{2}$

....

Wir stellen fest: $f(t)$ ist ungerade. Also sind alle $a_n = 0$ und wir brauchen nur die b_n zu berechnen.

$$b_n = \frac{2}{T}\int_{-\frac{T}{2}}^{\frac{T}{2}} \frac{2}{T}t \cdot \sin\left(\frac{n2\pi}{T}t\right) dt = \frac{2}{T} \cdot \frac{2}{T}\int_{-\frac{T}{2}}^{\frac{T}{2}} t \sin\left(\frac{n2\pi}{T}t\right) dt$$

Das Integral wird durch partielle Integration berechnet: $b_n = \ldots\ldots\ldots\ldots\ldots\ldots\ldots\ldots$

Lösung gefunden --------------------▷ 68

Hilfe und Erläuterung erwünscht --------------------▷ 67

2

In Abschnitt 17.1 wurden mehrere neue Begriffe definiert.
Welche waren es? An vier von ihnen sollten Sie sich erinnern. Schreiben Sie sie auf:

1. ....

2. ....

3. ....

4. ....

3

23

außen

Dies war die Konvention: Die Richtung der orientierten Flächenelemente steht senkrecht zum Flächenelement und zeigt bei geschlosssenen Flächen nach außen.

Kurze
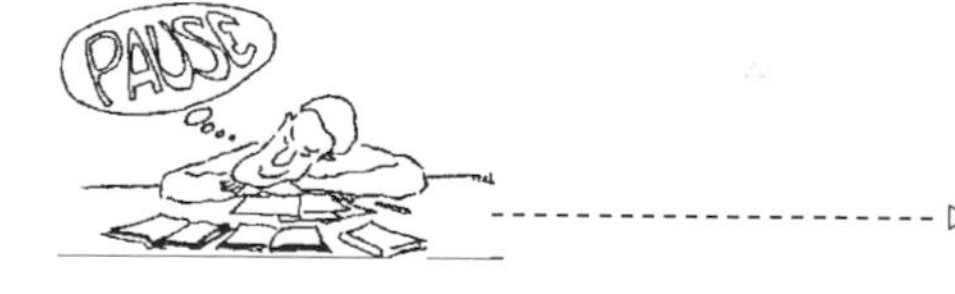

24

44

Das Kraftfeld ist $F(r) = \frac{a}{r^3} \cdot \vec{e}_r$ mit $\vec{e}_r = \frac{\vec{r}}{r}$

Gesucht $\oint \vec{F} d\vec{A}$

1. Hinweis: Es handelt sich um ein radialsymmetrisches Feld der Form $\vec{F} = f(r) \cdot \vec{e}_r$.
2. Hinweis: $\oint \vec{F} d\vec{A}$ für den obigen Fall ist allgemein gegeben auf Seite 87 des Lehrbuches.

$\oint \vec{F} \cdot d\vec{A} =$ ....

----------------------▷ 45

7

Die zweite Aufgabe war:
$\cos nx \cdot \cos mx = \ldots\ldots\ldots\ldots\ldots\ldots\ldots\ldots$

Wir benutzen diesmal die Additionstheoreme, in denen Produkte von cos-Funktionen vorkommen.

$\cos(n+m)x = \cos nx \cdot \cos mx - \sin nx \cdot \sin mx$
$\cos(n-m)x = \cos nx \cdot \cos mx + \sin nx \cdot \sin mx$

Wir addieren beide Zeilen und erhalten:

$\cos(n+m)x + \cos(n-m)x = \ldots\ldots\ldots\ldots$

Damit ist die Lösung gefunden:

$\cos nx \cdot \cos mx = \ldots\ldots\ldots\ldots\ldots\ldots\ldots\ldots$

---------------------▷ (8)

36

Überlagerung von zwei Gliedern

Überlagerung von drei Gliedern

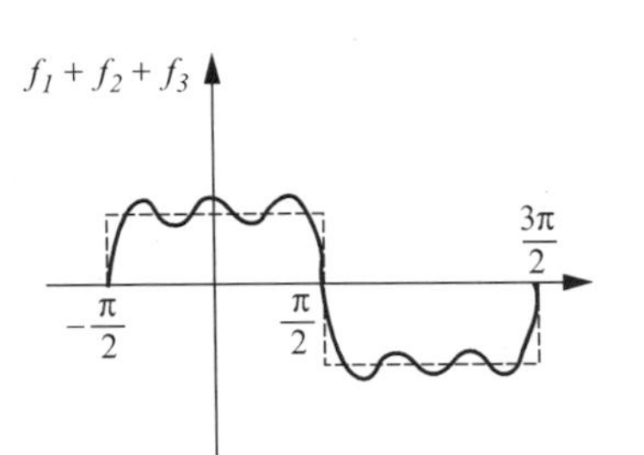

Man kann gut erkennen, wie sich die Rechteckschwingung schrittweise aufbaut.

---------------------▷ (37)

65

Wir betrachten das im Lehrbuch, Seite 179, bereits für die Periode 2π berechnete Beispiel der Kippschwingung nunmehr für die beliebige Periode T.

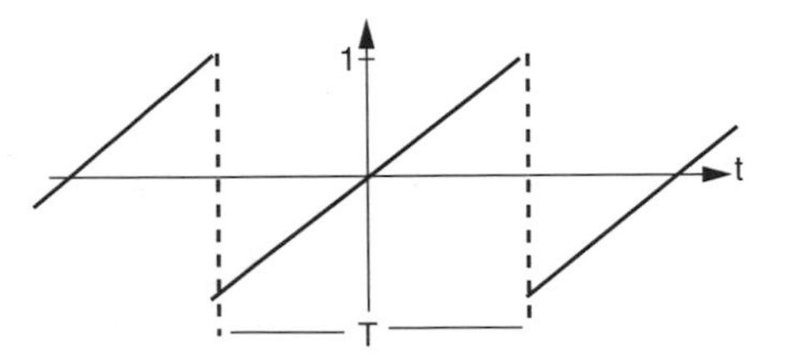

Diese Kippschwingung ist definiert durch $f(t) = \ldots\ldots\ldots\ldots$

Hinweis: Für $t = \frac{T}{2}$ wird $f(t) = 1$.

---------------------▷ (66)

3

Stromdichte $\vec{j}$

Strom I

Vektorielles Flächenelelement $\vec{A}$

Fluss eines homogenen Vektorfeldes $\vec{F}$ durch eine Fläche $\vec{A}$.

Versuchen Sie zunächst aus dem Gedächtnis, dann anhand Ihres Exzerptes die Bedeutungen und Definitionen sinngemäß zu reproduzieren.

Schreiben Sie Bedeutungen und Definitionen auf einen Zettel und bearbeiten Sie erst dann

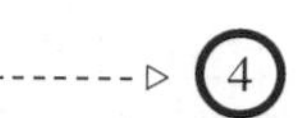

24

Berechnung des Oberflächenintegrals für Spezialfälle
Der Fluss eines homogenen Feldes durch einen Quader

STUDIEREN SIE im Lehrbuch 17.3.1 Der Fluss eines homogenen Feldes durch einen Quader
Lehrbuch, Seite 85-86

BEARBEITEN SIE DANACH Lehrschritt

45

$$\oint \frac{a}{r^3}\vec{e}_r d\vec{A} = \oint f(r)\vec{e}_r \, d\vec{A} = 4\pi \, R^2 \cdot f(R) = 4\pi R^2 \cdot \frac{a}{R^3} = \frac{4\pi a}{R}$$

46

6

$\sin(n+m)x + \sin(n-m)x = 2\sin nx \cdot \cos mx$

Daraus folgt bereits die Lösung der ersten Aufgabe:

$\sin nx \cdot \cos mx = \frac{1}{2}\sin(n+m)x + \frac{1}{2}\sin(n-m)x$

In der entsprechenden Weise können Sie nun die zweite Aufgabe lösen:

$\cos nx \cdot \cos mx = \ldots\ldots\ldots\ldots\ldots\ldots$

Lösung gefunden ----▷ 8

Weitere Hilfe erwünscht ----▷ 7

35

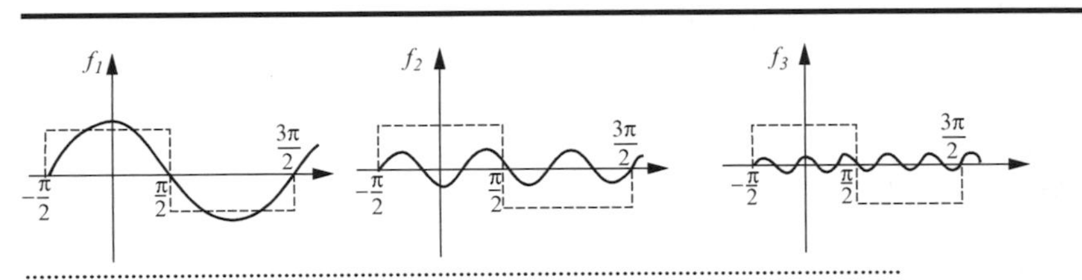

Zeichnen Sie die Summe, also die Überlagerung, der zwei ersten Glieder $f_1 + f_2$ und danach die der drei Glieder $f_1 + f_2 + f_3$

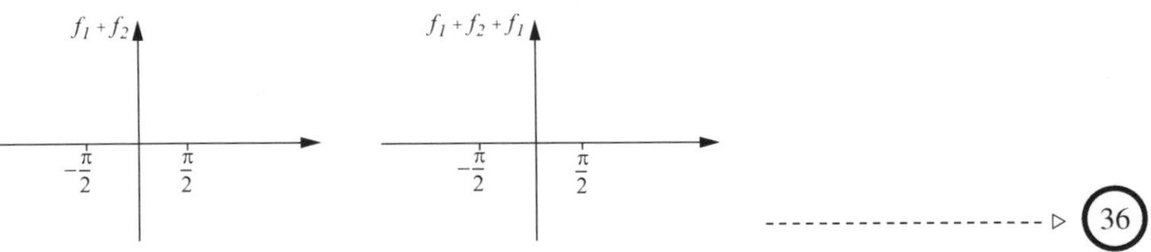

----▷ 36

64

$$f(t) = \frac{t_0}{T} + \sum_{n=1}^{\infty} \frac{2}{n\pi} \sin \frac{n\pi \cdot t_0}{T} \cdot \cos \frac{n2\pi \cdot t}{T}$$

Noch eine Übung erwünscht 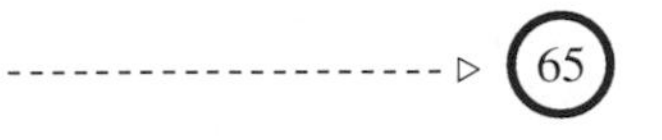 65

Weiter  70

4

Stromdichte j: Der Betrag von j gibt die durch eine Querschnittsfläche A hindurchfließende Menge pro Zeiteinheit und Querschnittsfläche an:

$$j = \frac{Menge}{Zeit \times Querschnittsfläche}$$

Strom I: Er ist die durch einen Querschnitt hindurchfließende Menge pro Zeit.

Vektorielles Flächenelement: $\vec{A}$ ist ein Vektor, der senkrecht auf der Fläche steht und dessen Betrag gleich dem Flächeninhalt $\vec{A}$ ist.

Fluss eines homogenen Vektorfeldes $\vec{F}$ durch eine Fläche $\vec{A}$ ist gegeben durch $\vec{F} \cdot \vec{A}$.

25

Entscheiden Sie bei den folgenden Vektorfeldern, ob sie homogen oder inhomogen sind. Falls Sie die Definition des homogenen Vektorfeldes nicht sicher erinnern, wiederholen Sie die Definition, indem Sie im Register die Seitenzahlen ermitteln und nachlesen.

	homogenes Vektorfeld ja	nein
1. $\vec{F} = \frac{(x,y,z)}{x^2+y^2+z^2}$	☐	☐
2. $\vec{F} = (1,0,x)$	☐	☐
3. $\vec{F} = (y,z,x)$	☐	☐
4. $\vec{F} = (6,3,5)$	☐	☐
5. $\vec{F} = (2,0,0)$	☐	☐

46

Die Berechnung des Oberflächenintegrals im allgemeinen Fall

Im Abschnitt 17.4 wird beschrieben, wie das Oberflächenintegral im allgemeinen Fall berechnet wird. Dieser Abschnitt ist etwas formal und schwieriger. Dennoch lohnt es sich, den Abschnitt zu bearbeiten, wenn Sie nicht gerade unter Zeitdruck stehen oder mit dem Lehrstoff große Schwierigkeiten haben. Aber entscheiden Sie selbst.

Möchte den Abschnitt 17.4 überschlagen und sofort weitergehen --------------------▷ 54

Möchte den Abschnitt 17.4 studieren. Dann

STUDIEREN SIE im Lehrbuch 17.4 Die Berechnung des Oberflächenintegrals im allgemeinen Fall
Lehrbuch, Seite 88-91

BEARBEITEN SIE DANACH Lehrschritt

5

Wir beginnen mit der ersten Aufgabe:
$\sin nx \cdot \cos mx = \ldots\ldots\ldots\ldots\ldots\ldots\ldots\ldots$

Wir benutzen die Additionstheoreme

$$\sin(n+m)x = \sin nx \cdot \cos mx + \sin mx \cdot \cos nx$$

$$\sin(n-m)x = \sin nx \cdot \cos mx - \sin mx \cdot \cos nx$$

Addieren wir beide Zeilen, so erhalten wir:

$\sin(n+m)x + \sin(n-m)x = \ldots\ldots\ldots\ldots\ldots\ldots$

- - - - - - - - - - ▷ (6)

34

$$f(t) \approx \frac{2}{\pi}\left[\frac{2}{1}\sin t + \frac{2}{3}\sin 3t + \frac{2}{5}\sin 5t\right]$$

....

Skizzieren Sie diese drei Glieder:

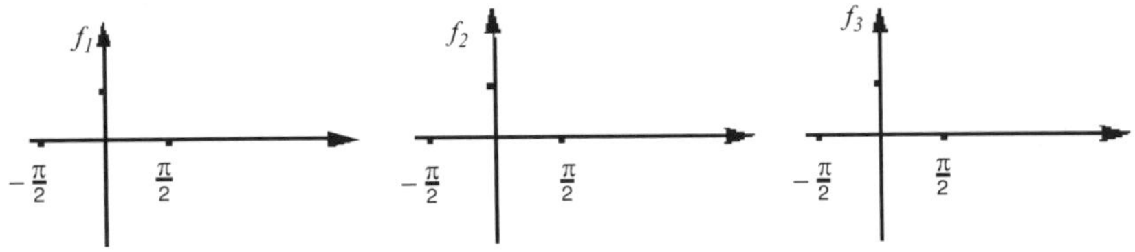

- - - - - - - - - - ▷ (35)

63

$$a_n = \frac{2}{T} \cdot \frac{T}{n2\pi} \cdot 2\sin\frac{n\pi \cdot t_0}{T} = \frac{2}{n\pi}\sin\frac{n\pi \cdot t_0}{T}$$

....

Mit $a_0 = \frac{2t_0}{T}$ wird nun die Fourierreihe für das Rechtecksignal der Dauer t_0 und der Periode T zu

$f(t) = \ldots\ldots\ldots\ldots\ldots\ldots\ldots\ldots$

- - - - - - - - - - ▷ (64)

5

Gesucht ist der Fluss eines Vektorfeldes durch eine ebene quadratische Fläche mit dem Flächeninhalt A. Die Fläche $\vec{A}$ liege in der y-z-Ebene. Die Flüssigkeitsströmung treffe in einem Winkel β, $\beta < \frac{\pi}{2}$, auf die Fläche.

Der überall konstante Stromdichtevektor sei $\vec{j} = (-j_x, j_y, 0)$

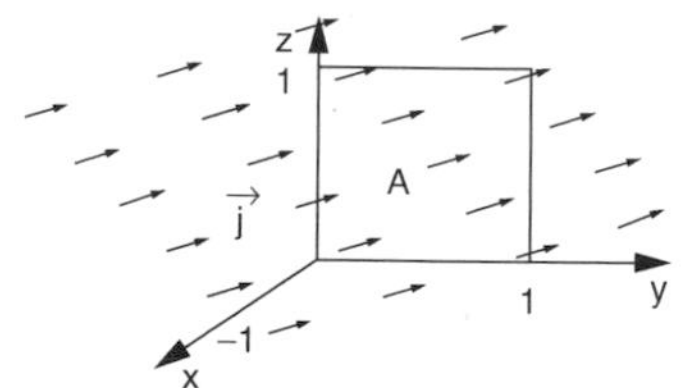

Wir zerlegen die komplexe Aufgabe in Teilaufgaben.

1. Wir bestimmen zuerst $\vec{A}$ mit $|\vec{A}| = A$
2. Wir berechnen den Fluss $\vec{j} \cdot \vec{A}$.

Der Fluss beträgt $I = \ldots\ldots\ldots\ldots$

Lösung gefunden ----▷ 11

Erläuterung oder Hilfe erwünscht ----▷ 6

26

	F homogen: ja	nein
1.	☐	☒
2.	☐	☒
3.	☐	☒
4.	☒	☐
5.	☒	☐

keine Fehler gemacht ----▷ 30

Fehler gemacht ----▷ 27

47

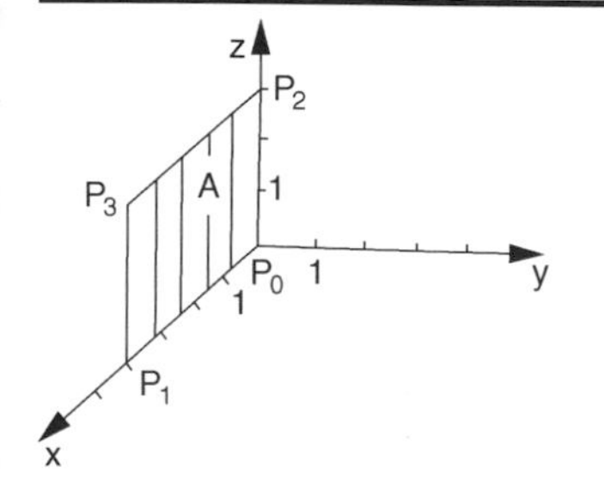

Eine rechteckige Fläche A sei gegeben durch die Punkte $P_0 = (0,\ 0,\ 0)$, $P_1 = (4,\ 0,\ 0)$ und $P_3 = (4,\ 0,\ 3)$.
Das nichthomogene Vektorfeld sei gegeben durch $\vec{F} = (0,\ 2x,\ 0)$.

Berechnen Sie $\int\limits_A \vec{F}\, d\vec{A} = \ldots\ldots\ldots\ldots$

Lösung gefunden ----▷ 53

Erläuterung oder Hilfe erwünscht ----▷ 48

4

$\sin(n+m)x = \sin nx \cdot \cos mx + \sin mx \cdot \cos nx$

$\sin(n-m)x = \sin nx \cdot \cos mx - \sin mx \cdot \cos nx$

$\cos(n+m)x = \cos nx \cdot \cos mx - \sin nx \cdot \sin mx$

$\cos(n-m)x = \cos nx \cdot \cos mx + \sin nx \cdot \sin mx$

....

Mit Hilfe der obigen Additionstheoreme lassen sich folgende Beziehungen herleiten, die wir mehrfach benutzen werden. Diese Aufgaben sind etwas mühselig aber lösbar.

$\sin nx \cdot \cos mx =$ ....

$\cos nx \cdot \cos mx =$ ....

$\sin nx \cdot \sin mx =$ ....

Lösungen gefunden ---------------------▷ 11

Hilfe bei der Herleitung ---------------------▷ 5

33

$$f(t) = \sum_{n=1}^{\infty} \frac{2}{n\pi}(1-\cos(n\pi)) \cdot \sin(nt)$$

....

Schreiben Sie die Reihe ausführlich für die ersten drei Glieder auf
und beachten Sie: $\cos n\pi = (-1)^n$

$f(t) \approx \frac{2}{\pi}$ [...]

---------------------▷ 34

62

Zu berechnen ist $a_n = \frac{2}{T} \int\limits_{-\frac{t_0}{2}}^{\frac{t_0}{2}} f(t) \cdot \cos\left(\frac{2\pi n}{T} t\right) dt$

Wir haben für den mittleren Abschnitt $f(t) = 1$ für $-\frac{t_0}{2} < t < \frac{t_0}{2}$

Wir erinnern uns: $\int\limits_{-\frac{t_0}{2}}^{\frac{t_0}{2}} \cos\left(\frac{2\pi n}{T} t\right) dt = \left[\frac{T}{2\pi n} \cdot \sin \frac{2\pi n \cdot t}{T}\right]_{-\frac{t_0}{2}}^{\frac{t_0}{2}}$

Jetzt können wir einsetzen und die Grenzen beachten:

$a_n =$ ....

---------------------▷ 63

6

Beginnen wir mit der Bestimmung des vektoriellen Flächenelementes $\vec{A}$.

Wir beachten, dass die quadratische Fläche in der z-y-Ebene liegt. Also hat $\vec{A}$ die Richtung der x-Achse.

$$\vec{A} = A(+1,0,0) \quad \text{oder} \quad \vec{A} = A(-1,0,0)$$

Die Richtung von $\vec{A}$ legen wir so fest, dass sie mit j einen Winkel einschließt, der kleiner ist als $\frac{\pi}{2}$.

Also gilt für $\vec{A}$: $\vec{A} = \ldots\ldots\ldots\ldots\ldots$

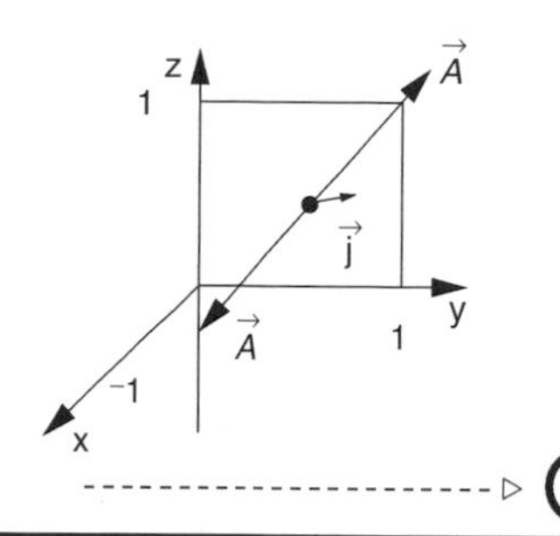

----------------------▷ 7

27

Es ist in diesem Fall zweckmäßig, den Abschnitt über *homogene Vektorfelder* zu wiederholen. Die Aufgaben war nur mit Verständnis zu lösen. Rechenfehler sind nicht gut möglich.

1. Im Register das Stichwort *homogene Vektorfelder* suchen (Vektorfelder, homogene)
2. Nachlesen und danach ankreuzen.

	homogen	nicht homogen
1. $\vec{F} = \dfrac{(1,2,3)}{x^2+y^2+z^2}$	☐	☐
2. $\vec{F} = (\frac{1}{x}, \frac{1}{y}, \frac{1}{z})$	☐	☐
3. $\vec{F} = (1,0,0)$	☐	☐
4. $\vec{F} = (x,0,0)$	☐	☐
5. $\vec{F} = (1,1,1)$	☐	☐

----------------------▷ 28

48

Hier handelt es sich um ein inhomogenes Feld, das – und damit wird die Sache einfacher – nur eine Komponente in y-Richtung hat. Das Feld ändert sich in x-Richtung wegen $\vec{F} = (0, 2x, 0)$.

Um $I = \int\limits_A \vec{F}\, d\vec{A}$ zu erhalten, gehen wir systematisch vor und bestimmen $\vec{\mathrm{F}}$ und $d\vec{A}$

$\vec{\mathrm{F}} = \ldots\ldots\ldots\ldots\ldots$

$d\vec{A} = \ldots\ldots\ldots\ldots\ldots$

$\mathrm{I} = \ldots\ldots\ldots\ldots\ldots$

Hilfe und Erläuterung 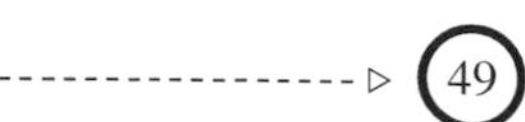 49

Lösung ----------------------▷  51

3

$$\int_{-\pi}^{+\pi} \sin nx\,dx = 0 \qquad \int_{-\pi}^{+\pi} \cos nx\,dx = 0$$

....

Erinnerung an die Additionstheoreme.
Im Zweifel nachsehen im Lehrbuch Band 1, Seite 77.

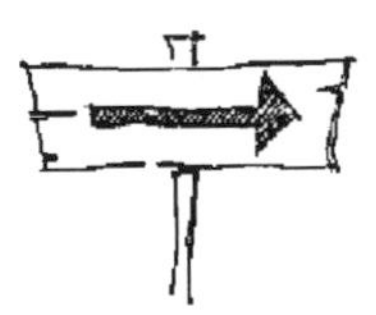

$\sin(n+m)x = \ldots\ldots$

$\sin(n-m)x = \ldots\ldots$

$\cos(n+m)x = \ldots\ldots$

$\cos(n-m)x = \ldots\ldots$

- - - - - ▷ 4

32

$$b_n = \frac{1}{\pi}\left[(-1)\cdot\left(-\frac{\cos 0}{n}\right) - (-1)\cdot\left(-\frac{\cos(-n\pi)}{n}\right)\right] + \frac{1}{\pi}\left[\left(-\frac{\cos n\pi}{n}\right) - \left(-\frac{\cos 0}{n}\right)\right]$$

$$= \frac{1}{n\pi}[1 - \cos(-n\pi) + 1 - \cos(n\pi)]$$

$$b_n = \frac{2}{n\pi}[1 - \cos n\pi]$$

....

Geben Sie nun an: $f(t) = \sum_{n=1}^{\infty} \ldots\ldots$

- - - - - ▷ 33

61

$$a_0 = \frac{2}{T}\int_{-\frac{t_0}{2}}^{\frac{t_0}{2}} f(t)dt = 2\frac{t_0}{T}$$

....

Jetzt berechnen wir die weiteren a_n:

$$a_n = \frac{2}{T}\int_{-\frac{t_0}{2}}^{\frac{t_0}{2}} f(t)\cdot\cos\left(\frac{2\pi n}{T}t\right)dt = \ldots\ldots$$

Aufgabe gelöst - - - - - ▷ 63

Hilfe erwünscht - - - - - ▷ 62

7

$\vec{A} = A(-1, 0, 0)$

Alles klar ▷ 9

Weitere Erläuterung ▷ 8

28

	homogen	nicht homogen
1.	☐	☒
2.	☐	☒
3.	☒	☐
4.	☐	☒
5.	☒	☐

Alles richtig ▷ 30

Noch Fehler gemacht ▷ 29

49

Die Teilaufgabe war, $\vec{F}$ und $d\vec{A}$ zu bestimmen für den Ausdruck $I = \int_A \vec{F}\, d\vec{A}$

Schwierigkeiten kann es geben bei der Bestimmung von $d\vec{A}$. Die Fläche A liegt in der x-z-Ebene und das vektorielle Flächenelement zeigt demzufolge in die y-Richtung.

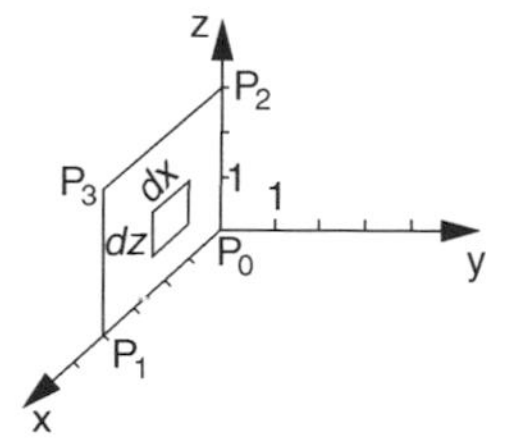

Ein differentielles Flächenelement ist für kartesische Koordinaten hier gegeben durch $|d\vec{A}| = dx \cdot dz$.
Vektoriell geschrieben erhalten wir dann ein vektorielles Flächenelement in y-Richtung mit dem Betrag $dx\, dz$ also:
$d\vec{A} = (\ldots\ldots\ldots)$

$\vec{F}$ ist bereits in der Aufgabe gegeben worden zu $\vec{F} = (0, 2x, 0)$ ▷ 50

2

Im Folgenden werden mehrfach die Additionstheoreme trigonometrischer Funktionen benutzt.

Das Verständnis der Argumentationen wird für Sie erheblich leichter, wenn Sie einige der in den Kapiteln 3, 5 und 8 des Lehrbuchs Band 1 bereits behandelten Beziehungen zur Vorbereitung rekapitulieren.

Geben Sie an:

$$\int_{-\pi}^{+\pi} \sin nx\, dx = \ldots\ldots\ldots\ldots$$

$$\int_{-\pi}^{+\pi} \cos nx\, dx = \ldots\ldots\ldots\ldots$$

▷ 3

31

$$b_n = \frac{1}{\pi}\int_{-\pi}^{0} (-1)\cdot \sin(nt)dt + \frac{1}{\pi}\int_{0}^{\pi} \sin(nt)dt$$

....

Lösen Sie nun die Integrale auf und beachten Sie die Integrationsgrenzen.

$b_n = \ldots\ldots\ldots\ldots\ldots\ldots\ldots\ldots\ldots\ldots\ldots\ldots\ldots\ldots\ldots\ldots\ldots\ldots\ldots\ldots$

▷ 32

60

Berechnen Sie die Fourierreihe für eine Rechteckfunktion, die hier als zeitlich aufgefasst werden soll. Die Funktion stellt dann einen Rechteckimpuls der Dauer t_0 dar, der sich mit der Periode T wiederholt.

$$f(t) = \begin{cases} 0 \quad \textit{für} \quad -\frac{T}{2} \leq t \leq -\frac{t_0}{2} \\ 1 \quad \textit{für} \quad -\frac{t_0}{2} \leq t \leq -\frac{t_0}{2} \\ 0 \quad \textit{für} \quad \frac{t_0}{2} \leq t \leq -\frac{T}{2} \end{cases}$$

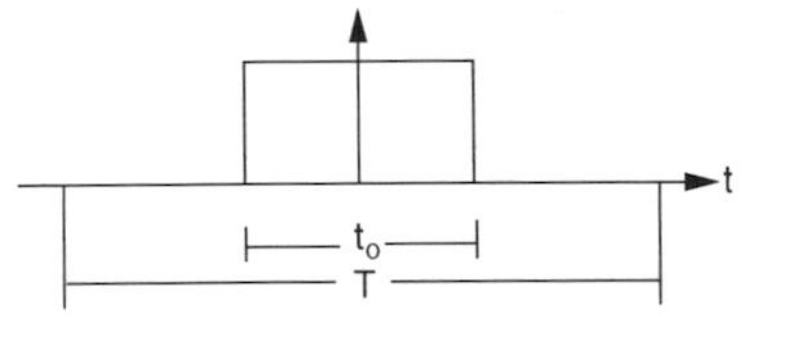

Weil es sich um eine gerade Funktion handelt, sind alle $b_n = 0$

Wir müssen abschnittsweise vorgehen. Da $f(t) = 0$ für den ersten und den dritten Abschnitt, brauchen wir nur die Integrale für den mittleren Abschnitt zu berechnen:

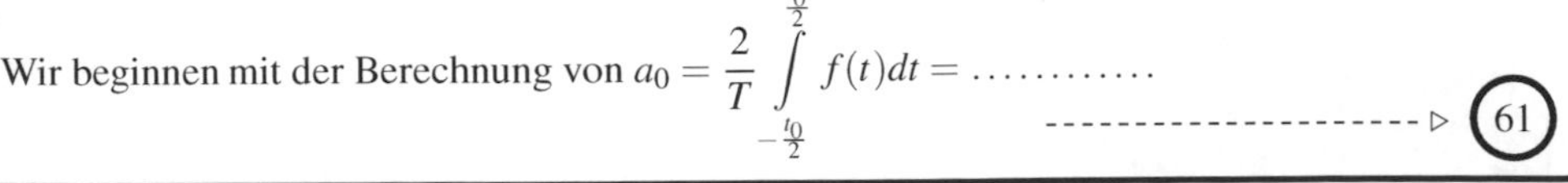

Wir beginnen mit der Berechnung von $a_0 = \frac{2}{T}\int_{-\frac{t_0}{2}}^{\frac{t_0}{2}} f(t)dt = \ldots\ldots\ldots\ldots$

▷ 61

8

Die Fläche liegt in der z-y-Ebene. Die gerichtete Fläche $\vec{A}$ hat nur eine Komponente in x-Richtung. Dafür gibt es zwei Möglichkeiten: $\vec{A} = A(1, 0, 0)$ oder $\vec{A} = A(-1, 0, 0)$. Weiter müssen wir die Konvention berücksichtigen, dass $\vec{A}$ mit $\vec{j}$ bis auf einen Winkel übereinstimmt, der kleiner ist als $\frac{\pi}{2}$.

In unserer Aufgabe ist die x-Komponente von $\vec{j}$ negativ. Also zeigt auch $\vec{A}$ in Richtung der negativen x-Achse.
Also gilt $A = (-1, 0, 0)$

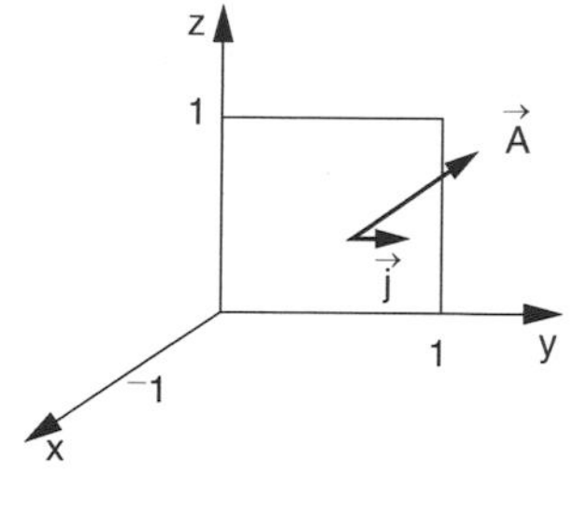

▷ 9

29

Haben Sie wirklich über das Register das Stichwort *Vektorfelder, homogene* gesucht und nachgesehen?

Aber wie auch immer – jetzt ist es wirklich notwendig, die Aufgaben in Lehrschritt 25 und 27 anhand des Lehrbuchabschnittes über homogene Vektorfelder, zu lösen.

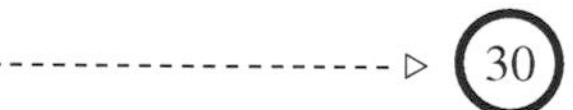

50

$d\vec{A} = (0, dxdz, 0)$
$\vec{F} = (0, 2x, 0)$

Zu bestimmen war der Strom $I = \int_A \vec{F}\, d\vec{A}$.

Setzen Sie ein und rechnen Sie unter dem Integral das Skalarprodukt aus

$$I = \int_A \vec{F}\, d\vec{A} = \int_A (0, 2x, 0) \cdot (0, dxdz, 0) = \int_A \ldots\ldots\ldots\ldots$$

▷ 51

1

22.1 Entwicklung einer periodischen Funktion in eine Fourierreihe

In diesem Abschnitt zeigen wir, dass jede periodische Funktion als Summe von trigonometrischen Funktionen dargestellt werden kann.

Für die Physik ist dies sehr bedeutsam.
Zum Beispiel hängen bei der Übertragung von periodischen Signalen durch technische Systeme die Übertragungseigenschaften einer trigonometrischen Funktion von der Frequenz ab. Kennt man diese, so kann man daraus auf die Übertragungseigenschaften und gegebenenfalls Verformungen des Ausgangssignals schließen.

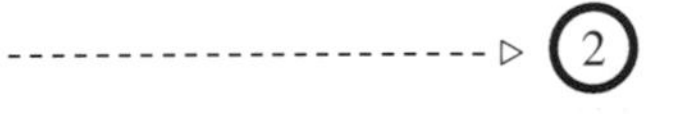

30

$$a_0 = \frac{1}{\pi}\int_{-\pi}^{0}(-1)\cdot dt + \frac{1}{\pi}\int_{0}^{\pi}(1)\cdot dt = -1+1 = 0$$

Berechnen Sie nun die b_n für unsere Rechteckfunktion $f(t) = \begin{cases} -1 & für \quad -\pi < t < 0 \\ +1 & für \quad 0 < t < \pi \end{cases}$

Schreiben Sie abschnittsweise:

$$b_n = \frac{1}{\pi}\int_{-\pi}^{\pi} f(t)\cdot \sin nt\, dt = \ldots\ldots\ldots\ldots\ldots\ldots$$

- - - - - - - - - - ▷ 31

59

Für $t = T$ wird $x = 2\pi$.

$$a_n = \frac{1}{\pi}\int_{-\pi}^{\pi} f(x)\cos nx dx = \frac{1}{\pi}\int_{-\frac{T}{2}}^{\frac{T}{2}} f(t)\cdot\cos\left(\frac{n2\pi}{T}t\right)\cdot\frac{2\pi}{T}dt = \frac{2}{T}\int_{-\frac{T}{2}}^{\frac{T}{2}} f(t)\cdot\cos\left(\frac{n2\pi}{T}t\right)dt$$

9

Wir hatten den Flächenvektor $\vec{A}$ bestimmt:

$$\vec{A} = A(-1,0,0)$$

Jetzt können wir den Fluss I von $\vec{j}$ durch die Fläche $\vec{A}$ bestimmen.

$$\vec{j} = (-j_x,\ j_y,\ 0)$$
$$I = \vec{j} \cdot \vec{A} = \ldots\ldots\ldots\ldots\ldots$$

Lösung gefunden --------------------- ▷ (11)

Erläuterung oder Hilfe erwünscht --------------------- ▷ (10)

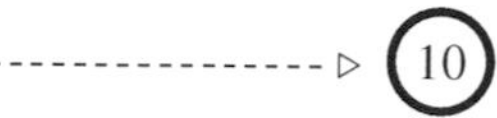

30

Sehr gut so!

Wie groß ist der Fluss des Feldes $\vec{F}(x,y,z) = (1,\ 4,\ 3)$ durch einen Quader, dessen Seitenkanten parallel an den Koordinatenachsen liegen?

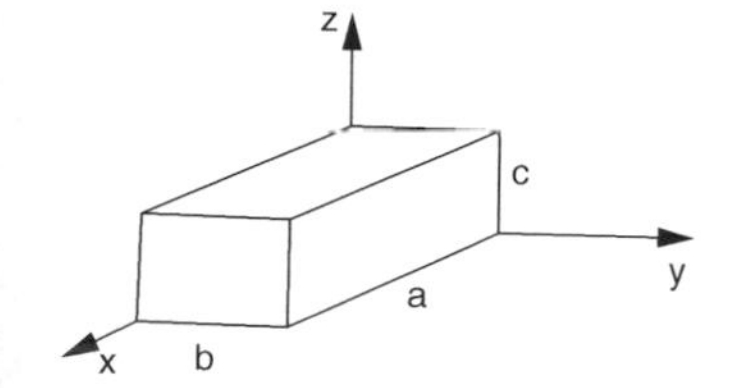

Fluss I des Vektorfeldes $\vec{F}$ durch den Quader:
$I = \ldots\ldots\ldots\ldots\ldots$

Lösung --------------------- ▷ (32)

Hilfe und Erläuterung --------------------- ▷ (31)

51

$$\int_A \vec{F}\, d\vec{A} = \int_A 2x\, dx\, dz$$

Es handelt sich hier um ein für die Fläche A auszuführendes Integral. Es ist korrekt geschrieben ein Doppelintegral. Setzen Sie die Grenzen ein, die durch unsere Fläche A gegeben sind.

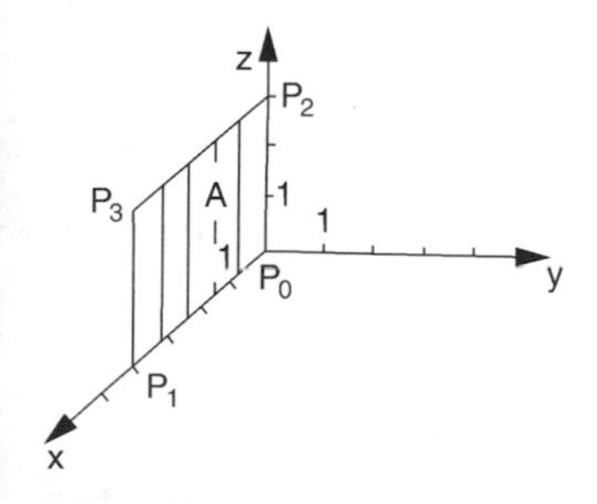

$$\int_A 2x\, dx\, dz = \int_{x=\ldots}^{\ldots} \int_{z=\ldots}^{\ldots} 2x\, dx\, dz$$

--------------------- ▷ (52)

Kapitel 22
Fourierreihen

K. Weltner, *Leitprogramm Mathematik für Physiker 2*.
DOI 10.1007/978-3-642-25163-4_22

10

Das Skalarprodukt zweier Vektoren $\vec{a} = (a_x,\ a_y,\ a_z)$ und $\vec{b} = (b_x,\ b_y,\ b_z)$ ist definiert durch

$$\vec{a} \cdot \vec{b} = a_x b_x + a_y b_y + a_z b_z$$

Damit wird

$$\vec{j} \cdot \vec{A} = (-j_x,\ j_y,\ 0) \cdot (-A,\ 0,\ 0) = \ldots\ldots\ldots\ldots$$

11

31

Hinweis: $\vec{F} = (1,\ 4,\ 3)$ Dies ist ein homogenes Vektorfeld und damit gilt die Regel 17.7 auf Seite 86 des Lehrbuches.

Wie groß ist der Fluss des Feldes $\vec{F}(x,y,z) = (1,\ 4,\ 3)$ durch einen Quader, dessen Seitenkanten parallel an den Koordinatenachsen liegen?

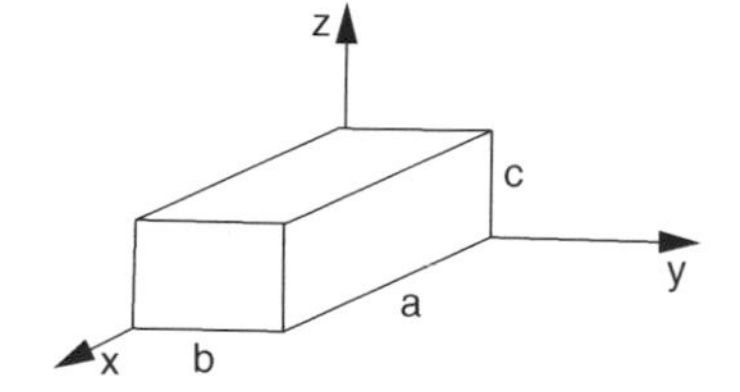

$I = \ldots\ldots\ldots\ldots$

--------------------▷ 32

52

$$\int_A 2x\,dx\,dz = \int_{x=0}^{4} \int_{z=0}^{3} 2x\,dx\,dz$$

Das Doppelintegral können Sie lösen. Sie haben dies in Kapitel 15 in Abschnitt 15.6 gelernt. Notfalls dort nachsehen.

$$I = \int_A 2x\,dx\,dz = \int_{x=0}^{4} \int_{z=0}^{3} 2x\,dx\,dz = \ldots\ldots\ldots\ldots$$

--------------------▷ 53

17

Ja

$x_2 = \frac{1}{2}y_2$ oder $2x_2 = y_2$

$$\vec{r}_{21} = \begin{pmatrix} 1 \\ 2 \end{pmatrix}$$

Geben Sie insgesamt drei gleichwertigen Eigenvektoren zu $\vec{r}_{21}$ an

$$\vec{r}_{21} = \begin{pmatrix} 1 \\ 2 \end{pmatrix} \qquad \vec{r}_{22} = \begin{pmatrix} \\ \dots \end{pmatrix} \qquad \vec{r}_{23} = \begin{pmatrix} \\ \dots \end{pmatrix}$$

Lehrschritt 18 steht unterhalb Lehrschritt 1 --------------------▷ (18)

34

$$\vec{r}_{11} = \begin{pmatrix} 0{,}001 \\ 0{,}001 \\ 0 \end{pmatrix}$$

Zeigen Sie nun, dass $\vec{r}_1 = \begin{pmatrix} 1 \\ 1 \\ 0 \end{pmatrix}$ in der Tat ein Eigenvektor ist für $A = \begin{pmatrix} -1 & -1 & 2 \\ -1 & -1 & -2 \\ 2 & -2 & -2 \end{pmatrix}$

Es muss gelten für $\lambda_1 = -2$

$$A \cdot \vec{r}_1 = \lambda_1 \vec{r}_1 = -2\vec{r}_1 = \begin{pmatrix} -2 \\ -2 \\ 0 \end{pmatrix} \qquad \dots\dots\dots\dots = \begin{pmatrix} -2 \\ -2 \\ 0 \end{pmatrix}$$

Lehrschritt 35 steht unterhalb Lehrschritt 18 --------------------▷ (35)

51

Nein. $A = \begin{pmatrix} 0 & 1 \\ -1 & 0 \end{pmatrix}$ ist eine Drehmatrix.

Die charakteristische Gleichung ist $\lambda^2 + 1 = 0$. λ ist nicht reell sondern imaginär.

....

Sie haben das Ende des Kapitels „Eigenwerte und Eigenvektoren“ erfolgreich erreicht.

11

$I = j_x \cdot A$

Die Begriffe
„vektorielles Flächenelement",
„Flächenvektor",
„orientierte Fläche"
sind gleichbedeutend. Geben Sie die Flächenvektoren zu den vier Flächen an. Flächeninhalt A.

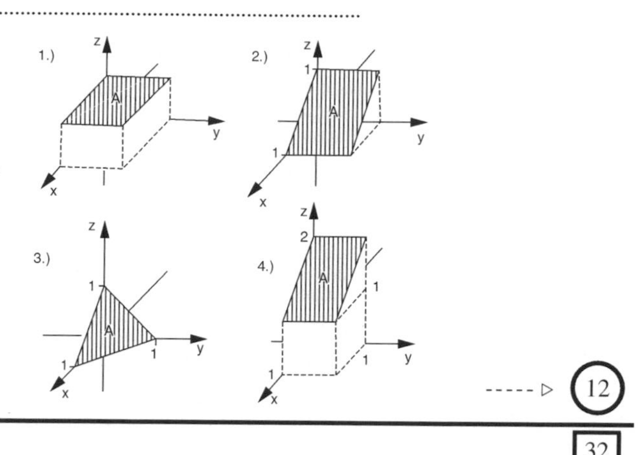

-----▷ 12

32

$I = 0$

Für welche Fläche hat der Fluss des homogenen Feldes $\vec{F} = (0, 1, 0)$ einen von Null verschiedenen Wert. Die Flächen sind geschlossen.

Kreuzen Sie an:

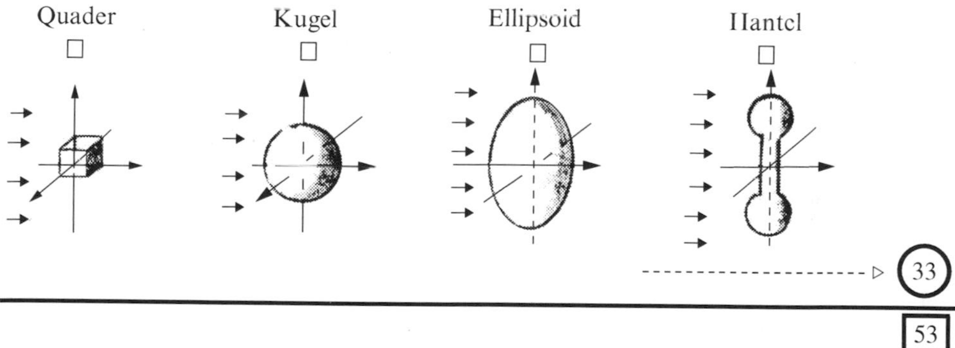

---------------------▷ 33

53

$$I = \int_A \vec{F}\, d\vec{A} = 48$$

Ganz herzlichen Glückwunsch, dass Sie sich durch diese etwas schwierigen Überlegungen hindurchgearbeitet haben.

---------------------▷ 54

16

$$-4x_2 + 2y_2 = 0$$
$$2x_2 - y_2 = 0$$

Sind die Gleichungen linear abhängig? ☐ Ja ☐ Nein

Geben Sie eine Lösung an

$x_2 = \ldots\ldots\ldots\ldots$

Geben Sie einen Eigenvektor an: $\vec{r}_{21} = \begin{pmatrix} \\ \ldots \end{pmatrix}$

--------------------▷ (17)

33

$\vec{r}_1 = \begin{pmatrix} 1 \\ 1 \\ 0 \end{pmatrix}$ Hinweis: Alle Vektoren der Form $\vec{r}_1 = a \begin{pmatrix} 1 \\ 1 \\ 0 \end{pmatrix}$ sind Eigenvektoren.

Die Lösung des homogenen Gleichungssystems führte auf

$x_1 = y_1$ und $z_1 = 0$

Die Musterlösung oben galt für $x_1 = 1$. Wir könnten auch wählen $x_1 = 0{,}001$. Dann erhielten wir den Eigenvektor

$$\vec{r}_{11} = \begin{pmatrix} \\ \\ \ldots \end{pmatrix}$$

--------------------▷ (34)

50

Nein

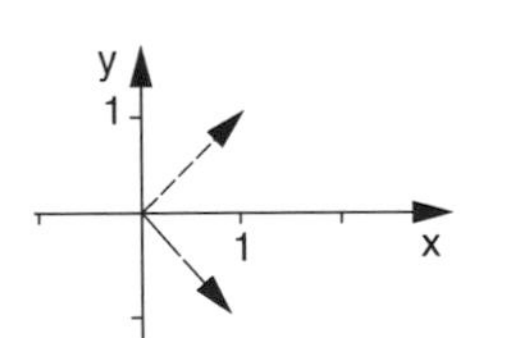

Die Matrix $A = \begin{pmatrix} 0 & 1 \\ -1 & 0 \end{pmatrix}$ bewirkt eine Drehung um den Winkel $-\frac{\pi}{2}$.

Hat A reelle Eigenwerte? .... ☐ Ja ☐ Nein

Können Sie Ihre Antwort beweisen?

--------------------▷ (51)

12

Es gibt jeweils zwei Lösungen, die sich durch das Vorzeichen unterscheiden. Hier ist kein Vektorfeld vorgegeben, das die Richtung bestimmt hätte.

1. $\vec{A} = A(0,\ 0,\ 1)$ oder $\vec{A} = A(0,\ 0,\ -1)$
2. $\vec{A} = \frac{A}{\sqrt{2}}(1,\ 0,\ 1)$ oder $\vec{A} = \frac{A}{\sqrt{2}}(-1,\ 0,\ -1)$
3. $\vec{A} = \frac{A}{\sqrt{3}}(1,\ 1,\ 1)$ oder $\vec{A} = \frac{A}{\sqrt{3}}(-1,\ -1,\ -1)$
4. $\vec{A} = \frac{A}{\sqrt{2}}(1,\ 0,\ 1)$ oder $\vec{A} = \frac{A}{\sqrt{2}}(-1,\ 0,\ -1)$

Alles richtig gemacht ▷ 16

Noch Fehler gemacht oder Erläuterung gewünscht ▷ 13

33

Für keine Fläche. Der Fluss verschwindet in *allen* Fällen. Das Vektorfeld ist homogen, die Flächen sind geschlossen.

Verschwindet der Fluss des Feldes $\vec{F}(x,y,z) = \frac{(x,y,z)}{\sqrt{x^2+y^2+z^2}}$ durch eine Kugeloberfläche?

☐ ja ☐ nein

Lösung gefunden ▷ 36

Hilfe und Erläuterung ▷ 34

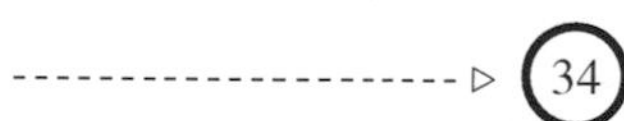

54

Fluss des elektrischen Feldes einer Punktladung durch eine Kugeloberfläche mit Radius *R*.

Hier wird die Anwendung von Abschnitt 17.3.2 auf ein physikalisches Problem dargestellt.

STUDIEREN SIE im Lehrbuch 17.5 Fluss des elektrischen Feldes einer Punktladung durch eine Kugeloberfläche mit Radius *R*
Lehrbuch, Seite 92

BEARBEITEN SIE DANACH Lehrschritt ▷ 55

15

Für $\lambda_2 = 6$ gilt $A\vec{r}_2 = 6\vec{r}_2$ oder $(A - 6E)\vec{r}_2 = 0$

Also gilt $\begin{pmatrix} 2 & 2 \\ 2 & 5 \end{pmatrix} \begin{pmatrix} x_2 \\ y_2 \end{pmatrix} = 6 \begin{pmatrix} x_2 \\ y_2 \end{pmatrix}$ oder

$$\begin{pmatrix} 2-6 & 2 \\ 2 & 5-6 \end{pmatrix} \begin{pmatrix} x_2 \\ y_2 \end{pmatrix} = 0 \text{ oder } \begin{pmatrix} -4 & 2 \\ 2 & -1 \end{pmatrix} \begin{pmatrix} x_2 \\ y_2 \end{pmatrix} = 0$$

Das ergibt folgende Gleichungen

.... $= 0$

.... $= 0$

▷ 16

32

$x_1 = y_1$

$z_1 = 0$

Wählen wir $x_1 = 1$ erhalten wir:

$$\vec{r}_1 = \begin{pmatrix} \\ \\ \ldots \end{pmatrix}$$

▷ 33

49

Ist die Matrix $A = \begin{pmatrix} 0 & 1 \\ -1 & 0 \end{pmatrix}$ symmetrisch? .☐ Ja ☐ Nein

Gegeben sei $\vec{r}_0 = \begin{pmatrix} 1 \\ 1 \end{pmatrix}$.

Zeichnen Sie den Vektor $\vec{r} = A \cdot \vec{r}_0$

Die Matrix A bewirkt eine .... ▷

13

$\vec{A}$ muss senkrecht auf A stehen.

Also suche man zunächst einen beliebigen Vektor, der senkrecht auf der Fläche steht.

$a =$ unbestimmte Konstante.

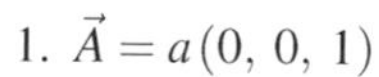

1. $\vec{A} = a(0, 0, 1)$
2. $\vec{A} = a(1, 0, 1)$
3. $\vec{A} = a(\ldots\ldots\ldots)$
4. $\vec{A} = a(\ldots\ldots\ldots)$

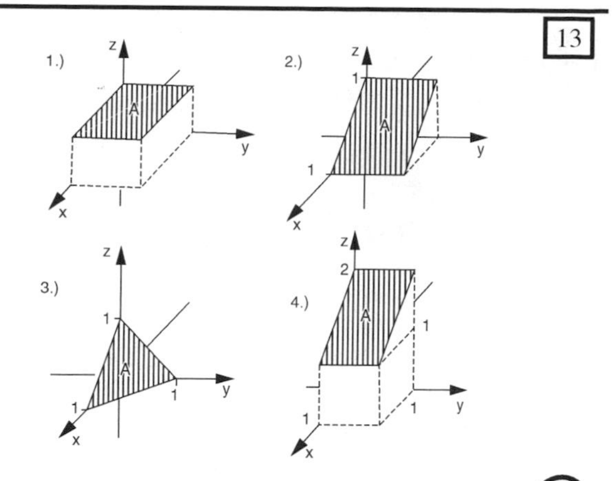

▷ 14

34

Die Kugeloberfläche ist geschlossen.

Gegeben ist das Vektorfeld $\vec{F}(x,y,z) = \dfrac{(x,y,z)}{\sqrt{x^2+y^2+z^2}}$. Es ist nicht homogen.

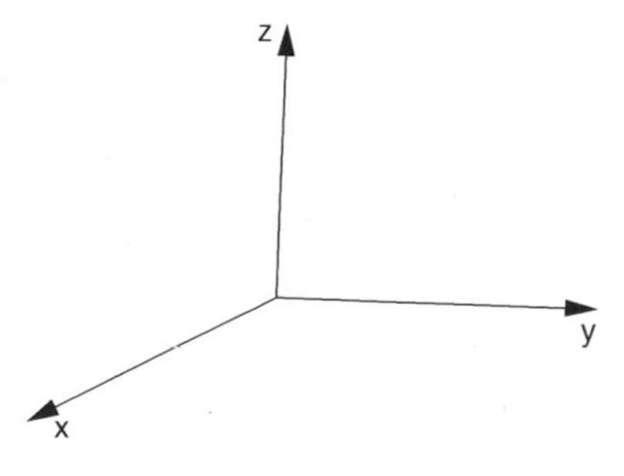

Zeichnen Sie die Vektoren des Vektorfeldes $\vec{F}$ entlang der Achsen in das Koordinatensystem.

▷ 35

55

Hier ist wenig abzufragen.

Die Rechnung in 17.5 erklärt sich selbst. Hier liegt einer der Fälle vor, dass durch das Einsetzen der physikalischen Größen die Ausdrücke einfacher werden.

Das ist kein Zufall.

Bei der Definition der physikalischen Größen ist das in diesem Fall beabsichtigt gewesen.

▷ 56

14

$$\begin{pmatrix} 2 & 2 \\ 2 & 5 \end{pmatrix} \begin{pmatrix} 2 \\ -1 \end{pmatrix} = \begin{pmatrix} 4-2 \\ 4-5 \end{pmatrix} = \begin{pmatrix} 2 \\ -1 \end{pmatrix}$$

Der zweite Eigenwert für $A = \begin{pmatrix} 2 & 2 \\ 2 & 5 \end{pmatrix}$ war $\lambda_2 = 6$.

Bestimmen Sie nun analog drei gleichwertige Eigenvektoren:

$\vec{r}_{21} = \dots\dots\dots$ $\vec{r}_{22} = \dots\dots\dots$ $\vec{r}_{23} = \dots\dots\dots$

Erläuterung oder Hilfe erwünscht ▷ 15

Lösung ▷ 18

Sie finden Lehrschritt 18 unterhalb Lehrschritt 1.
BLÄTTERN SIE ZURÜCK

31

$$\begin{aligned} x_1 - y_1 + 2z_1 &= 0 \\ -x_1 + y_1 - 2z_1 &= 0 \\ 2x_1 - 2y_1 &= 0 \end{aligned}$$

Die ersten beiden Gleichungen sind linear abhängig. Wird nämlich die zweite Gleichung mit (-1) multipliziert, erhalten wir die erste. Nun ist es möglich, aus der dritten und der ersten Gleichung eine Lösung für einen Eigenwert zu ermitteln.

$x_1 = \dots\dots\dots$

$z_1 = \dots\dots\dots$

▷ 32

48

a)

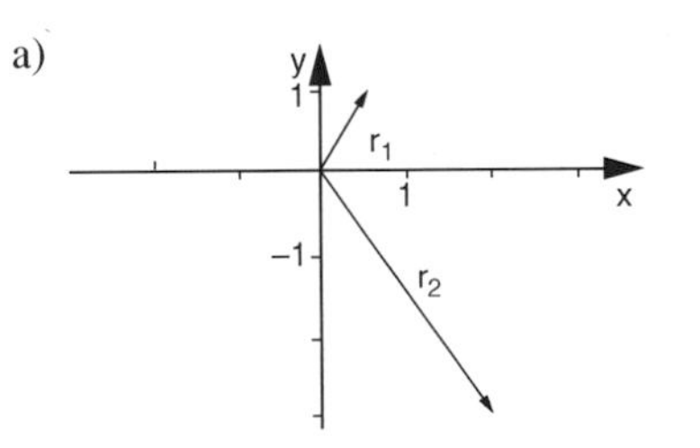

b) nein

c) $\vec{r}_1 \cdot \vec{r}_2 = (1,1)(2,-3) = -1 \neq 0$

Hinweis: Das Skalarprodukt orthogonaler Vektoren muss verschwinden. Hier ist das nicht der Fall.

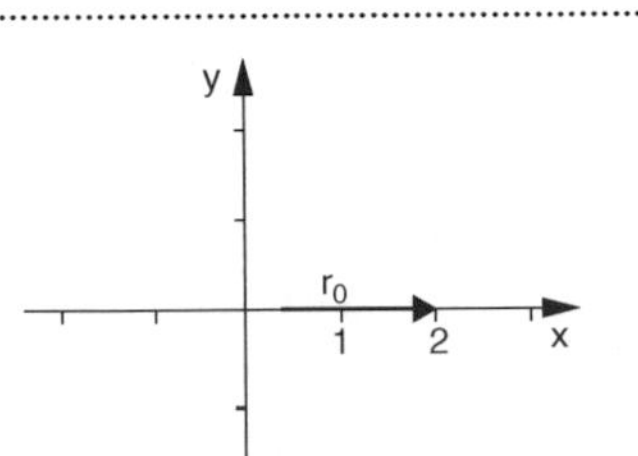

Gegeben seien die Matrix $A = \begin{pmatrix} 0 & 1 \\ -1 & 0 \end{pmatrix}$ und der Vektor $\vec{r}_0 = \begin{pmatrix} 2 \\ 0 \end{pmatrix}$

Zeichnen Sie den Vektor $A \cdot \vec{r}_0 = \vec{r}_1$

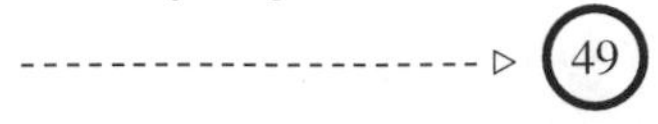
▷ 49

14

1. $\vec{A} = a(0, 0, 1)$
2. $\vec{A} = a(1, 0, 1)$
3. $\vec{A} = a(1, 1, 1)$
4. $\vec{A} = a(1, 0, 1)$

$\vec{A}$ muss den Betrag A haben: $|\vec{A}| = A$.

Dafür muss a jeweils geeignet gewählt werden. Für die erste Aufgabe ist unmittelbar klar, dass gilt: $\vec{A} = A(0,0,1)$ also ist $a = 1$.

Für die zweite Aufgabe gilt $\vec{A} = \frac{A}{\sqrt{2}}(1,0,1)$. Verifizierung: $A^2 = \frac{A^2}{2}(1+1)$

Für die dritte Aufgabe gilt: $\vec{A} = \ldots(1,1,1)$

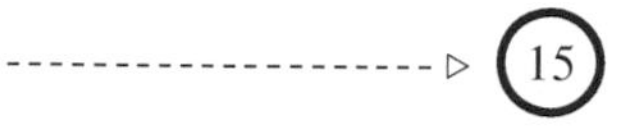

35

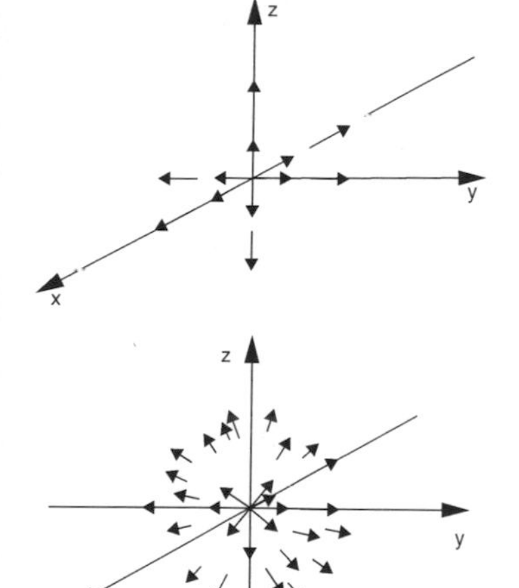

Mit Vektoren auch in anderen Richtungen als entlang der Achsen, sieht das Feld so aus, wie es links unten gezeichnet ist.

Denken Sie sich jetzt eine Kugel. Das Feld durchstößt die Kugel überall von innen nach außen.

Kann der Fluss durch die Kugeloberfläche verschwinden?

56

Vor dem Abschluss noch eine kurze Wiederholung des ganzen Kapitels.

In einem Vektorfeld $\vec{F}$ befinde sich eine quadratische Fläche A mit dem Flächeninhalt 2.

a) Geben Sie den Flächenvektor $\vec{A}$ an. $\vec{A} = \ldots\ldots\ldots\ldots\ldots$

b) Zeichnen Sie den Flächenvektor ein.

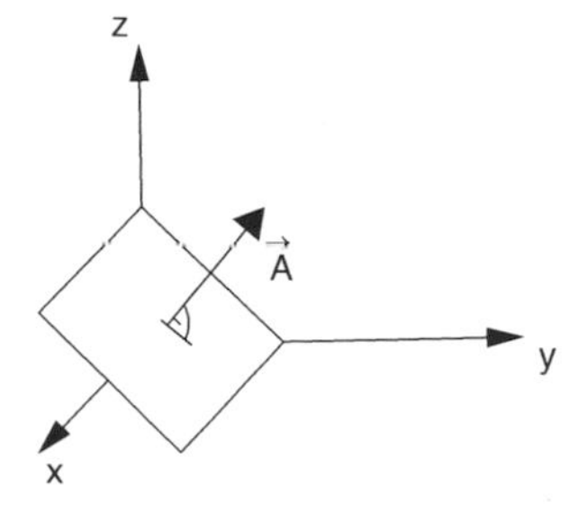

- - - - - - - - - - ▷ 57

13

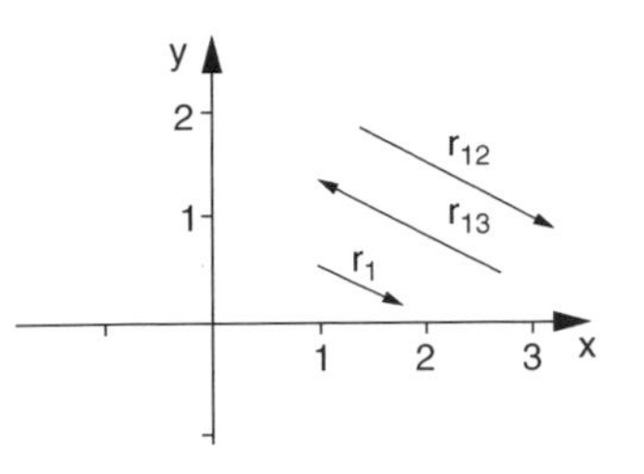

Hinweis: Die Vektoren können an beliebigen Stellen gezeichnet werden. Die Wirkungslinie aller Vektoren hat die gleiche Richtung. Die Eigenvektoren sind also durch die Richtung der Wirkungslinie bestimmt. Frei und unbestimmt ist der Betrag einschließlich des Vorzeichens.

Verifizieren Sie numerisch, dass gilt

$$A\vec{r}_1 = \lambda_1 \vec{r}_1 \text{ für } A = \begin{pmatrix} 2 & 2 \\ 2 & 5 \end{pmatrix} \text{ und } \lambda_1 = 1 \text{ und } \vec{r}_1 = \begin{pmatrix} 2 \\ -1 \end{pmatrix}$$

....

▷ 14

30

Als Matrixgleichung gilt für Eigenvektoren

$A\vec{r}_1 = \lambda \cdot \vec{r}_1$. Mit $\lambda_1 = -2$ erhalten wir: $A\vec{r}_1 = -2\vec{r}_1$

Umformung

$(A - \lambda_1 E) \cdot \vec{r}_1 = 0$. Mit $\lambda_1 = -2$ erhalten wir

$(A + 2E) \cdot \vec{r}_1 = 0$

Schreiben Sie nun das vollständige Gleichungssystem mit $\vec{r}_1 = \begin{pmatrix} x_1 \\ y_1 \\ z_1 \end{pmatrix}$

.... $= 0$

.... $= 0$

.... $= 0$

▷ 31

47

$\lambda_1 = 3 \qquad \lambda_2 = -2$ Hinweis: Charakteristische Gleichung $\lambda^2 - \lambda - 6 = 0$

$\vec{r}_1 = \begin{pmatrix} 1 \\ 1 \end{pmatrix}, \quad \vec{r}_2 = \begin{pmatrix} 2 \\ -3 \end{pmatrix}$

a) Zeichnen Sie $\vec{r}_1$ und $\vec{r}_2$ in das Diagramm

b) Sind $\vec{r}_1$ und $\vec{r}_2$ orthogonal? ☐ ja ☐ nein

c) Prüfen Sie rechnerisch die Orthogonalität von $\vec{r}_1$ und $\vec{r}_2$.

▷ 48

15

$\vec{A} = \frac{A}{\sqrt{3}}(1,\ 1,\ 1)$ Verifizierung: $(\vec{A})^2 = \frac{A^2}{3}(1+1+1) = A^2$

Systematischer Lösungsweg: $\vec{A} = a(a_x,\ a_y,\ a_z)$

Forderung: $|\vec{A}| = A$ oder $(\vec{A})^2 = A^2$ Also gilt: $A^2 = a^2\left(a_x^2 + a_y^2 + a_z^2\right)$

$$a = \frac{A}{\sqrt{a_x^2 + a_y^2 + a_z^2}}$$

Hier ist kein Vektorfeld vorgegeben, durch das die Richtung des Flächenvektors festgelegt wäre. Man kann in diesem Fall beim Flächenvektor die Vorzeichen vertauschen.

16

36

NEIN.

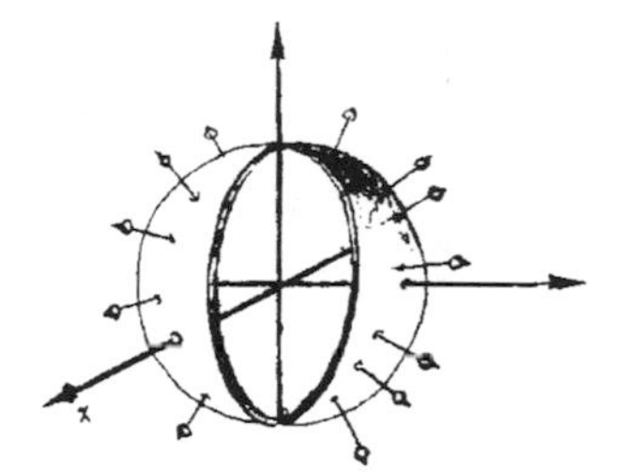

Der Fluss von $\vec{F} = \frac{(x,y,z)}{\sqrt{x^2+y^2+z^2}}$ durch eine Kugeloberfläche verschwindet keineswegs. Überall tritt das Vektorfeld aus der Kugeloberfläche heraus.

Ein Feld $\vec{F}$ ist genau dann radialsymmetrisch, wenn es

1. ....

2. ....

Falls Sie sich nicht sicher sind, sehen Sie im Lehrbuch nach: Abschnitt 13.5.2 ------▷

37

57

a) $A = (0,\ \sqrt{2},\ \sqrt{2})$ oder $A = \sqrt{2}(0,\ 1,\ 1)$ b)

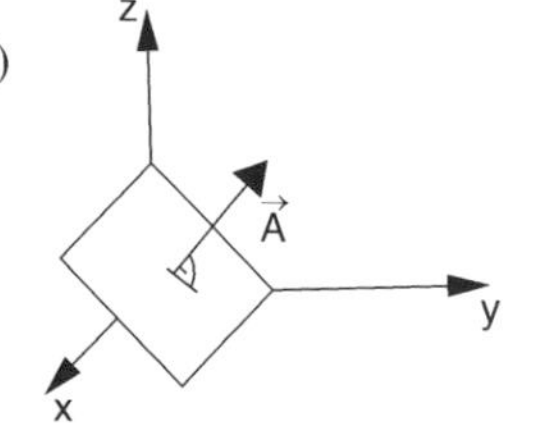

Berechnen Sie nun für diese Fläche A den Fluss I für drei Vektorfelder

$\vec{F}_1 = (0,6,0)$ $I_1 = \ldots\ldots\ldots\ldots$

$\vec{F}_2 - (0,2,1)$ $I_2 = \ldots\ldots\ldots\ldots$

$\vec{F}_3 = (6,0,0)$ $I_3 = \ldots\ldots\ldots\ldots$

--------------------▷ 58

12

$\vec{r}_1 = \begin{pmatrix} 1 \\ -\frac{1}{2} \end{pmatrix}$

Hinweis: Hätten wir $x_1 = 2$ gewählt, hätten wir erhalten: $\vec{r}_{12} = \begin{pmatrix} 2 \\ -1 \end{pmatrix}$

Allgemein gilt $\vec{r}_{13} = a \begin{pmatrix} 2 \\ -1 \end{pmatrix}$

Zeichnen Sie $\vec{r}_1$, $\vec{r}_{12}$ und $\vec{r}_{13}$ mit $a = -1$.

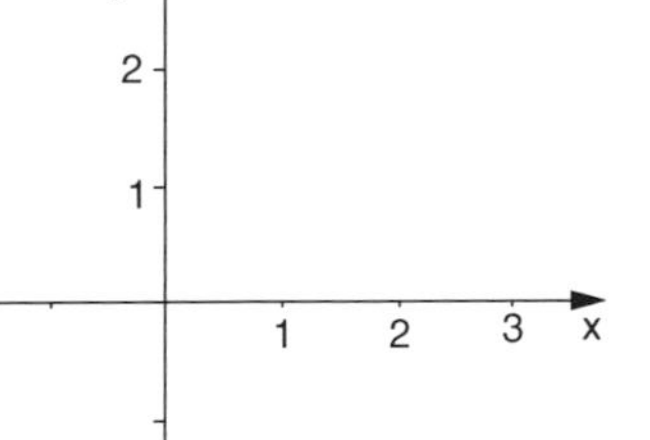

→ 13

29

$\det(A - \lambda_1 E) = 0$

Damit ist der erste Teil der Aufgabe gelöst, $\lambda_1 = -2$ ist ein Eigenwert.

Zu bestimmen ist noch ein Eigenvektor für $\lambda_1 = -2$. Dafür müssen Sie ein Gleichungssystem lösen.

$$\vec{r}_1 = \begin{pmatrix} \\ \dots \end{pmatrix}$$

Lösung → 33

Hilfe und weitere Erläuterung → 30

46

Die Lösung folgt genau den bisher demonstrierten Beispielen. Lösen Sie das Beispiel entweder anhand des Lehrbuches, Abschnitt 21.1 oder anhand der Beispiele und Erläuterungen im Leitprogramm ab Lehrschritt 4 und ab Lehrschritt 26.

$$A = \begin{pmatrix} 1 & 2 \\ 3 & 0 \end{pmatrix}$$

$\lambda_1 = \dots \qquad \lambda_2 = \dots \qquad \vec{r}_1 = \dots \qquad \vec{r}_2 = \dots$

→ 47

16

Das Oberflächenintegral

STUDIEREN SIE im Lehrbuch 17.2 Das Oberflächeninteral
Lehrbuch, Seite 82-84

BEARBEITEN SIE DANACH Lehrschritt ----------------------▷

37

Ein Vektorfeld ist radialsymmetrisch, wenn es

1. radiale Richtung hat und
2. sein Betrag nur von r abhängt.

Entscheiden Sie, ob folgendes Vektorfeld Radialsymmetrie hat:

$$\vec{F}(x,y,z) = \frac{(x,y,z)}{\sqrt{x^2+y^2+z^2}^3} = \frac{\vec{r}}{r^3}$$

Lösung gefunden ----------------------▷

Erläuterung oder Hilfe erwünscht ----------------------▷

58

$I_1 = 6 \cdot \sqrt{2}$ $I_2 = 3\sqrt{2}$ $I_3 = 0$

....

Gegeben sei ein radialsymmetrisches Vektorfeld $\vec{j}$

$|\vec{j}|$ sei konstant. Wie groß ist der Fluss I von $\vec{j}$ durch eine Kugel mit dem Radius R?

I = ...

----------------------▷

11

Gegeben ist $x_1 + 2y_1 = 0$

$$2x_1 + 4y_1 = 0$$

Die zweite Gleichung ist das Doppelte der ersten. Also sind beide Gleichungen linear abhängig.

Zunächst gilt $x_1 = -2y_1$

Es gilt aber auch $ax_1 = -a2y_1$

x_1 ist frei wählbar. Wir wählen $x_1 = 1$. Daraus folgt $y_1 = -\frac{1}{2}$

Damit erhalten wir $\vec{r}_1 = \begin{pmatrix} \ldots \\ \ldots \end{pmatrix}$

--------------------▷ 12

28

Zu berechnen ist

$$\det(A - \lambda_1 E) = \det\begin{pmatrix} -1-(-2) & -1 & 2 \\ -1 & -1-(-2) & -2 \\ 2 & -2 & -2-(-2) \end{pmatrix}$$

$$= \det\begin{pmatrix} 1 & -1 & 2 \\ -1 & 1 & -2 \\ 2 & -2 & 0 \end{pmatrix}$$

Mit den bekannten Rechenvorschriften, beispielsweise der Regel von Sarrus, erhalten wir:

$$\det(A - \lambda_1 E) = \ldots$$

--------------------▷ 

45

a) n
b) Ja

Ein Beispiel sind Drehmatrizen. Dargestellt sind sie im Abschnitt 19.4.

....

Bisher haben wir als Beispiele nur symmetrische Matrizen behandelt. Betrachten Sie nun

$$A = \begin{pmatrix} 1 & 2 \\ 3 & 0 \end{pmatrix}$$

Bestimmen Sie Eigenwerte und Eigenvektoren

$$\lambda_1 = \ldots \qquad \lambda_2 = \ldots \qquad \vec{r}_1 = \ldots \qquad \vec{r}_2 = \ldots$$

Lösung gefunden --------------------▷ 47

Erläuterung oder Hilfe erwünscht --------------------▷ 46

17

Das folgende Integral heißt ....

$$I = \oint \vec{F} \cdot d\vec{A}$$

Der Kreis in dem Integralzeichen $\oint \vec{F} \cdot d\vec{A}$ symbolisiert, dass die Integration über eine .... Fläche erstreckt wird.

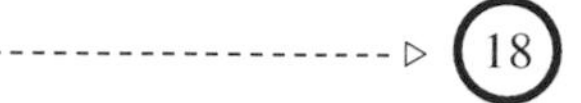
▷ 18

38

Skizzieren Sie in das Koordinatensystem auf den Koordinatenachsen einige Vektoren des Feldes $\vec{F} = \frac{\vec{r}}{r^3}$

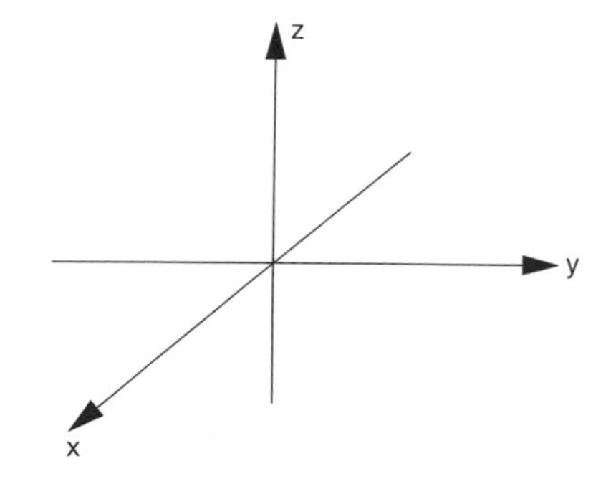

▷ 39

59

$I = \int \vec{j} d\vec{A} = 4\pi R^2 |\vec{j}|$

....

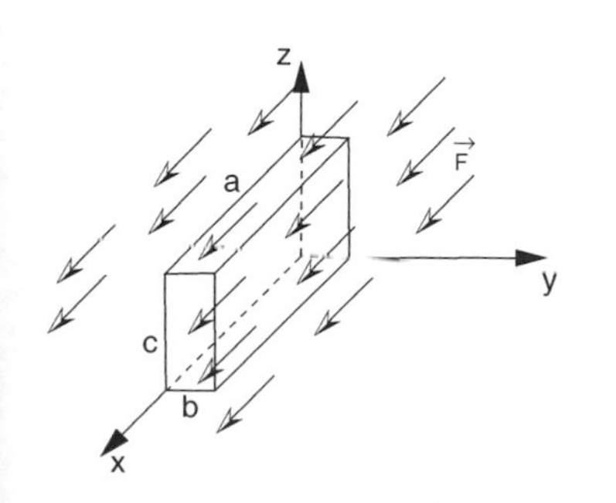

Wie groß ist der Fluss ϕ des Vektorfeldes $\vec{F} = (1, 0, 0)$ durch den gezeichneten Quader mit den Kanten $a = 6$, $b = 1$, $c = 3$.

$\phi =$ ....

▷ 60

10

$x_1 + 2y_1 = 0$ homogenes Gleichungssystem

$2x_1 + 4y_1 = 0$

Eine nichttriviale Lösung existiert, falls eine Gleichung oben von der anderen linear abhängt. Die Lösung führt dann zu den Komponenten des Eigenvektors $\overleftarrow{r}_1$.

$$\vec{r}_1 = \begin{pmatrix} \\ \\ \dots \end{pmatrix}$$

Lösung gefunden ▷ 12

Erläuterung oder Hilfe erwünscht ▷ 11

27

Um zu verifizieren, dass $\lambda_1 = -2$ ein Eigenwert ist, muss gelten:

$$\det (A - \lambda_1 E) = 0$$

$$A = \begin{pmatrix} -1 & -1 & 2 \\ -1 & -1 & -2 \\ 2 & -2 & -2 \end{pmatrix}$$

Berechnen Sie nun

$\det (A - \lambda_1 E) = \dots\dots\dots\dots$

Lösung ▷ 29

Erläuterung oder Hilfe ▷ 28

44

$$\vec{r}_3 = \begin{pmatrix} 1 \\ -1 \\ -2 \end{pmatrix} \text{ oder } \vec{r}_3 = \begin{pmatrix} -1 \\ 1 \\ 2 \end{pmatrix} \text{ oder } \vec{r}_3 = a \begin{pmatrix} 1 \\ -1 \\ -2 \end{pmatrix}$$

....

a) Wie viele reelle Eigenwerte kann eine $n \times n$-Matrix haben? ...

b) Gibt es Matrizen, die keine reellen Eigenwerte haben? ....
Könnten Sie dafür gegebenenfalls ein Beispiel nennen? ....

▷ 45

18

Oberflächenintegral
geschlossene

....

Geben Sie mindestens drei Beispiele für geschlossene Flächen an.

1. ....

2. ....

3. ....

19

39

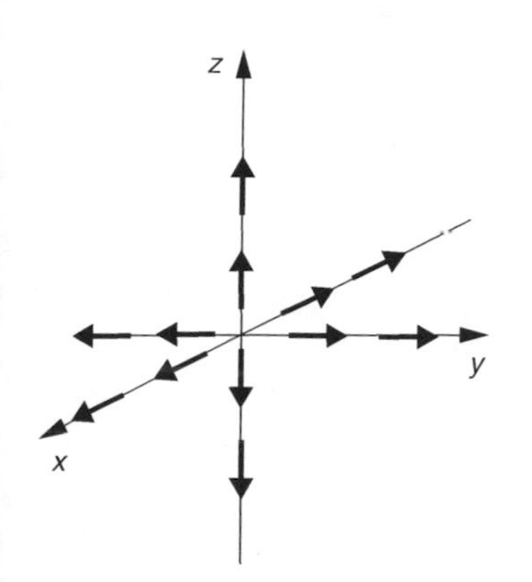

So könnte Ihre Zeichnung aussehen. Die Vektoren zeigen nach außen in die Achsenrichtung

Wegen r^3 im Nenner nehmen die Beträge mit dem Abstand vom Ursprung ab. Auch an Stellen, die nicht auf den Koordinatenachsn liegen, zeigen die Vektoren des Feldes $\vec{A}$ in radialer Richtung.

Wegen $|(x,y,z)| = r$ wird

$$|\vec{F}| = \frac{(x,y,z)}{\sqrt{x^2+y^2+z^2}^3} = \frac{r}{r^3} = \frac{1}{r^2}$$

d.h. $\vec{\mathrm{F}}$ hängt nur von r ab. Somit ist das Vektorfeld $\vec{\mathrm{F}}$ ....

40

60

$\phi = 0$

....

Gegeben sei $\vec{F} = (0{,}5,\ 0,\ -0{,}5)$

Geben Sie den Fluss an für drei Flächen.

$\vec{A}_1 = (1,\ 1,\ 0)$ $\quad I_1 =$ ....

$\vec{A}_2 = (1,\ 0,\ 1)$ $\quad I_2 =$ ....

$\vec{A}_3 = (1,\ 1,\ 1)$ $\quad I_3 =$ ....

61

9

$$(A-\lambda_1 E)\cdot\vec{r}_1 = \begin{pmatrix} 2-1 & 2 \\ 2 & 5-1 \end{pmatrix}\cdot\begin{pmatrix} x_1 \\ y_1 \end{pmatrix} = 0$$

Dieser Ausdruck entspricht zwei Gleichungen mit zwei Unbekannten:

$\ldots\ldots\ldots\ldots = 0$

$\ldots\ldots\ldots\ldots = 0$

Es handelt sich um ein .... Gleichungssystem.

Hinweis: Multiplizieren Sie die Matrix A mit dem Vektor $r_1 = \begin{pmatrix} x_1 \\ y_1 \end{pmatrix}$ aus.

▷ 10

26

Drei Eigenvektoren
Die Matrix ist symmetrisch.
Bei symmetrischen Matrizen sind die Eigenvektoren orthogonal.

....

Gegeben sei wieder $A = \begin{pmatrix} -1 & -1 & 2 \\ -1 & -1 & -2 \\ 2 & -2 & -2 \end{pmatrix}$

Verifizieren Sie, dass $\lambda_1 = -2$ ein Eigenwert ist.

Bestimmen Sie einen Eigenvektor $\vec{r}_1$: $\quad \vec{r}_1 = \begin{pmatrix} \\ \\ \ldots \end{pmatrix}$

Lösung ▷ 33

Erläuterung oder Hilfe ▷ 27

43

orthogonal

Die Matrix $A = \begin{pmatrix} -1 & -1 & 2 \\ -1 & -1 & -2 \\ 2 & -2 & -2 \end{pmatrix}$ ist symmetrisch.

Also ist $\vec{r}_3$ orthogonal zu $\vec{r}_1 = \begin{pmatrix} 1 \\ 1 \\ 0 \end{pmatrix}$ und $\vec{r}_2 = \begin{pmatrix} 1 \\ -1 \\ 1 \end{pmatrix}$

Wir erinnern uns, dass das Vektorprodukt $\vec{r}_1 \times \vec{r}_2$ ein Vektor ist, der orthogonal zu $\vec{r}_1$ und $\vec{r}_2$ ist. Damit erhalten wir einen dritten Eigenvektor indem wir das Vektorprodukt bilden:

$\vec{r}_1 \times \vec{r}_2 = \ldots\ldots\ldots\ldots$

▷ 44

19

Prüfen Sie Ihre Beispiele anhand der Definition (17.5) des Lehrbuches und mit Hilfe der im Lehrbuch angeführten Beispiele.

Diese Art der Selbstkontrolle liefert Ihnen keine sichere Antwort, ob Sie den Begriff *geschlossene Fläche* richtig erfasst haben. Man verwendet diese schwierigere und umständlichere Art der Selbstkontrolle immer dann, wenn bei Aufgaben keine Lösungen vorliegen.

Dies ist die allgemeine Situation in der Forschung und in der Praxis. Dort kann man sich auch auf keine Autorität verlassen und muss sehr, aber auch sehr genau prüfen, ob die eigenen Überlegungen korrekt sind.

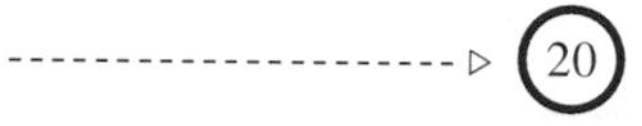
▷ 20

40

F ist radialsymmetrisch.

Begründung: $\vec{F} = \frac{(x,y,z)}{\sqrt{x^2+y^2+z^2}}$ zeigt in radiale Richtung und $|\vec{F}| = \frac{1}{r^2}$ hängt nur von r ab.

▷ 41

61

$I_1 = 0{,}5$ $I_2 = 0$ $I_3 = 0$

Hinweis zur Arbeitstechnik Informationssuche.

In diesem Leitprogramm wiederholte sich die Aufgabe: Suchen Sie im Register ein Stichwort.

Dies ist Absicht. Registerbenutzung muss zur Gewohnheit werden. Niemand kann alles behalten – und niemand kann von allem wissen, wo es ausführlich steht.

Aber fast alles steht im Register.

Stoppen Sie einmal die Zeit, die Sie brauchen, um das Stichwort Zylindersymmetrie im Lehrbuch über das Register anzusteuern.

10 sec 20 sec 40 sec 80 sec 160 sec

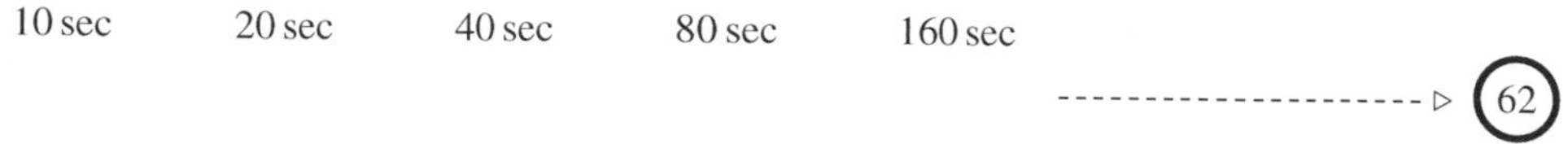
▷ 62

8

$A\vec{r} = \lambda \cdot \vec{r}$ oder $(A - \lambda E) \cdot \vec{r} = 0$

Die erste Gleichung bedeutet: Wird der Vektor $\vec{r}$ mit A multipliziert, ändert er seine Richtung nicht. Er ändert nur seinen Betrag um den Faktor λ. Die zweite Gleichung ergibt sich durch Umformung.

Gegeben war $A = \begin{pmatrix} 2 & 2 \\ 2 & 5 \end{pmatrix}$ und $\lambda_1 = 1$, $\lambda_2 = 6$

Gesucht sind die Eigenvektoren für λ_1 und λ_2. Beginnen wir mit λ_1 und dem

Eigenvektor $\vec{r}_1 = \begin{pmatrix} x_1 \\ y_1 \end{pmatrix}$.

Für $\vec{r}_1$ gilt folgende Matrixgleichung: .... $= 0$

---------------------▷ (9)

25

Gegeben sei die Matrix $A = \begin{pmatrix} -1 & -1 & 2 \\ -1 & -1 & -2 \\ 2 & -2 & -2 \end{pmatrix}$

Die Matrix hat ... Eigenvektoren.

Die Matrix ist ....

Über die Richtungen der Eigenvektoren lässt sich sagen: Die Eigenvektoren sind ......

---------------------▷ (26)

42

$\vec{r}_2 = \begin{pmatrix} 1 \\ -1 \\ 1 \end{pmatrix}$ Hinweis: Jeder Vektor $\vec{r}_2 = a \begin{pmatrix} 1 \\ -1 \\ 1 \end{pmatrix}$ ist ein Eigenvektor.

Für die Matrix $A = \begin{pmatrix} -1 & -1 & 2 \\ -1 & -1 & -2 \\ 2 & -2 & -2 \end{pmatrix}$ kennen wir bereits die

Eigenwerte: $\lambda_1 = -2$, $\lambda_2 = 2$, $\lambda_3 = -4$ und die Eigenvektoren $\vec{r}_1 = \begin{pmatrix} 1 \\ 1 \\ 0 \end{pmatrix}$ $\vec{r}_2 = \begin{pmatrix} 1 \\ -1 \\ 1 \end{pmatrix}$

Wir können nun $\vec{r}_3$ in gleicher Weise bestimmen.
Einfacher geht es, wenn wir den Satz auf Seite 168 im Lehrbuch beachten: Eine symmetrische Matrix hat Eigenvektoren, die ...... sind.

---------------------▷

20

Die Richtung des vektoriellen Flächenelementes oder der orientierten Flächenelemente ist bei geschlossenen Flächen

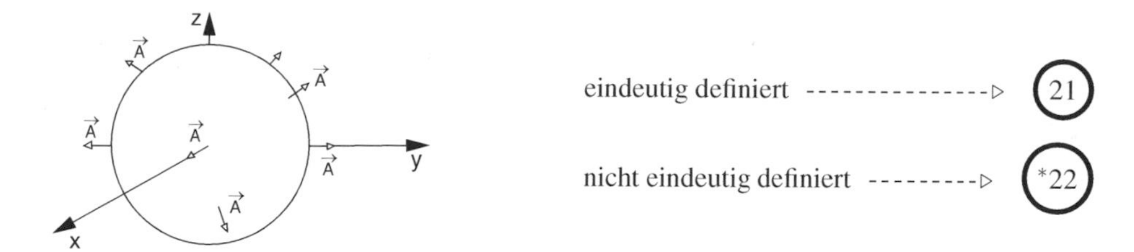

eindeutig definiert ---------------▷ (21)

nicht eindeutig definiert ---------▷ (*22)

*Ab Lehrschritt 22 geht es weiter auf der **Mitte der Seiten**.
Lehrschritt 22 finden Sie unterhalb Lehrschritt 1. BLÄTTERN SIE, bitte, ZURÜCK

41

Der Fluss eines radialsymmetrischen Feldes durch eine Kugeloberfläche.

Hier wird die Berechnung von Oberflächenintegralen radialsymmetrischer Felder über eine Kugelschale gezeigt. Das ist ein für die Physik sehr wichtiger Sonderfall.

STUDIEREN SIE im Lehrbuch 17.3.2 Der Fluss eines radialsymmetrischen Feldes durch eine Kugeloberfläche
Lehrbuch, Seite 87

BEARBEITEN SIE DANACH Lehrschritt --------------------▷

(42)

62

Normale Suchzeiten liegen bei 10-30 sec. Das ist nicht viel.

Wer unbekannte oder vergessene Begriffe überliest und darauf wartet, dass sie ihm später von selbst klar werden, wartet meist vergebens (Beckett hat dies gestaltet in „Warten auf Godot“).

Oft verursachen vergessene Begriffe Lernschwierigkeiten, die Sie mehr Zeit kosten, als rasch im Register nachzusehen und die Begriffskenntnis aufzufrischen. Man kann es sich angewöhnen, bei unbekannten Begriffen aufzumerken, innezuhalten und im Register, in einem Lexikon oder im Internet nachzuschauen. Es ist eine gute Angewohnheit und per saldo auch eine zeitsparende Angewohnheit.

--------------------▷ (63)

7

$\lambda_1 = 1$ $\lambda_2 = 6$

Nachdem wir die Eigenwerte für A gefunden haben, suchen wir noch die Eigenvektoren.

Die Eigenvektoren müssen der charakteristischen Gleichung genügen.

Sie lautet ....

- - - - - - - - - - - - ▷  8

24

Eigenwerte und Eigenvektoren einer 3 × 3-Matrix Eigenschaften von Eigenwerten und Eigenvektoren

STUDIEREN SIE im Lehrbuch

21.3 Eigenwerte und Eigenvektoren einer 3 × 3-Matrix
21.4 Eigenschaften von Eigenwerten und Eigenvektoren
Lehrbuch, Seite 165-168

BEARBEITEN SIE DANACH Lehrschritt 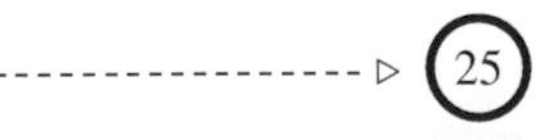 25

41

$x_2 = -y_2 \quad z_2 = x_2$ oder $z_2 = -y_2$

Einen Eigenvektor erhalten wir, wenn wir wählen $x_2 = 1$

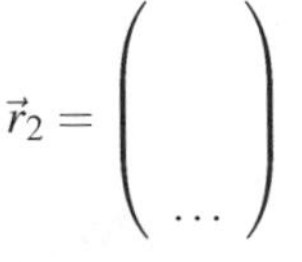

$\vec{r}_2 = \begin{pmatrix} \\ \\ \dots \end{pmatrix}$

 42

21

Richtig! Bei geschlossenen Flächen ist die Vorzeichen eindeutig definiert.

Bei geschlossenen Flächen ist die Richtung so festgelegt, dass die Flächenvektoren nach .... zeigen.

Lehrschritt 23 steht unter Lehrschritt 1 ---------------------▷ 

42

Berechnen Sie das Oberflächenintegral $\oint \vec{F} \cdot d\vec{A}$ des Feldes $\vec{F} = \frac{\vec{e}_r}{r^2}$ mit $\vec{e}_r = \frac{\vec{r}}{r}$ über eine Kugeloberfläche mit dem Radius R.
Zu berechnen ist also der Fluss von $\vec{F}$ durch die Kugeloberfläche.

$\oint \vec{F} \cdot d\vec{A} =$ ....

Lehrschritt 43 steht unter Lehrschritt 23 ---------------------▷ 

63

Die Tendenz, Unverstandenes zu überlesen ist natürlich, weit verbreitet und überlebensnotwendig. Niemand kann alles verstehen. Wenn wir aber beim Lesen nicht einmal mehr *merken*, dass uns Wörter und Begriffe unbekannt sind, kann dies sehr unerwünschte Folgen haben. Trainieren Sie daher Ihre Fähigkeit, Unbekanntes als unbekannt wahrzunehmen und bauen Sie selbst Ihre Hemmschwelle ab, Lexika, Wörterbücher, Register und das Internet zu benutzen. Als Faustregel könnte während Ihres Studiums gelten, mindestens einmal am Tag ein Lexikon, Wörterbuch, Register oder das Internet zwecks Informationssuche zu benutzen.

Sie haben das 

dieses Kapitels erreicht.

6

Die Eigenwerte sind die Lösungen der charakteristischen Gleichung

$$\det\begin{pmatrix} 2-\lambda & 2 \\ 2 & 5-\lambda \end{pmatrix} = 0$$

Die Determinante ist in diesem Fall

$$(2-\lambda)\cdot(5-\lambda) - 2\cdot 2 = 0$$

Ausmultipliziert:

$$\lambda^2 - 7\lambda + 6 = 0$$

Das ergibt

$\lambda_1 = \dots\dots\dots\dots$

$\lambda_2 = \dots\dots\dots\dots$

- - - - - - - - - - ▷ (7)

23

orthogonal

Sie wissen doch, auch die Fachsprache muss man lernen und üben.

- - - - - - - - - - ▷ (24)

40

$$\begin{aligned} -3x_2 - y_2 + 2z_2 &= 0 \\ -x_2 - 3y_2 - 2z_2 &= 0 \\ 2x_2 - 2y_2 - 4z_2 &= 0 \end{aligned}$$

Addiert man die beiden oberen Gleichungen, so erhält man

$x_2 = \dots$

Mit diesem Resultat folgt aus der unteren Gleichung

$z_2 = \dots$

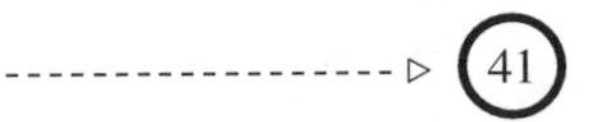

- - - - - - - - - - ▷ (41)

Kapitel 18
Divergenz, Rotation und Potential

K. Weltner, *Leitprogramm Mathematik für Physiker 2*.
DOI 10.1007/978-3-642-25163-4_18

5

$\det(A - \lambda E) = 0 \qquad \det\begin{pmatrix} 2-\lambda & 2 \\ 2 & 5-\lambda \end{pmatrix} = 0$

....

Bestimmen Sie jetzt die Eigenwerte

$\lambda_1 = \ldots\ldots\ldots\ldots$

$\lambda_2 = \ldots\ldots\ldots\ldots$

Lösung ---------------------▷ (7)

Erläuterung oder Hilfe ---------------------▷ (6)

22

$\vec{r}_1 \cdot \vec{r}_2 = 0$ Das innere Produkt der Vektoren $\vec{r}_1 = \begin{pmatrix} 1 \\ -\frac{1}{2} \end{pmatrix}$ und $\vec{r}_2 = \begin{pmatrix} 1 \\ 2 \end{pmatrix}$ verschwindet.

Also stehen die Vektoren rechtwinklig aufeinander.

Mit anderen – gelehrten – Worten, sie sind ....

---------------------▷ (23)

39

Ein Eigenvektor für die gegebene Matrix $A = \begin{pmatrix} -1 & -1 & 2 \\ -1 & -1 & -2 \\ 2 & -2 & -2 \end{pmatrix}$ und den Eigenwert $\lambda_2 = 2$

erfüllt die Gleichung: $(A - \lambda_2 E) \cdot \vec{r}_2 = 0$. Also $(A - 2E) \cdot \vec{r}_2 = 0$

Das entspricht dem Gleichungssystem

$\ldots\ldots\ldots\ldots\ldots\ldots = 0$

$\ldots\ldots\ldots\ldots\ldots\ldots = 0$

$\ldots\ldots\ldots\ldots\ldots\ldots = 0$

---------------------▷ (40)

18 Divergenz

1

Mit der Einführung des Begriffs Divergenz schließen wir unmittelbar an das vorhergehende Kapitel 17 „Oberflächenintegrale“ an. Rekapitulieren Sie, bitte, kurz den letzten Abschnitt 17.5.

STUDIEREN Sie im Lehrbuch
18.1 Divergenz eines Vektorfeldes
18.2 Integralsatz von Gauß
Lehrbuch Seite 95-99

BEARBEITEN Sie danach Lehrschritt ----------------------▷ 

20

$$\vec{E}(x,y,z) = \frac{Q}{4\pi\varepsilon_0} \frac{(x,y,z)}{\left(\sqrt{x^2+y^2+z^2}\right)^3}$$

....

Jetzt ist die Feldstärke im Inneren der Kugel zu ermitteln.
Wir betrachten eine Kugeloberfläche im Inneren mit Radius R_{innen},
berechnen die eingeschlossene Ladung,
wenden den Gauß'schen Satz an und
setzen schließlich den Ausdruck für die Gesamtladung Q der ursprünglichen Kugel ein.

$\vec{E}_{innen} = \ldots\ldots\ldots\ldots\ldots\ldots\ldots\ldots\ldots\ldots\ldots\ldots$

Hilfen und detaillierte Rechnung erwünscht ---------------------▷ 

Lösung gefunden ---------------------▷ 24

39

$\varphi_1 = mgz$

$\varphi_2 = mg(z+10)$

$\varphi_3 = mg(z-90)$

....

Ermitteln Sie für alle drei Fälle das Gravitationsfeld $\vec{F}_g$.

$\vec{F}_{g1} = \ldots\ldots\ldots\ldots$

$\vec{F}_{g2} = \ldots\ldots\ldots\ldots$

$\vec{F}_{g3} = \ldots\ldots\ldots\ldots$

---------------------▷ 40

4

Charakteristische Gleichung, Einheitsmatrix $\det\begin{pmatrix} a_{11}-\lambda & a_{12} \\ a_{21} & a_{22}-\lambda \end{pmatrix} = 0$

....

Gegeben sei die Matrix $A = \begin{pmatrix} 2 & 2 \\ 2 & 5 \end{pmatrix}$

Gesucht seien die Eigenwerte von A. Wir gehen schrittweise vor. Geben Sie zunächst an

Charakteristische Gleichung in Kurzform: ....

Charakteristische Gleichung ausführlich notiert ....

--------------------▷ 5

21

Hier ist ein Hinweis:
Das innere Produkt rechtwinklig aufeinander stehender Vektoren verschwindet. Bilden Sie

$\vec{r}_1 \cdot \vec{r}_2$ für $\vec{r}_1 = \begin{pmatrix} 1 \\ -\frac{1}{2} \end{pmatrix}$ und $\vec{r}_2 = \begin{pmatrix} 1 \\ 2 \end{pmatrix}$

$\vec{r}_1 \cdot \vec{r}_2 = \ldots\ldots\ldots$

--------------------▷ 22

38

$\lambda_2 = 2 \qquad \lambda_3 = -4$

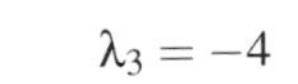

....

Suchen Sie nun einen Eigenvektor für λ_2

$\vec{r}_2 = \begin{pmatrix} \\ \ldots \end{pmatrix}$

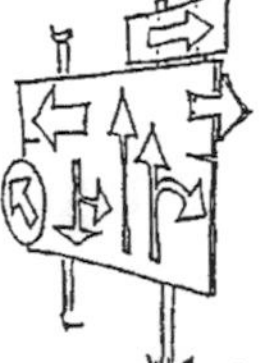

Lösung gefunden --------------------▷ 42

Erläuterung oder Hilfe erwünscht --------------------▷ 39

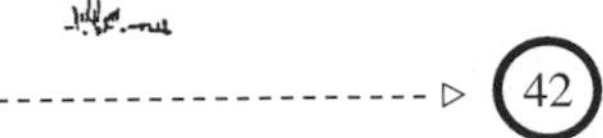

2

$\vec{F}$ sei ein Vektorfeld.

Ergänzen Sie die Definition:

$div\,\vec{F} = \ldots\ldots\ldots\ldots\ldots\ldots\ldots\ldots$

$div\,\vec{F}$ ist ein ....

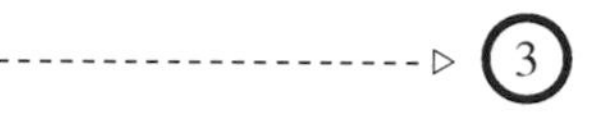

21

Die Kugeloberfläche im Inneren schließt folgende Ladung ein:

$Q_{innen} = \ldots\ldots\ldots\ldots\ldots$

▷ 22

40

$\vec{F}_{g1} = \vec{F}_{g2} = \vec{F}_{g3} = (0, 0, mg)$

....

Im Lehrbuch (Seite 108) wird das Gravitationsfeld einer Masse M betrachtet, die homogen eine Kugel mit Radius R ausfüllt. Es gilt außerhalb der Kugel:

$$\vec{F}_g(x,y,z) = -\gamma \cdot M \frac{x,y,z}{\left(\sqrt{x^2+y^2+z^2}\right)^3}$$

Vereinfachen Sie mit $\vec{r} = (x,y,z)$

$\vec{F}_g(x,y,z) = \ldots\ldots\ldots\ldots\ldots$

▷ 41

3

Eigenvektor Eigenwert $\lambda \neq 0$ $\vec{r} \neq 0$

Gegeben sei die Matrix $A = \begin{pmatrix} a_{11} & a_{12} \\ a_{21} & a_{22} \end{pmatrix}$

Die folgende Gleichung hat einen Namen:

det $(A - \lambda \cdot E) = 0$
Die Gleichung heißt ....
E ist die ....

Die Gleichung lautet ausführlich geschrieben

$$\det \begin{pmatrix} & & \\ \ldots & \ldots & \ldots \end{pmatrix} = 0$$

----------------------▷ (4)

20

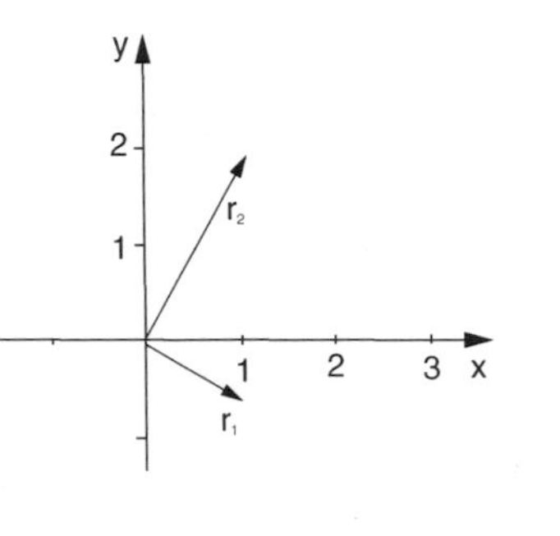

Beweisen Sie, dass $\vec{r}_1$ und $\vec{r}_2$ rechtwinklig aufeinander stehen

$\vec{r}_1 = \begin{pmatrix} 1 \\ -\frac{1}{2} \end{pmatrix}$ $\quad \vec{r}_2 = \begin{pmatrix} 1 \\ 2 \end{pmatrix}$

Hilfe ----------------------▷ (21)

Beweis gefunden ----------------------▷ (22)

37

$\lambda^3 + 4\lambda^2 - 4\lambda - 16 = (\lambda + 2)(\lambda^2 + 2\lambda - 8)$

Hinweis: $\dfrac{\lambda^3 + 4\lambda^2 - 4\lambda - 16}{\lambda + 2} = \lambda^2 + 2\lambda - 8$

Verifizieren Sie im Zweifel.

Lösen Sie die quadratische Gleichung und bestimmen Sie die Eigenwerte λ_2 und λ_3

$\lambda_2 = \ldots$

$\lambda_3 = \ldots$

----------------------▷

3

$$div\,\vec{F} = \frac{\delta F_x}{\delta x} + \frac{\delta F_y}{\delta y} + \frac{\delta F_z}{\delta z}$$

$div\,\vec{F}$ ist ein Skalarfeld.

....

Berechnen Sie die Divergenz für das Vektorfeld
$\vec{F} = (x,\ y+b,\ -z^2)$

$div\,\vec{F} = \ldots\ldots\ldots\ldots\ldots\ldots\ldots\ldots$

Geben Sie an, wo gegebenenfalls Bereiche von Quellen und Senken liegen.

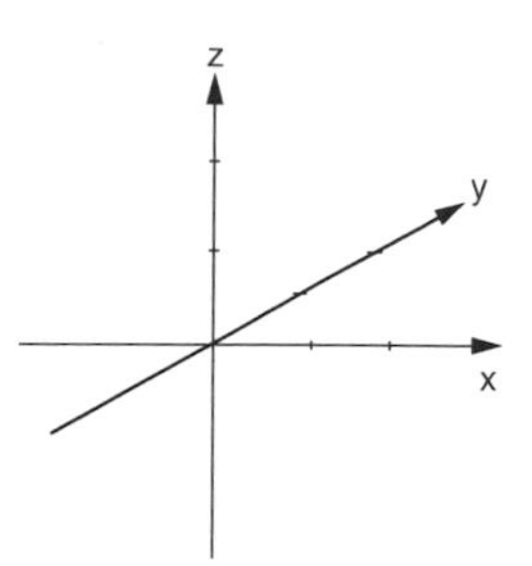

....

....

- ▷ 4

22

$$Q_{innen} = \int \rho\, dV = \frac{4\pi}{3} \cdot R_{innen}^3 \cdot \rho$$

....

Jetzt wenden wir den Gauß'schen Satz an, wobei $div\,\vec{E} = \frac{\rho}{\varepsilon_0}$.

$$\oint_{Oberfläche} \vec{E} \cdot \overrightarrow{dA} = \int_{Volumen} div\,\vec{E} \cdot dV$$

Wir berechnen beide Integrale:

a) $\oint_{Oberfläche} \vec{E} \cdot \overrightarrow{dA} = \ldots\ldots\ldots\ldots\ldots$

b) $\int_{Volumen} div\,\vec{E} \cdot dV = \ldots\ldots\ldots\ldots\ldots$

Eingesetzt in den Gauß'schen Satz erhalten wir: $\ldots\ldots\ldots\ldots\ldots = \ldots\ldots\ldots\ldots\ldots$

- ▷ 

41

$$\vec{F}_g = -\gamma \cdot M \cdot \frac{\vec{r}}{r^3} = -\gamma \cdot M \cdot \frac{1}{r^2} \cdot \frac{\vec{r}}{r}$$

....

Jetzt berechnen wir das Potential $\varphi = -\int \vec{F}\,\overrightarrow{dr}$ für einen Integrationsweg in radialer Richtung.

Dann gilt $\frac{\vec{r}}{r}\overrightarrow{dr} = dr$.

$$\varphi = \gamma \cdot M \int_{r_0}^{r} \frac{1}{r_2} \cdot \frac{r}{r} dr = \ldots\ldots\ldots\ldots\ldots\ldots\ldots\ldots$$

- ▷ 42

2

Gegeben seien eine quadratische Matrix A und ein Vektor $\vec{r}$.
Das Produkt $A \cdot \vec{r}$ ergebe einen neuen Vektor $\vec{r}'$ gemäß

$$\vec{r}' = A \cdot \vec{r} = \lambda \cdot \vec{r}$$

Dann ist $\vec{r}$ ein .... von A und λ ist ein ....

Voraussetzung ist $\lambda \neq$ .... und $\vec{r} \neq$ ....

- - - - - - - - ▷ 3

19

JA $\quad (A - \lambda_2 E) \cdot \vec{r}_{21} = 0$

NEIN $\quad (A - \lambda_1 E) \cdot \vec{r}_2 = \begin{pmatrix} 4 \\ 8 \end{pmatrix} \neq 0$

....

Zeichnen Sie die beiden Eigenvektoren $\vec{r}_1$ und $\vec{r}_2$ ein für $A = \begin{pmatrix} 2 & 2 \\ 2 & 5 \end{pmatrix}$ und

$$\vec{r}_1 = \begin{pmatrix} 1 \\ -\frac{1}{2} \end{pmatrix} \qquad \vec{r}_2 = \begin{pmatrix} 1 \\ 2 \end{pmatrix}$$

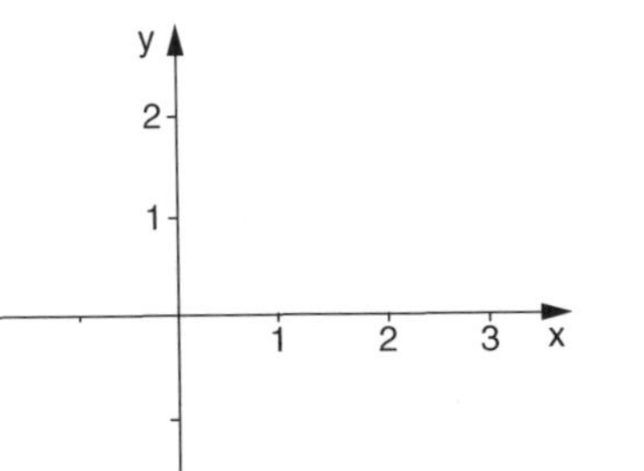

- - - - - - - - ▷ 20

36

Charakteristische Gleichung für A : $\lambda^3 + 4\lambda^2 - 4\lambda - 16 = 0$

Da wir einen Eigenwert bereits kennen, können wir einen Linearfaktor herausziehen und die charakteristische Gleichung wie folgt schreiben:

$$\lambda^3 + 4\lambda^2 - 4\lambda - 16 = (\lambda - \lambda_1)\,(\ldots\ldots\ldots\ldots)$$
$$\lambda^3 + 4\lambda^2 - 4\lambda - 16 = (\lambda + 2)\,(\ldots\ldots\ldots\ldots)$$

Hinweis: Lösen Sie den Ausdruck

$$\frac{\lambda^3 + 4\lambda^2 - 4\lambda - 16}{\lambda + 2} = \ldots\ldots\ldots\ldots$$

- - - - - - - - ▷ 37

4

$div \vec{F} = (1 + 1 - 2z) = (2 - 2z) = 2(1 - z)$

Für die Ebene $z = 1$ ist das Feld frei von Quellen und Senken.

Der Raum oberhalb dieser Ebene, $z > 1$, besteht aus Senken.
Der Raum unterhalb dieser Ebene, $z < 1$, besteht aus Quellen.

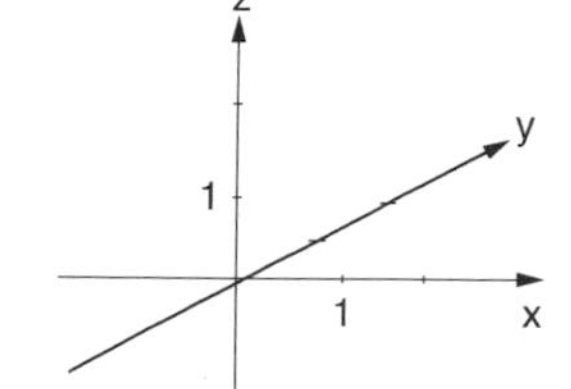

....

Alles richtig, weiter 

Noch eine Übung mit Erläuterungen 

23

a) $\oint \vec{E} \cdot \vec{dA} = E \cdot 4\pi \cdot R^2_{innen}$ b) $\int \text{div} \vec{E} \cdot dV = \frac{\rho}{\varepsilon_0} \cdot \frac{4\pi}{3} \cdot R^3_{innen}$

Eingesetzt in den Gauß'schen Satz erhalten wir: $|\vec{E}| \cdot 4\pi \cdot R^2_{innen} = \frac{\rho}{\varepsilon_0} \cdot \frac{4\pi}{3} \cdot R^3_{innen}$

....

Also: $|\vec{E}| = \frac{\rho}{\varepsilon_0} \frac{R_{innen}}{3}$

Um den Vektor $\vec{E}$ zu erhalten, muss noch die Richtung berücksichtigt werden (wieder mit $r = |\vec{r}|$):

$\vec{E} = |\vec{E}| \cdot \frac{\vec{r}}{r} = \ldots\ldots\ldots\ldots\ldots$

* Beachten Sie: $r = R_{innen}$

42

$$\varphi(r) = \gamma \cdot M \cdot \int_{r_0}^{r} \frac{dr}{r^2} = -\gamma \cdot M \left[\frac{1}{r}\right]_{r_0}^{r}$$

$$\varphi(r) = \gamma \cdot M \left[\frac{1}{r_0} - \frac{1}{r}\right]$$

....

Wir können das Potential des Gravitationsfeldes der Masse M so normieren, dass es für $r \to \infty$ Null wird oder sodass es für die Oberfläche mit $r = r_{Oberfläche}$ Null wird.

Im Lehrbuch ist der erste Fall erläutert. Im Leitprogramm haben wir ein Beispiel für den zweiten Fall gerechnet.

Geben Sie das Potential an für den ersten Fall, sodass es im Unendlichen verschwindet.

$\varphi_1 = \ldots\ldots\ldots\ldots\ldots$

Eigenwerte und Eigenvektoren

Eigenwerte und Eigenvektoren werden sowohl in der Technik wie in der Physik benutzt. In diesem Kapitel wird eine kurze Einführung in die Grundgedanken gegeben. Voraussetzung ist, dass Sie die Kapitel 19 „Koordinatentransformationen und Matrizen" und 20 „Lineare Gleichungssysteme und Determinanten" studiert haben. Denken Sie daran, die Beispiele im Lehrbuch auf einem Zettel mitzurechnen. Nur wenn man selbst etwas ausführen und reproduzieren kann, hat man es im Kopf.

STUDIEREN SIE im Lehrbuch

21.1 Eigenwerte von 2×2 Matrizen
21.2 Bestimmung von Eigenwerten
Lehrbuch, Seite 159-164

BEARBEITEN SIE danach Lehrschritt ---------------------- ▷ 

$$\vec{r}_{21} = \begin{pmatrix} 1 \\ 2 \end{pmatrix} \qquad \vec{r}_{22} = \begin{pmatrix} 2 \\ 4 \end{pmatrix} \qquad \vec{r}_{23} = a \cdot \begin{pmatrix} 1 \\ 2 \end{pmatrix}$$

Hinweis: Es sind beliebig viele gleichwertige Eigenvektoren zu r_{21} möglich.

Verifizieren Sie nun auch hier numerisch, dass $\vec{r}_{21} = \begin{pmatrix} 1 \\ 2 \end{pmatrix}$ ein Eigenvektor ist für λ_2.

Gilt $(A - \lambda_2 E) \cdot \vec{r}_{21} = 0$? ☐ Ja ☐ Nein

Verifizieren Sie numerisch, dass $\vec{r}_2 = \begin{pmatrix} 2 \\ 1 \end{pmatrix}$ *kein* Eigenvektor ist für $\lambda_1 = 1$.

Gilt $(A - \lambda_1 E) \cdot \vec{r}_2 = 0$? ☐ Ja ☐ Nein

---------------------- ▷ 19

$$\begin{pmatrix} -1 & -1 & 2 \\ -1 & -1 & -2 \\ 2 & -2 & -2 \end{pmatrix} \begin{pmatrix} 1 \\ 1 \\ 0 \end{pmatrix} = \begin{pmatrix} -2 \\ -2 \\ 0 \end{pmatrix} = (-2) \begin{pmatrix} 1 \\ 1 \\ 0 \end{pmatrix}$$

....

Geben Sie die charakteristische Gleichung für

$$A = \begin{pmatrix} -1 & -1 & 2 \\ -1 & -1 & -2 \\ 2 & -2 & -2 \end{pmatrix}$$

Nehmen Sie im Zweifel das Lehrbuch, Seite 164, zu Hilfe.

Charakteristische Gleichung ....

---------------------- ▷ 

5

Keine Quellen und Senken gibt es, wenn $div\vec{F} = 0$ ist.
Für das vorhergehende Beispiel war das der Fall für
$div\vec{F} = 2(1 - z) = 0$.

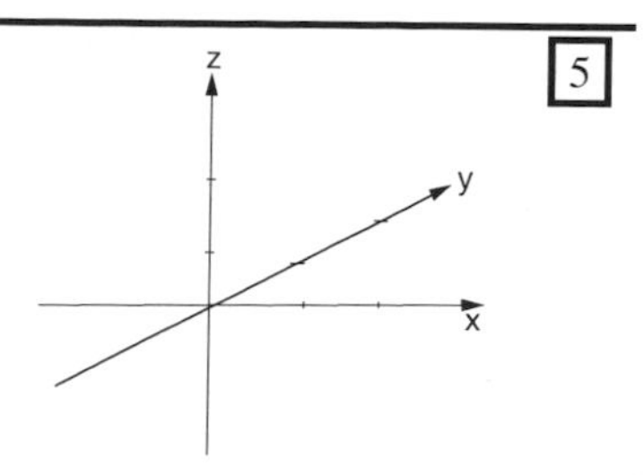

Die Gleichung $1 - z = 0$ oder $z = 1$ beschreibt eine Ebene parallel zur x-y-Ebene. Für $z > 1$ ist $div\vec{F}$ negativ. Das besagt, dass der Raum oberhalb der Ebene $z = 1$ aus Senken besteht.

Unterhalb der Ebene $z = 1$ ist $div\vec{F}$ positiv und dementsprechend besteht der Raum aus Quellen.

....

Berechnen Sie die Divergenz für das Vektorfeld $\vec{F} = (x^2 + 1, \quad y, \quad z + 5)$:

$div\vec{F} = \ldots\ldots\ldots\ldots$

Geben Sie an, wo gegebenenfalls Quellen oder Senken liegen und wo das das Feld frei von Quellen und Senken ist.

----------------------- ▷ 6

24

$$\vec{E}_{innen} = \frac{\rho}{\varepsilon_0} \cdot \frac{(x, y, z)}{3}$$

....

Zum Abschluss ersetzen wir ρ durch die Gesamtladung Q der ursprünglichen Kugel mittels der bekannten Beziehung

$$Q = \rho \cdot \frac{4\pi}{3} R^3$$

$\vec{E}_{innen} = \ldots\ldots\ldots\ldots$

----------------------- ▷ 25

43

$$\varphi_1 = -\gamma \cdot M \frac{1}{r}$$

....

Alles richtig 
----------------------- ▷ 46

Erläuterung erwünscht
------------------- ▷ 44

Kapitel 21
Eigenwerte und Eigenvektoren

K. Weltner, *Leitprogramm Mathematik für Physiker 2*.
DOI 10.1007/978-3-642-25163-4_21

6

$div\,\vec{F} = 2x + 1 + 1 = 2(x+1)$

Für die Ebene $x = -1$ ist das Feld frei von Quellen und Senken.

Der Raum links von dieser Ebene, für den gilt $x < -1$, besteht aus Senken.

Der Raum rechts von dieser Ebene, für den gilt $x > -1$, besteht aus Quellen.

Weiter

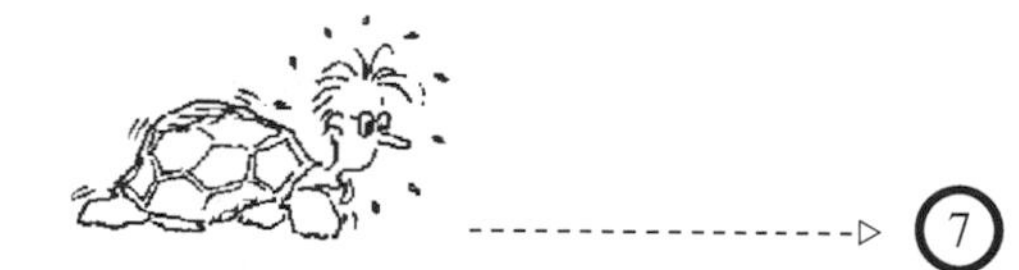

▷ 7

$$\vec{E}_{innen} = \frac{Q}{4\pi \cdot \varepsilon_0 \cdot R^3} \cdot (x, y, z)$$

....

Falls Sie Schwierigkeiten hatten, noch einmal im Leitprogramm ab Lehrschritt 9 arbeiten und dabei gegebenenfalls in das Lehrbuch schauen.

Weiter

▷

44

Das Potential des Gravitationsfeldes war $\varphi(r) = \gamma \cdot M \int\limits_{r_0}^{r} \frac{dr}{r^2} = \gamma \cdot M \left[\frac{1}{r_0} - \frac{1}{r}\right]$

Die Forderung war $\varphi(r = \infty) = 0$

Dann muss die Klammer zu Null werden. Das erreichen wir, wenn wir setzen $\frac{1}{r_0} = 0$ oder $r_0 = \infty$.

Verständnisschwierigkeiten können auftreten, weil r_0 die untere Integrationsgrenze ist und wir die untere Integrationsgrenze schlecht gegen ∞ gehen lassen können, wenn die obere Integrationsgrenze endlich bleiben soll. Das Problem löst sich auf, wenn wir die Integrationsrichtung vertauschen und von r bis r_0 integrieren.

Dann wird $\varphi(r) = \gamma \cdot M \int\limits_{r_0}^{r} \frac{dr}{r^2} = -\gamma \cdot M \int\limits_{r}^{r_0} \frac{dr}{r^2} = \ldots\ldots\ldots\ldots\ldots$

▷ 45

14

Gegeben sei ein System lineaer Gleichungen $A\,x = b$

$$\begin{aligned} x_1 + x_2 + 0 + 3x_4 &= 16 \\ x_1 + 2x_2 - x_3 + 5x_4 &= 25 \\ 0 + x_2 + 0 + x_4 &= 8 \\ 3x_1 + 5x_2 - 2x_3 + 12x_4 &= 64 \end{aligned}$$

Die erweiterte Matrix A|E ist eine ... × ... Matrix.

$$A|E = \left(\quad \middle| \quad \right)$$

Lehrschritt 15 steht unter Lehrschritt 1 ▷ (15)

28

Lösung in Matrix-Schreibweise:

$$\left(\begin{array}{ccc|r} 1 & 0 & 0 & 0{,}968940 \\ 0 & 1 & 0 & -3{,}996449 \\ 0 & 0 & 1 & 9{,}576879 \end{array}\right) \qquad \begin{aligned} x_1 &= 0{,}969 \\ x_2 &= -3{,}996 \\ x_3 &= 9{,}577 \end{aligned}$$

Im Ergebnis sind die Zahlen gerundet. Ergebnisse sollten immer mit der Genauigkeit angegeben werden, die durch die zugrunde liegenden Daten begrenzt sind.

Lehrschritt 29 steht unter Lehrschritt 15  

Sie haben das 

des Kapitels erreicht!!

7

Berechnen Sie die Divergenz für das Vektorfeld $\vec{F} = (x^3, y^3, -3z)$

Geben Sie an, wo gegebenenfalls Quellen und Senken liegen.

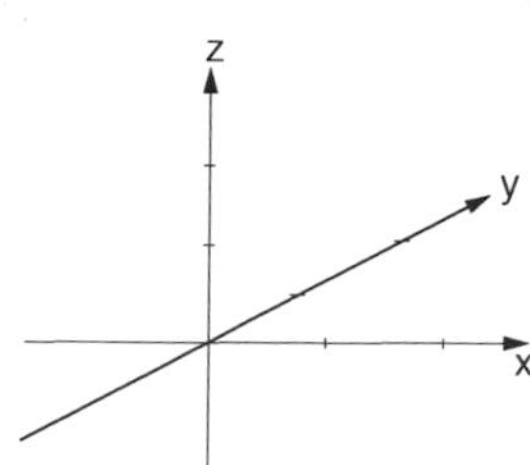

....

....

....

---------------------▷

8

26

18.3 Rotation eines Vektorfeldes
18.4 Integralsatz von Stokes

In diesem Abschnitt wird der Begriff der Rotation eines Vektorfeldes eingeführt. Bitte, rechnen Sie die Ableitungen und die Beispiele parallel auf einem Zettel mit.
Gönnen Sie sich eine kleine Kaffeepause, wenn Sie den Abschnitt 18.3 geschafft haben.

STUDIEREN Sie im Lehrbuch 18.3 Rotation eines Vektorfeldes
18.4 Integralsatz von Stokes
Lehrbuch Seite 99-106

Bearbeiten Sie danach Lehrschritt

---------------------▷ 27

45

$$\varphi(r) = \gamma \cdot M \left[\frac{1}{r_0} - \frac{1}{r} \right]$$

....

Jetzt können wir ohne Probleme r_0 gegen unendlich gehen lassen und erhalten wie oben

$$\varphi_I = -\gamma \cdot M \frac{1}{r}$$

Weitere Probleme können entstehen, wenn die Vorzeichen vertauscht werden.
Bitte Vorzeichenprobleme nicht unterschätzen und sorgfältig rechnen!

---------------------▷ 46

13

Matrixschreibweise linearer Gleichungssysteme und Bestimmung der inversen Matrix

Die Lösung linearer Gleichungssysteme wird durch die Matrixschreibweise erleichtert. Das wird für die Gauß-Jordan Elimination gezeigt. Die inverse Matrix, die im vorhergehenden Kapitel bereits erwähnt wurde, kann mit Hilfe der Gauß-Jordan Elimination berechnet werden.

STUDIEREN SIE im Lehrbuch 20.1.3 Matrixschreibweise linearer Gleichungssysteme und Bestimmung der inversen Matrix
Lehrbuch, Seite 139-142

BEARBEITEN SIE DANACH Lehrschritt ---------------------▷

Hier ist – wieder in Matrix-Schreibweise – der Stand der Rechnung nach der Elimination der Variablen x_2 in der zweiten Spalte notiert. Aufgrund von Abrundungen können bei Ihren Rechnungen Abweichungen in der letzten angegebenen Ziffer auftreten.

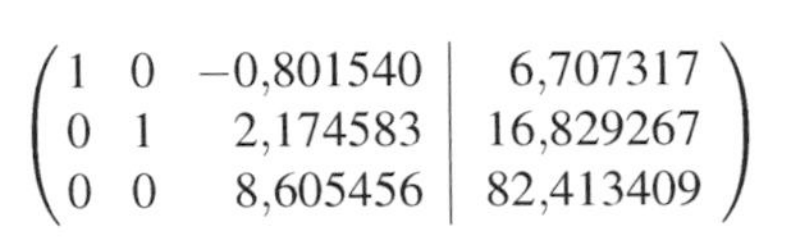

$$\left(\begin{array}{ccc|c} 1 & 0 & -0{,}801540 & 6{,}707317 \\ 0 & 1 & 2{,}174583 & 16{,}829267 \\ 0 & 0 & 8{,}605456 & 82{,}413409 \end{array}\right)$$

---------------------▷

41

Beim Studium des Lehrbuchs haben Sie Beispiele ausführlich durchgerechnet. Weitere Beispielaufgaben finden Sie in der letzten Übungsaufgabe im Lehrbuch Seite 157. Üben Sie nach Ihrem Bedarf. Die Cramersche Regel ist vor allem theoretisch interessant. Für praktische Anwendungen empfiehlt es sich immer, die Gauß-Elimination oder die Gauß-Jordan Elimination durchzuführen. Dabei ergibt sich im Übrigen der Rang der Koeffizientenmatrix automatisch.

Aus diesem Grund werden wir hier keine weiteren Beispiele zur Cramerschen Regel rechnen.

---------------------▷

8

$div\,\vec{F} = 3x^2 + 3y^2 - 3 = 3(x^2 + y^2 - 1)$

Quellen und Senken verschwinden für $x^2 + y^2 = 1$.

Das ist ein Kreis mit Radius 1 unabhängig von z, also ein Zylinder um die z-Achse.

Innerhalb des Zylinders ist $div\,\vec{F}$ negativ, der Raum also voller Senken.

Außerhalb des Zylinders ist $div\,\vec{F}$ positiv, der Raum also voller Quellen.

--------------------▷ 9

27

Für ein wirbelfreies Vektorfeld $\vec{F}_1$ gilt: ....=...........

Für ein Wirbelfeld $\vec{F}_2$ gilt: ....=...........

46

Jetzt wollen wir den zweiten Fall behandeln und diesmal das Potential des Gravitationsfeldes für die Oberfläche der Erde gleich Null setzen.

Es war $\varphi(r) = \gamma \cdot M \left[\frac{1}{r_0} - \frac{1}{r}\right]$

Die Höhe z über der Oberfläche ist gegeben durch $r = r_0 + z$

Damit wird $\varphi(z)$

$\varphi(z) = \ldots\ldots\ldots\ldots\ldots$

--------------------▷ 47

12

$x_1 = \frac{1}{2}$ $\qquad$ $x_2 = \frac{1}{5}$

Das Zahlenbeispiel machte viel weniger Schreibarbeit als die Ableitung der allgemeinen Lösung. Die allgemeinen Lösungen für Gleichungssysteme mit drei und mehr Variablen sind noch viel schwerfälliger und aufwändiger. Die Durchführung des Lösungsverfahrens ist demgegenüber einfach und folgerichtig. Daher ist das Verständnis der Logik des Lösungsverfahrens so wichtig, nicht die Kenntnis der Lösungsformel. Weitere Übungen sind im Lehrbuch auf Seite 157 zu finden.

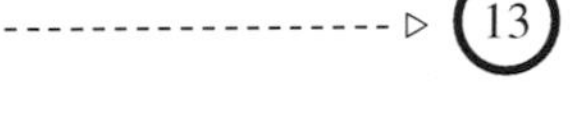

13

26

Schwierigkeiten macht bei dieser Aufgabe vor allem die Schreib- und Rechenarbeit. Das Lösungsverfahren ist bekannt. Zur Kontrolle ist das Gleichungssystem nach Elimination der Variablen x_1 in der ersten Spalte dargestellt. Natürlich in Matrix-Schreibweise. Die Rechnungen sind mit einen Taschenrechner durchgeführt. Bei Schwierigkeiten studieren Sie im Lehrbuch noch einmal die Abschnitt 20.1.2 und 20.1.3 und rechnen Sie die Aufgabe anhand des Lehrbuchs.

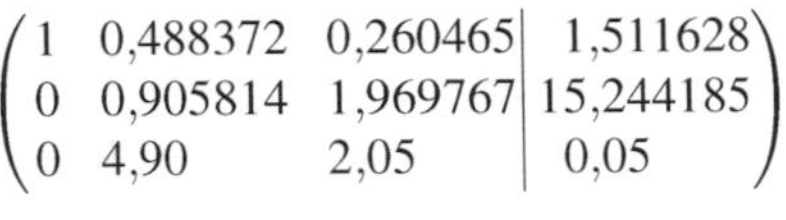

$$\left(\begin{array}{ccc|c} 1 & 0{,}488372 & 0{,}260465 & 1{,}511628 \\ 0 & 0{,}905814 & 1{,}969767 & 15{,}244185 \\ 0 & 4{,}90 & 2{,}05 & 0{,}05 \end{array}\right)$$

Lösung gefunden 28

Erläuterung oder Hilfe erwünscht 27

40

Rang einer Determinanten und einer Matrix
Anwendungsbeispiele
Cramer'sche Regel

Der Rang einer Matrix und ihrer Determinanten bestimmt die Struktur der Lösungen eines linearen Gleichungungssystems. Rechnen sie die ausführlichen Beispiele im Lehrbuch mit und, besser noch, versuchen Sie, die Beispiele zunächst selbständig zu lösen.

STUDIEREN SIE im Lehrbuch 20.2.3 Rang einer Determinanten und einer Matrix
20.2.4 Anwendungsbeispiele
20.2.5 Cramersche Regel
Lehrbuch Seite 153-156

BEARBEITEN SIE DANACH Lehrschritt 41

Im Lehrbuch wird der Nabla-Operator für zwei Dimensionen in Kapitel 14, Seite 36, eingeführt. Es handelt sich um eine zunächst formale neue Schreibweise.

$$\vec{\nabla} = \left(\frac{\delta}{\delta x}, \frac{\delta}{\delta y}\right)$$

Die Übertragung auf drei Dimensionen ist unmittelbar analog möglich.
Schreiben Sie für drei Dimensionen:

$\vec{\nabla} = \ldots\ldots\ldots\ldots\ldots$

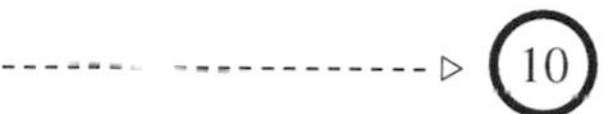

28

Feld wirbelfrei: $\oint \vec{F}_1 \cdot \overrightarrow{ds} = 0$

Wirbelfeld: $\oint \vec{F}_2 \cdot \overrightarrow{ds} \neq 0$

....

Es ist gut, wenngleich nicht ganz einfach, die Definition der Rotation im Kopf zu haben, oder wenigstens mit der Definition $rot\,\vec{F} = \vec{\nabla} \times \vec{F}$ rekonstruieren zu können.

$rot\,\vec{F} = \ldots\ldots\ldots\ldots\ldots$

47

$$\varphi(r) = \gamma \cdot M \left[\frac{1}{r_0} - \frac{1}{r_0 + z}\right]$$

....

Für die Umgebung der Oberfläche gilt $z << r_0$ und wir können näherungsweise schreiben

$$\frac{1}{r_0 + z} = \frac{1}{r_0\left(1 + \frac{z}{r_0}\right)} = \frac{1}{r_0}\,(\ldots\ldots\ldots\ldots\ldots)$$

Dies oben eingesetzt ergibt

$\varphi(z) = \gamma \cdot M\,[\ldots\ldots\ldots\ldots\ldots]$

--------------------▷ 48

11

$$x_1 = \frac{b_1 a_{22} - b_2 a_{12}}{a_{11} a_{22} - a_{12} a_{21}} \qquad x_2 = \frac{b_2 a_{11} - b_1 a_{21}}{a_{11} a_{22} - a_{12} a_{21}}$$

Nun lösen Sie ein Zahlenbeispiel:

$$x_1 + x_2 = \tfrac{7}{10}$$
$$2x_1 + 5x_2 = 2$$

$x_1 = \ldots\ldots\ldots\ldots\ldots$

$x_2 = \ldots\ldots\ldots\ldots\ldots$

▷ 12

25

Jetzt folgt eine Aufgabe, wie sie in Anwendungssituationen auftreten kann. Die Zahlenrechnungen können nicht mehr im Kopf durchgeführt werden, es muss ein Taschenrechner benutzt werden. Systematisches Vorgehen hilft, Fehler zu vermeiden, die bei diesen Zahlenrechnungen sehr leicht auftreten können.

$$\begin{aligned} 2{,}15x_1 + 1{,}05x_2 + 0{,}56x_3 &= 3{,}25 \qquad & x_1 &= \ldots\ldots\ldots \\ 3{,}80x_1 + 0{,}95x_2 - 0{,}98x_3 &= -9{,}50 & x_2 &= \ldots\ldots\ldots \\ 4{,}90x_2 + 2{,}05x_3 &= 0{,}05 & x_3 &= \ldots\ldots\ldots \end{aligned}$$

Lösung gefunden ▷ 28

Erläuterung oder Hilfe erwünscht ▷ 26

39

Eine mögliche Vereinfachung: $\begin{vmatrix} 1 & 1 & 0 & 3 \\ 1 & 2 & -1 & 5 \\ 0 & 1 & 0 & 1 \\ 3 & 5 & -2 & 12 \end{vmatrix} = \begin{vmatrix} 1 & 0 & 0 & 0 \\ 1 & 1 & -1 & 2 \\ 0 & 1 & 0 & 1 \\ 3 & 2 & -2 & 3 \end{vmatrix} = -1$

oder eine andere Vereinfachung: $= \begin{vmatrix} 1 & 1 & 0 & 2 \\ 1 & 2 & -1 & 3 \\ 0 & 1 & 0 & 0 \\ 3 & 5 & -2 & 7 \end{vmatrix} = (-1) \cdot \begin{vmatrix} 1 & 0 & 2 \\ 1 & -1 & 3 \\ 3 & -2 & 7 \end{vmatrix} = -1$

Weitere Übungsaufgaben finden Sie im Lehrbuch, Seite 157. Im Leitprogramm üben wir nicht weiter, hier ist nur eine erste Orientierung beabsichtigt.

▷

40

10

$$\vec{\nabla} = \left(\frac{\delta}{\delta x}, \frac{\delta}{\delta y}, \frac{\delta}{\delta z}\right)$$

....

Mit Hilfe des Nabla-Operators lassen sich der Gradient eines Skalarfeldes $f(x,y,z)$ und die Divergenz eines Vektorfeldes $\vec{F}(x,y,z)$ vereinfacht schreiben.

Wir beginnen mit der Bildung der Gradienten:

$grad\ f(x,y,z) = \vec{\nabla} \cdot f(x,y,z) = \ldots\ldots\ldots\ldots\ldots\ldots\ldots\ldots$

--------------------▷ 11

29

$$rot\,\vec{F} = \begin{pmatrix} \frac{\delta F_z}{\delta y} - \frac{\delta F_y}{\delta z} \\ \frac{\delta F_x}{\delta z} - \frac{\delta F_z}{\delta x} \\ \frac{\delta F_y}{\delta x} - \frac{\delta F_x}{\delta y} \end{pmatrix}$$

....

Schreiben Sie als Determinante:

$rot\vec{F} = \ldots\ldots\ldots\ldots\ldots\ldots\ldots\ldots\ldots\ldots$

--------------------▷ 30

48

Näherung: $\dfrac{1}{r_0\left(1+\dfrac{z}{r_0}\right)} \approx \dfrac{1}{r_0}\left[1-\dfrac{z}{r_0}\right]$

$$\varphi(z) = \gamma \cdot M \frac{z}{{r_0}^2}$$

....

Für den Fall der Erde mit Masse M und Radius r_E entspricht das genau dem Potential, das wir in den Lehrschritten 38, 39 und 40 benutzt haben. Dort galt: $\varphi(z) = (0,0,g \cdot z) = g \cdot z$

Dies ist identisch mit $\varphi(z) = \gamma \cdot M \frac{z}{{r_0}^2}$, wenn wir setzen

$g = \ldots\ldots\ldots\ldots\ldots$

--------------------▷ 49

10

$$x_2 = \frac{b_2a_{11} - b_1a_{21}}{a_{22}a_{11} - a_{21}a_{12}}$$

Nun können wir x_2 einsetzen in Gleichung (1)

$a_{11}x_1 + a_{12}x_2 = b_1 \qquad (1)$

Aufgelöst nach x_1 erhalten wir damit die vollständige Lösung:

$$x_1 = \ldots\ldots\ldots\ldots$$

$$x_2 = \frac{b_2a_{11} - b_1a_{21}}{a_{22}a_{11} - a_{21}a_{12}}$$

--------------------▷ 11

24

$$\left(\begin{array}{cccc|c} 1 & 0 & 0 & 0 & 4 \\ 0 & 1 & 0 & 0 & 6 \\ 0 & 0 & 1 & 0 & 1 \\ 0 & 0 & 0 & 1 & 2 \end{array}\right) \quad \begin{array}{l} x_1 = 4 \\ x_2 = 6 \\ x_3 = 1 \\ x_4 = 2 \end{array}$$

Bei der Ausführung der Transformationen muss man aufpassen, aber prinzipiell sind sie nicht schwierig. Die Matrixschreibweise und die schrittweise Durchführung der Transformationen anhand der erweiterten Matrix $A|b$ sparen Schreibarbeit und helfen damit, Fehler zu vermeiden.

--------------------▷ 25

38

$\mathrm{Det}A = a_{11} \cdot A_{11} = -1$

Vereinfachen Sie die Determinante derselben Matrix, indem Sie Vielfache einer Spalte zu einer anderen addieren und dann ausrechnen:

$$\begin{vmatrix} 1 & 1 & 0 & 3 \\ 1 & 2 & -1 & 5 \\ 0 & 1 & 0 & 1 \\ 3 & 5 & -2 & 12 \end{vmatrix} = \begin{vmatrix} & & & \\ \\ \\ \\ \end{vmatrix} = \ldots\ldots\ldots\ldots$$

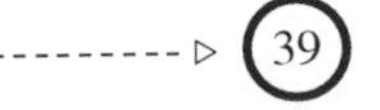

--------------------▷ 39

$$grad\, f(x,y,z) = \vec{\nabla} \cdot f(x,y,z) = \frac{\delta f}{\delta x} \cdot \vec{e}_x + \frac{\delta f}{\delta y} \cdot \vec{e}_y + \frac{\delta f}{\delta z} \cdot \vec{e}_z$$

11

$\vec{\nabla}$ ist ein Vektor. Hier wird das Produkt mit einem Skalar gebildet, nämlich der Funktion $f(x,y,z)$. Das Ergebnis ist, wie das Produkt eines jeden beliebigen Vektors mit einem Skalar, ein Vektor. Er ist oben einmal abgekürzt und einmal ausführlich geschrieben.

Jetzt betrachten wir die Bildung der Divergenz eines Vektorfeldes $\vec{F}(x,y,z)$:

$$div\,\vec{F} = \vec{\nabla} \cdot \vec{F}(x,y,z) = \frac{\delta F_x}{\delta x} + \frac{\delta F_y}{\delta y} + \frac{\delta F_z}{\delta z}$$

Hier wird $\vec{\nabla}$ wieder als Vektor betrachtet und das innere Produkt aus $\vec{\nabla}$ und dem Vektor $\vec{F}$ gebildet, der das Feld $\vec{F}$ beschreibt. Das Ergebnis ist ein Skalar.

Bilden Sie $\vec{\nabla} \cdot \varphi(x,y,z)$ für $\varphi = (x^2 + y^2 + z^2)$: $grad\ \varphi = \vec{\nabla} \cdot \varphi = \ldots\ldots\ldots\ldots$

Bilden Sie $\vec{\nabla} \cdot \vec{F}$ für $\vec{F} = (x^2,\ y^2,\ z^2)$: $div\,\vec{F} = \vec{\nabla} \cdot \vec{F} = \ldots\ldots\ldots\ldots$

▷ 12

30

$$rot\,\vec{F} = \begin{vmatrix} \vec{e}_x & \vec{e}_y & \vec{e}_z \\ \frac{\delta}{\delta x} & \frac{\delta}{\delta y} & \frac{\delta}{\delta z} \\ F_x & F_y & F_z \end{vmatrix}$$

Multiplizieren Sie die Determinante aus und geben Sie noch einmal an:

$$rot\,\vec{F} = \begin{pmatrix} \ldots\ldots\ldots \\ \ldots\ldots\ldots \\ \ldots\ldots\ldots \end{pmatrix}$$

▷ 31

49

$$g = \gamma \cdot \frac{M}{{r_0}^2}$$

▷ 50

9

$$0 + a_{22}x_2 - \frac{a_{21}a_{12}}{a_{11}}x_2 = b_2 - b_1\frac{a_{21}}{a_{11}}$$

Jetzt können wir nach x_2 auflösen und erhalten

$x_2 = \ldots\ldots\ldots\ldots\ldots$

- - - - - - - - - - ▷

10

23

Bei der Berechnung der Inversen haben wir die erweiterte Matrix A|E so transformiert, dass wir $E|A^{-1}$ erhielten. Jetzt ist die erweiterte Matrix $A|b$ so zu transformieren, dass wir $E|x$ erhalten.

Die Transformationsschritte sind die gleichen wie in den Lehrschritten 16-20. Nur die rechte Seite ist verändert. Es handelt sich um die Gauß-Jordan Elimination in einer abgekürzten Schreibweise. Führen Sie die Transformation anhand der Lehrschritte 16-20 durch. Dafür müssen Sie zurückblättern

$$E|x = \left(\begin{array}{cccc|cccc} & & & & & & & \\ & & & & & & & \\ & & & & & & & \\ \ldots & \ldots & \ldots & \ldots & \ldots & \ldots & \ldots & \ldots \end{array}\right) \quad \begin{array}{l} x_1 = \\ x_2 = \\ x_2 = \\ x_3 = \end{array}$$

- - - - - - - - - - ▷

24

37

Es gibt viele Möglichkeiten. Eine davon wäre

$$\begin{vmatrix} 1 & 1 & 0 & 3 \\ 1 & 2 & -1 & 5 \\ 0 & 1 & 0 & 1 \\ 3 & 5 & -2 & 12 \end{vmatrix} \quad \begin{array}{l} \\ \textit{Subtraktion von Zeile } 1 \\ \\ \textit{Subtraktion von } 3\times \textit{ Zeile } 1 \end{array} = \begin{vmatrix} 1 & 1 & 0 & 3 \\ 0 & 1 & -1 & 2 \\ 0 & 1 & 0 & 1 \\ 0 & 2 & -2 & 3 \end{vmatrix}$$

Die Vereinfachung entspricht im Übrigen genau den Operationen der Gauß-Jordan Elimination. Jetzt braucht nur noch das algebraische Komplement A_{11} berechnet zu werden.

$\text{Det}\, A = \ldots\ldots\ldots\ldots\ldots$

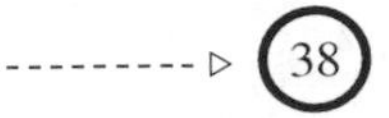
- - - - - - - - - - ▷ 38

12

$grad\,\varphi = \vec{\nabla} \cdot \varphi = (2x,\ 2y,\ 2z) = 2x\vec{e}_x + 2y\vec{e}_y + 2z\vec{e}_z.$

(Der Vektor $grad\,\varphi$ kann abgekürzt oder ausführlich geschrieben werden.)

$div\,\vec{F} = \vec{\nabla} \cdot \vec{F} = 2x + 2y + 2z$

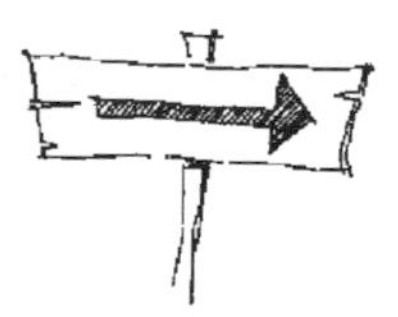

----------▷ 13

31

$$rot\,\vec{F} = \begin{pmatrix} \frac{\delta F_z}{\delta y} - \frac{\delta F_y}{\delta z} \\ \frac{\delta F_x}{\delta z} - \frac{\delta F_z}{\delta x} \\ \frac{\delta F_y}{\delta x} - \frac{\delta F_x}{\delta y} \end{pmatrix}$$

....

Das Geschwindigkeitsfeld einer Wasserströmung sei gegeben durch $\vec{v} = (1,\ lnz,\ 0)$
Berechnen Sie:

$div\,\vec{v} =$ ....

$rot\,\vec{v} =$ ....

----------▷ 32

50

Zum Abschluss des Kapitels wiederholen wir noch einmal wesentliche Inhalte.

Geben Sie die Definition der Divergenz eines Vektorfeldes $\vec{F}$ an:

$div\,\vec{F} =$ .... = ...

----------▷ 51

8

$$a_{21}x_1 + \frac{a_{21} \cdot a_{12}}{a_{11}} x_2 = b_1 \cdot \frac{a_{21}}{a_{11}}$$

Nun können wir x_1 in Gleichung (2) eliminieren, in dem wir die obige Gleichung subtrahieren von

$$a_{21}x_1 \quad + a_{22}x_2 = b_2 \qquad (2)$$

Das ergibt: ....

---------------------▷ (9)

22

$$A|b = \left(\begin{array}{cccc|c} 1 & 1 & 0 & 3 & 16 \\ 1 & 2 & -1 & 5 & 25 \\ 0 & 1 & 0 & 1 & 8 \\ 3 & 5 & -2 & 12 & 64 \end{array}\right)$$

Lösen Sie das Gleichungssystem mit der Gauß-Jordan Elimination.
Das entspricht der Transformation des Teils A in eine Einheitsmatrix genau wie eben bei der Ermittlung von A^{-1}. Einziger Unterschied ist, dass hier die Erweiterung aus b besteht.

$$\left(\begin{array}{c|c} \quad & \\ & \\ & \\ & \ldots\ldots \end{array}\right) \quad \begin{array}{l} x_1 = \ldots\ldots\ldots\ldots\ldots \\ x_2 = \ldots\ldots\ldots\ldots\ldots \\ x_3 = \ldots\ldots\ldots\ldots\ldots \\ x_4 = \ldots\ldots\ldots\ldots\ldots \end{array}$$

Lösung gefunden ---------------------▷ (24)

Erläuterung oder Hilfe erwünscht ---------------------▷ (23)

36

$A_{12} = 1$ Das Ergebnis ist immer gleich, der Rechenaufwand nicht.

....

Der Rechenaufwand bei der Bestimmung von Determinanten größerer Matrizen kann ganz erheblich reduziert werden, wenn man die Eigenschaften der Determinanten geschickt zur Vereinfachung ausnutzt.

Gegeben sei $\det A = \begin{vmatrix} 1 & 1 & 0 & 3 \\ 1 & 2 & -1 & 5 \\ 0 & 1 & 0 & 1 \\ 3 & 5 & -2 & 12 \end{vmatrix}$

Benutze Regel (6) – Addition von Vielfachen einer Zeile zu einer anderen:

$\det A = \begin{vmatrix} & & & \\ & & & \\ \ldots & \ldots & \ldots & \ldots \end{vmatrix}$

---------------------▷ (37)

Auf S. 98 im Lehrbuch wird ein Ergebnis aus der Elektrodynamik angegeben: Für eine Kugel mit homogener Ladungsdichte ρ, der Gesamtladung Q und dem Radius R ist das elektrische Feld außerhalb der Kugeloberfläche gegeben durch: **13**

$$\vec{E}(x,y,z) = \frac{Q}{4\pi\varepsilon_0} \frac{(x,y,z)}{\left(\sqrt{x^2+y^2+z^2}\right)^3}$$

Berechnen Sie, möglichst ohne in das Buch zu sehen, die Divergenz von $\vec{E}$ außerhalb der Kugeloberfläche:

$div\vec{E} = \ldots\ldots\ldots\ldots\ldots\ldots\ldots\ldots\ldots\ldots\ldots\ldots$

- - - - - - - - - - ▷ (14)

32

$div\vec{v} = 0 \qquad rot\vec{v} = (-\frac{1}{z}, 0, 0)$

....

Nächste Aufgabe: Es sei $\vec{F}(x,y,z) = (5, 0, z^2)$

Berechnen Sie das Linienintegral längs des Rechtecks in der y-z-Ebene mit den Seiten a und b für einen vollen Umlauf.

$\oint \vec{F}\vec{ds} = \ldots\ldots\ldots\ldots\ldots\ldots\ldots\ldots$

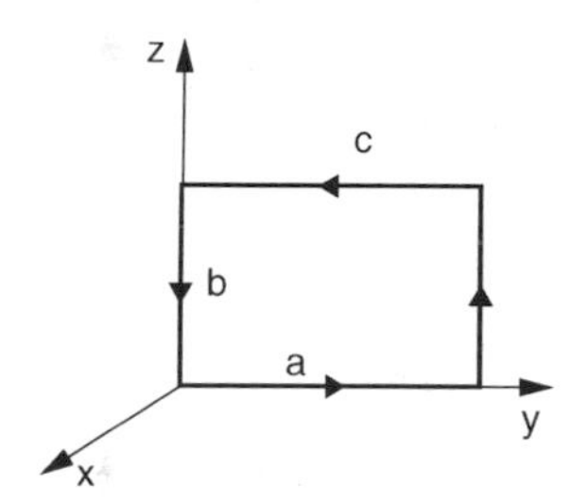

- - - - - - - - - - ▷ (33)

51

$$div\vec{F} = \frac{\partial F_x}{\partial x} + \frac{\partial F_y}{\partial y} + \frac{\partial F_z}{\partial z} = \vec{\nabla}\cdot\vec{F}$$

....

Berechnen Sie die Divergenz des Vektorfeldes $\vec{F} = \left(\frac{x^3}{3}, \frac{y^3}{3}, -\frac{z^2}{2}\right)$

$div\vec{F} = \ldots\ldots\ldots\ldots$

Verteilung von Quellen und Senken:

....

....

....

- - - - - - - - - - ▷ (52)

7

Gegeben ist das Gleichungssystem

$$a_{11}x_1 + a_{12}x_2 = b_1 \qquad (1)$$
$$a_{21}x_1 + a_{22}x_2 = b_2 \qquad (2)$$

Wir wollen es in die gestaffelte Form überführen

$$\begin{aligned} a_{11}x_1 \, + \, a_{12}x_2 &= b_1 \\ 0 \, + \, a_{22}x_2 &= b_2 \end{aligned}$$

Dazu multiplizieren wir zunächst Gleichung (1) mit $\dfrac{a_{21}}{a_{11}}$ und erhalten:

....

--------------------▷ 8

21

$$A^{-1} = \begin{pmatrix} -1 & -4 & -1 & 2 \\ -1 & -2 & 1 & 1 \\ 2 & 1 & 1 & -1 \\ 1 & 2 & 0 & -1 \end{pmatrix}$$

Wenn kein Rechenfehler gemacht wurde, müssten Sie erhalten $A^{-1} \cdot A = A \cdot A^{-1} = E$

....

Kehren wir zurück zu unserem Gleichungssystem von Lehrschritt 14: $Ax = b$

$$\begin{pmatrix} 1 & 1 & 0 & 3 & x_1 \\ 1 & 2 & -1 & 5 & x_2 \\ 0 & 1 & 0 & 1 & x_3 \\ 3 & 5 & -2 & 12 & x_4 \end{pmatrix} = \begin{pmatrix} 16 \\ 25 \\ 8 \\ 64 \end{pmatrix}$$ Die erweiterte Matrix $A|b$ ist: $$A|b = \left(\begin{array}{cccc|c} 1 & 1 & 0 & 3 & \\ 1 & 2 & -1 & 5 & \\ 0 & 1 & 0 & 1 & \\ 3 & 5 & -2 & 12 & \end{array}\right)$$

--------------------▷ 22

35

Entwicklung nach der ersten Zeile

$$A_{12} = -\begin{vmatrix} 1 & -1 & 5 \\ 0 & 0 & 1 \\ 3 & -2 & 12 \end{vmatrix} = -(1 \cdot 2 - (-1)(-3)) = 1$$

Die Benutzung der Sarrus'schen Regel ergibt natürlich das gleiche Ergebnis.

....

Entwickeln Sie zur weiteren Übung einmal nach der 2. Zeile und dann noch einmal nach der 1. Spalte. Da das Ergebnis bekannt ist, haben Sie selbst gleich die Kontrolle.

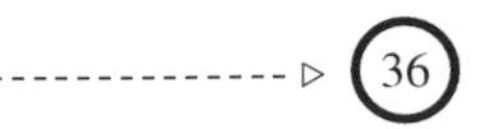

--------------------▷ 36

$div\vec{E} = \vec{\nabla} \cdot \vec{E} = 0$ 14

Bei Schwierigkeiten im Lehrbuch Seite 98, Beispiel 3, erneut studieren.

....

Im Inneren der Kugel ist das elektrische Feld gegeben durch
$\vec{E}(x,y,z) = \frac{Q}{4\pi\varepsilon_0 R^3}(x,y,z)$

Berechnen Sie die Divergenz innerhalb der Kugel:

$div\vec{E} = $ ....

--------------------▷ 15

33

Man sieht sofort: Das Feld ist wirbelfrei, also ist

$$\oint \vec{F} \cdot \overrightarrow{ds} = 0$$

--------------------▷ 34

52

$div \quad \vec{F} = x^2 + y^2 - z$

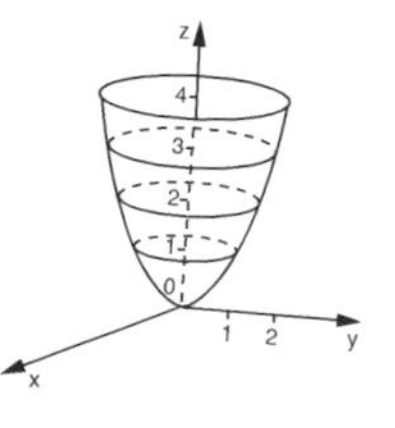

Keine Quellen und Senken für
$div\ \vec{F} = 0$: Das ergibt $0 = x^2 + y^2 - z$ oder $z = x^2 + y^2$. Das ist ein Rotationsparaboloid um die z-Achse.
Innen befinden sich Senken, außen Quellen.

....

Geben Sie den Gauß'schen Satz an:

.... = ...

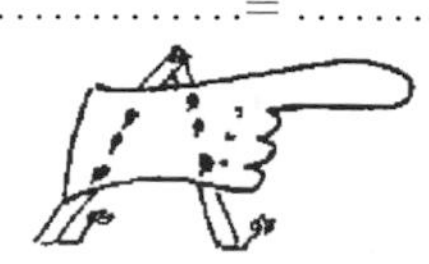

--------------------▷  53

6

Gegeben sei ein System von zwei linearen Gleichungen

$$a_{11}x_1 + a_{12}x_2 = b_1$$
$$a_{21}x_1 + a_{22}x_2 = b_2$$

Berechnen Sie die Lösung mittels der Gauß'schen Elimination.

$x_1 = \ldots\ldots\ldots\ldots\ldots$

$x_2 = \ldots\ldots\ldots\ldots\ldots$

Lösung gefunden ---------------------▷ (11)

Erläuterung oder Hilfe erwünscht ---------------------▷ (7)

20

$$E|A^{-1} = \left(\begin{array}{cccc|cccc} 1 & 0 & 0 & \mathbf{0} & \mathbf{-1} & \mathbf{-4} & -1 & \mathbf{2} \\ 0 & 1 & 0 & \mathbf{0} & \mathbf{-1} & \mathbf{-2} & 1 & \mathbf{1} \\ 0 & 0 & 1 & \mathbf{0} & \mathbf{2} & \mathbf{1} & 1 & \mathbf{-1} \\ 0 & 0 & 0 & \mathbf{1} & \mathbf{1} & \mathbf{2} & \mathbf{0} & \mathbf{-1} \end{array}\right)$$

Nachdem wir $A|E$ in $E|A^{-1}$ transferiert haben, können wir A^{-1} separat hinschreiben.

$$A^{-1} = \begin{pmatrix} & & & \\ & & & \\ \ldots & \ldots & \ldots & \ldots \end{pmatrix}$$

Überprüfen Sie das Resultat und berechnen Sie $A^{-1} \cdot A = \ldots\ldots\ldots$ $A \cdot A^{-1} = \ldots\ldots\ldots$

---------------------▷ (21)

34

Unterdeterminante für a_{12}: $\begin{vmatrix} 1 & -1 & 5 \\ 0 & 0 & 1 \\ 3 & -2 & 12 \end{vmatrix}$

Algebraisches Komplement $A_{12} = (-1)^{1+2} \cdot \begin{vmatrix} 1 & -1 & 5 \\ 0 & 0 & 1 \\ 3 & -2 & 12 \end{vmatrix}$

....

Rechnen Sie nun das algebraische Komplement aus. Benutzen Sie einmal die allgemeine Methode (Entwicklung nach einer Zeile) und einmal die Sarrus'sche Regel:

$$A_{12} = -\begin{vmatrix} 1 & -1 & 5 \\ 0 & 0 & 1 \\ 3 & -2 & 12 \end{vmatrix} = \begin{vmatrix} & & \\ & & \\ \ldots & \ldots & \ldots \end{vmatrix}$$

---------------------▷  (35)

15

$div\,\vec{E} = \frac{3Q}{4\pi\varepsilon_0 R^3} = \frac{\rho}{\varepsilon_0}$

....

Bei Schwierigkeit bedenken Sie, dass $\frac{3}{4}\pi R^3 = V$ ist und dass $\frac{Q}{V} = \rho$ gilt.

Geben Sie den Integralsatz von Gauß aus dem Gedächtnis an.

....

....

....

-----------▷ 16

34

18.5 Potential eines Vektorfeldes

STUDIEREN Sie 18.5 Potential eines Vektorfeldes
Lehrbuch Seite 106-108

--------------------▷ 35

53

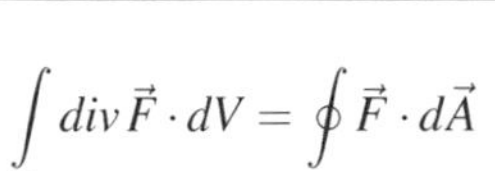

$$\int_V div\,\vec{F} \cdot dV = \oint \vec{F} \cdot d\vec{A}$$

Volumenintegral = Oberflächenintegral

....

Definition der Rotation eines Vektorfeldes $\vec{F}$:

$rot\,\vec{F} = \vec{\nabla} \times \vec{F} =$ ....

--------------------▷ 54

5

$x_1 = 3 \qquad x_2 = 1 \qquad x_3 = \frac{1}{3}$

....

Hier im Leitprogramm wird jetzt die allgemeine Lösung für zwei Gleichungen mit zwei Unbekannten nach dem Gauß'schen Eliminationsverfahren berechnet. Allgemeine Rechnungen sind oft schwerfälliger als Zahlenbeispiele.

Entscheiden Sie selbst:

Möchte allgemeine Rechnung kennen lernen ---------------------▷ (6)

Möchte weiter zum nächsten Thema übergehen 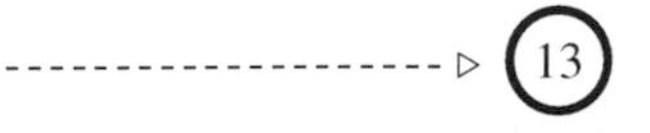
--------------------▷ (13)

19

Die veränderten Elemente sind fett gedruckt:
$$\left(\begin{array}{cccc|cccc} 1 & 0 & \mathbf{0} & \mathbf{2} & \mathbf{1} & \mathbf{0} & \mathbf{-1} & 0 \\ 0 & 1 & \mathbf{0} & \mathbf{1} & \mathbf{0} & \mathbf{0} & \mathbf{1} & 0 \\ 0 & 0 & 1 & -1 & 1 & -1 & 1 & 0 \\ 0 & 0 & 0 & -1 & -1 & -2 & 0 & 1 \end{array}\right)$$

4. Schritt: Elimination der Elemente oberhalb a_{44}:

Zeile 1: 2 x Zeile 4 addieren — Zeile 2: Zeile 4 addieren
Zeile 3: Zeile 4 subtrahieren — Zeile 4: mit (-1) multiplizieren

Ergebnis: $E|A^{-1} = \left(\begin{array}{cccc|cccc} \\ \\ \dots & \dots & \dots & \dots & \dots & \dots & \dots & \dots \end{array}\right)$

--------------------▷ (20)

33

Gegeben sei die Determinante der Ihnen von vorhergehenden Übungen bekannten Matrix:

$$\det A = \begin{vmatrix} 1 & 1 & 0 & 3 \\ 1 & 2 & -1 & 5 \\ 0 & 1 & 0 & 1 \\ 3 & 5 & -2 & 12 \end{vmatrix}$$

Geben Sie die Unterdeterminante für a_{12}: ....
Schreiben Sie das algebraische Komplement auf:

$$A_{12} = \begin{vmatrix} \\ \\ \dots & \dots & \dots & \dots \end{vmatrix}$$

Im Zweifel im Lehrbuch nachschauen. --------------------▷ (34)

16

$$\int_V div\vec{F}\cdot dV = \oint_{A(V)} \vec{F}\cdot\vec{dA}$$

....

Wir werden jetzt den Gauß'schen Satz benutzen, um das angegebene elektrische Feld innerhalb und außerhalb der Kugel zu berechnen.

Berechnen Sie das elektrische Feld außerhalb der Kugeloberfläche.

$\vec{E} =$ ....

Aufgabe gelöst ------------------------------▷  20

Hilfe und Erläuterung erwünscht --------------▷  17

35

Im Lehrbuch wurde als Beispiel das allgemeine radialsymmetrische Gravitationsfeld einer Kugel mit der Masse M betrachtet.

Der vertraute Fall dafür ist die Erde. Auf der Erdoberfläche rechnen wir oft mit der Vereinfachung eines homogenen Gravitationsfeldes.

Die x-y-Ebene liege dann parallel zur Erdoberfläche. Die z-Achse weise nach oben, und der Nullpunkt falle mit der Erdoberfläche zusammen. Dann ist die Kraft für eine Masse m gegeben durch:

$\vec{F} =$ ....

--------------------▷ 36

54

$$rot\,\vec{F} = \begin{pmatrix} \frac{\delta F_z}{\delta y} - \frac{\delta F_y}{\delta z} \\ \frac{\delta F_x}{\delta z} - \frac{\delta F_z}{\delta x} \\ \frac{\delta F_y}{\delta x} - \frac{\delta F_x}{\delta y} \end{pmatrix}$$

....

Eine Wasserströmung sei gegeben durch

$\vec{V} = (z^2,\ 0,\ 0)$

$rot\,\vec{V} =$ ....

--------------------▷ 55

4

Anstatt einer Hilfe nur ein Hinweis. Es kann hier keine grundsätzlichen Verständnisschwierigkeiten geben.

Lösen Sie die Gleichung anhand des im Lehrbuch Seite 137 demonstrierten Beispiels.

Das beste wäre, Sie lösten danach dieselbe Aufgabe auch anhand des im Lehrbuch auf Seite 138 demonstrierten Beispiels. Dann hätten Sie die beiden Beispiele durchgespielt.

--------------------▷ (5)

18

Die veränderten Elemente sind fett gedruckt

$$\left(\begin{array}{cccc|cccc} 1 & \mathbf{0} & \mathbf{1} & \mathbf{1} & \mathbf{2} & \mathbf{-1} & 0 & 0 \\ 0 & 1 & -1 & 2 & -1 & 1 & 0 & 0 \\ 0 & \mathbf{0} & \mathbf{1} & \mathbf{-1} & \mathbf{1} & \mathbf{-1} & 1 & 0 \\ 0 & \mathbf{0} & \mathbf{0} & \mathbf{-1} & \mathbf{-1} & \mathbf{-2} & 0 & 1 \end{array}\right)$$

3. Schritt:

Elimination der Elemente unterhalb und oberhalb von a_{33}:

Zeile 1: Ziele 3 abziehen

Zeile 2: Zeile 3 addieren

Zeile 4: a_{34} ist bereits 0

Ergebnis: $\left(\begin{array}{cccc|cccc} & & & & & & & \\ \dots & \dots & \dots & \dots & \dots & \dots & \dots & \dots \end{array}\right)$

--------------------▷ (19)

32

Determinanten

In diesem Abschnitt sollen Sie den Begriff „Determinante" und deren Eigenschaften kennen lernen, sowie üben, die Determinanten von 2 × 2 und 3 × 3 Matrizen auszurechnen.

STUDIEREN SIE im Lehrbuch

20.2 Determinante
20.2.1 Einführung
20.2.2 Definition und Eigenschaften der n-reihigen Determinanten
Lehrbuch Seite 145-151

BEARBEITEN SIE DANACH Lehrschritt --------------------▷

Im Lehrbuch, S. 98, ist das elektrische Feld einer Kugel (Radius R, Ladungsdichte ρ) angegeben. Außerhalb der Kugel gilt:

$$\vec{E}(x,y,z) = \frac{Q}{4\pi\varepsilon_0}\frac{(x,y,z)}{\left(\sqrt{x^2+y^2+z^2}\right)^3}$$

Wir können diesen Ausdruck mit Hilfe des Satzes von Gauß gewinnen. Der Mittelpunkt der Kugel liege im Nullpunkt des Koordinatensystems.

Zunächst berechnen wir die Ladung Q der Kugel mit Kugelradius R. Die Ladungsdichte im Inneren sei ρ.

$Q =$ ....

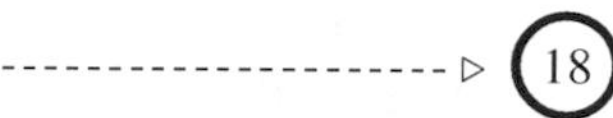

--------------------▷ 18

36

$\vec{F} = (0,\ 0,\ -m \cdot g)$

....

Im Fall des Gravitationsfeldes ist die Kraft $\vec{F}$ das Produkt aus der Masse m des betrachteten Körpers und der Feldstärke $\vec{F}_g$ des Gravitationsfeldes. Die Gravitationsfeldstärke ist in diesem Fall $\vec{F}_g = -g \cdot \vec{e}_z = (0,\ 0,\ -g)$

Im Folgenden werden wir Felder und ihre Feldstärken betrachten. Die Betrachtung gilt auch für Kräfte in statischen elektrischen Feldern. Dort ist die Kraft das Produkt aus der Ladung Q und der elektrischen Feldstärke $\vec{E}$: $\vec{F} = Q \cdot \vec{E}$

Das elektrische Feld wird vollständig charakterisiert durch die Feldstärke $\vec{E}$.

Prüfen Sie, ob das Gravitationsfeld $\vec{F}_g$ wirbelfrei ist.

$rot\,\vec{F}_g =$ .... Folglich gilt: $\vec{F}_g$ ist ....

-------------▷ 37

55

$rot(z^2, 0, 0) = (0, 2z, 0)$

....

Geben Sie den Satz von Stokes an.

.... = ...

--------------------▷ 56

3

$x_1 = -1$ $\qquad$ $x_2 = 2$

Lösen Sie jetzt

$$\begin{aligned} x_1 + 2x_2 + 3x_3 &= 6 \\ -2x_1 + x_2 - 6x_3 &= -7 \\ 2x_1 - 6x_2 + 12x_3 &= 4 \end{aligned}$$

$x_1 = \ldots\ldots\ldots\ldots$

$x_2 = \ldots\ldots\ldots\ldots$

$x_3 = \ldots\ldots\ldots\ldots$

Lösung gefunden --------------------▷ (5)

Erläuterung oder Hilfe erwünscht --------------------▷ (4)

17

Die veränderten Elemente sind fett gedruckt
$$\left(\begin{array}{cccc|cccc} 1 & 1 & 0 & 3 & 1 & 0 & 0 & 0 \\ \mathbf{0} & \mathbf{1} & -1 & \mathbf{2} & \mathbf{-1} & 1 & 0 & 0 \\ 0 & 1 & 0 & 1 & 0 & 0 & 1 & 0 \\ \mathbf{0} & \mathbf{2} & -2 & \mathbf{3} & \mathbf{-3} & 0 & 0 & 1 \end{array}\right)$$

2. Schritt: Elimination der Elemente unterhalb und oberhalb a_{22}: Zeile 1: Zeile 2 abziehen

Zeile 3: Zeile 2 abziehen

Zeile 4: 2 x Zeile 2 abziehen.

Ergebnis:

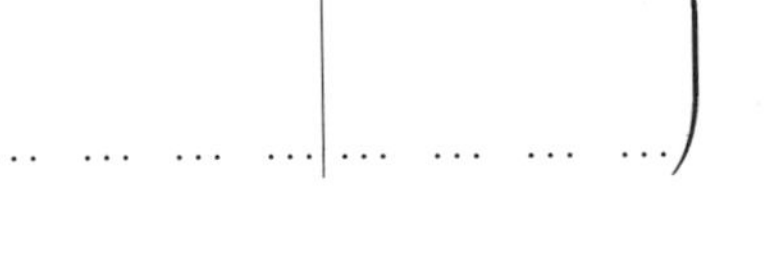

--------------------▷ (18)

31

A) Höchstens 4 Variablen können bestimmt werden. Mindestens 2 Variablen sind unbestimmt und frei wählbar.

B) Triviale Lösung: $x_j = 0 \qquad j = 1, 2, 3, 4$
Falls eine nichttriviale Lösung existiert, ist sie nicht eindeutig und hat mindestens eine frei wählbare Variable.

Bei praktischen Rechnungen ist es empfehlenswert, vorweg zu prüfen, ob Lösungen existieren und ob sie eindeutig sind. Führt man die Gauß-Jordan Elimination durch, zeigt die Lösung klar ihre Struktur.

Nun haben Sie sich eine kleine PAUSE verdient!

--------------------▷ (32)

$$Q = \int_{V_{Kugel}} \rho \cdot dv = \frac{4\pi}{3} \rho \cdot R^3$$ **18**

....

Jetzt berechnen wir das elektrische Feld außerhalb der Kugel.
Wir betrachten eine Kugeloberfläche außerhalb und wenden den Gauß'schen Integralsatz an:

$$\int_{v} div \vec{F} \cdot dV = \oint_{A(V)} \vec{F} \cdot \overrightarrow{dA}$$

Aus der Elektrodynamik wissen wir, dass der Fluss der elektrischen Feldstärke durch eine geschlossene Oberfläche proportional zur eingeschlossenen Ladung Q ist:

$$\oint_{Oberfläche} \vec{E} \cdot \overrightarrow{dA} = \frac{Q}{\varepsilon_0}$$

Berechnen Sie für alle Kugelflächen außerhalb mit dem Radius R_{auen}

$$\oint \vec{E} \cdot \overrightarrow{dA} = \ldots\ldots\ldots\ldots\ldots = \frac{Q}{\varepsilon_0}$$

- ▷ 19

$rot \vec{F}_g = rot(0,\ 0,\ -g) = 0$. Folglich gilt: $\vec{F}_g$ ist wirbelfrei, also ein konservatives Feld. **37**

....

Ermitteln Sie das Potential von $\vec{F} = m \cdot \vec{F}_g$.

Beachten Sie die Konvention in der Physik, dass bei einem Kraftfeld $\vec{F}_g$ das Potential die Arbeit ist, die auf dem Integrationsweg gegen das Kraftfeld geleistet wird.

$\varphi(x, y, z) = \ldots\ldots\ldots\ldots\ldots$

- ▷ 38

Wir fassen zusammen **56**

Integralsatz von Stokes

$$\int_{A} rot \vec{F} \cdot \overrightarrow{dA} = \oint_{C(A)} \vec{F} \cdot \overrightarrow{ds}$$

Oberflächenintegral = Linienintegral

Integralsatz von Gauß

$$\int_{V} div \vec{F} \cdot dV = \oint_{A(V)} \vec{F} \cdot d\vec{A}$$

Volumenintegral = Oberflächenintegral

....

Die Sätze von Gauß und Stokes sollte man schon im Kopf haben, um sie später problemlos anwenden zu können und vor allem, um zu verstehen, wenn sie in physikalischem Kontext benutzt werden.

Sie haben hiermit einen guten Schritt voran getan und das Ende des Kapitels 18 erreicht.

ENDE

2

Lösen Sie das folgende Gleichungssystem entweder nach dem Gauß'schen oder dem Gauß-Jordan'schen Eliminationsverfahren

$$\begin{aligned} x_1 + 2x_2 &= 3 \\ -2x_1 + x_2 &= 4 \end{aligned}$$

$x_1 = \ldots\ldots\ldots\ldots$

$x_2 = \ldots\ldots\ldots\ldots$

- - - - - - - - - - ▷ 

16

Wir gehen von $A|E$ aus. Der erste Teil soll E werden.
1. Schritt: Elimination der Elemente in der ersten Spalte unterhalb a_{11}:

$$A|E = \left(\begin{array}{cccc|cccc} 1 & 1 & 0 & 3 & 1 & 0 & 0 & 0 \\ 1 & 2 & -1 & 5 & 0 & 1 & 0 & 0 \\ 0 & 1 & 0 & 1 & 0 & 0 & 1 & 0 \\ 3 & 5 & -2 & 12 & 0 & 0 & 0 & 1 \end{array}\right)$$

Zeile 1: a_{11} ist bereits 1.
Zeile 2: Zeile 1 abziehen.
Zeile 3: a_{13} ist bereits 0
Zeile 4: 3 x Zeile 1 abziehen.

Das Ergebnis ist: $\left(\begin{array}{cccc|cccc} \ldots & \ldots & \ldots & \ldots & \ldots & \ldots & \ldots & \ldots \end{array}\right)$

- - - - - - - - - - ▷ 

30

A) Zu lösen seien 4 nicht homogene lineare Gleichungen mit 6 Variablen.
Höchstens .... Variablen können bestimmt werden.
Mindestens .... Variablen sind unbestimmt und frei wählbar.

B) Zu lösen seien 4 homogene lineare Gleichungen.
Triviale Lösung:
Falls eine nicht-triviale Lösung existiert:

....

....

- - - - - - - - - - ▷ 

19

$$\int \vec{E} \cdot \overrightarrow{dA} = |E| \cdot 4\pi \cdot R^2_{außen} = \frac{Q}{\varepsilon_0}$$

Daraus erhalten wir $|E| = \dfrac{Q}{\varepsilon_0 \cdot 4\pi R^2_{außen}}$

Wir haben eine kugelsymmetrische Anordnung. Der Feldvektor weist nach außen und seine Richtung ist gegeben durch den Einheitsvektor. (Erinnerung: Wir setzen $r = |\vec{r}|$.)

$$\frac{\vec{r}}{r} = \frac{(x,y,z)}{\sqrt{x^2+y^2+z^2}}$$

Damit erhalten wir mit $r = R = \sqrt{x^2+y^2+z^2}$

$$\vec{E} = \frac{Q}{\varepsilon_0 4\pi R^2} \cdot \frac{\vec{r}}{r} = \ldots\ldots\ldots\ldots\ldots$$

ZURÜCKBLÄTTERN ----------------▷ 

38

$$\varphi(x,y,z) = m \cdot g \cdot z + C$$

Das Potential ist bis auf die Integrationskonstante C bestimmt.
Legen Sie $\varphi(x,y,z)$ und damit C für drei verschiedene Randbedingungen fest:

1) $\varphi_1 = 0$ für $z_0 = 0$

   $\varphi_1 = \ldots\ldots\ldots\ldots\ldots$

2) $\varphi_2 = 0$ für den Keller eines Hochhauses mit $z_0 = -10$

   $\varphi_2 = \ldots\ldots\ldots\ldots\ldots$

3) $\varphi_3 = 0$ für das Dach eines Hochhauses mit $z_0 = 90$

   $\varphi_3 = \ldots\ldots\ldots\ldots\ldots$

ZURÜCKBLÄTTERN ---------------------▷ 39

1

Lineare Gleichungssysteme
Gauß'sches Eliminationsverfahren, Schrittweise Elimination der Variablen
Gauß-Jordan Elimination

In den nächsten Abschnitten des Lehrbuchs werden verschiedene numerische Beispiele durchgerechnet. Versuchen Sie, die Beispiele jeweils selbst anhand des vorher im Text erklärten Lösungsverfahrens zu lösen

STUDIEREN SIE im Lehrbuch 20.1 Lineare Gleichungssysteme
20.1.1 Gauß'sches Eliminationsverfahren
20.1.2 Gauß-Jordan Elimination
Lehrbuch, Seite 136-139

BEARBEITEN SIE DANACH Lehrschritt ▷ 2

15

$A|E$ ist eine 4×8 Matrix $\quad A|E = \left(\begin{array}{cccc|cccc} 1 & 1 & 0 & 3 & 1 & 0 & 0 & 0 \\ 1 & 2 & -1 & 5 & 0 & 1 & 0 & 0 \\ 0 & 1 & 0 & 1 & 0 & 0 & 1 & 0 \\ 3 & 5 & -2 & 12 & 0 & 0 & 0 & 1 \end{array}\right)$

Zunächst berechnen wir die inverse Matrix A^{-1}. Dafür muss $A|E$ so verändert werden, dass der erste Teil zu einer Einheitsmatrix wird. Dann ist der zweite Teil A^{-1}.

$$E|A^{-1} = \left(\begin{array}{c|c} \ldots\ldots & \ldots\ldots \end{array}\right)$$

Lösung gefunden ▷ 20

Erläuterung oder Hilfe erwünscht ▷ 16

29

Existenz von Lösungen

Im Lehrbuch sind zwei ausführliche Beispiele durchgerechnet. Dabei wird die Matrixschreibweise benutzt. Bei Verständnissschwierigkeiten hilft es, die vollständigen Gleichungen hinzuschreiben und an ihnen die Umformungen der Beispiele durchzuführen.

STUDIEREN SIE im Lehrbuch 20.1.4 Existenz von Lösungen
Lehrbuch, Seite 142-145

BEARBEITEN SIE DANACH Lehrschritt ▷ 30

Kapitel 19
Koordinatentransformationen und Matrizen

K. Weltner, *Leitprogramm Mathematik für Physiker 2*.
DOI 10.1007/978-3-642-25163-4_19

Kapitel 20
Lineare Gleichungssysteme und Determinanten

K. Weltner, *Leitprogramm Mathematik für Physiker 2*.
DOI 10.1007/978-3-642-25163-4_20

1

Einleitung

In der Einleitung wird gezeigt, in welchem Umfang der Rechenaufwand von der problemgerechten Wahl des Koordinatensystems abhängen kann.

STUDIEREN SIE im Lehrbuch 19.0 Einleitung
Lehrbuch, Seite 112-114

BEARBEITEN SIE DANACH Lehrschritt ▷ 2

12

$r' = (1, 12, -7)$

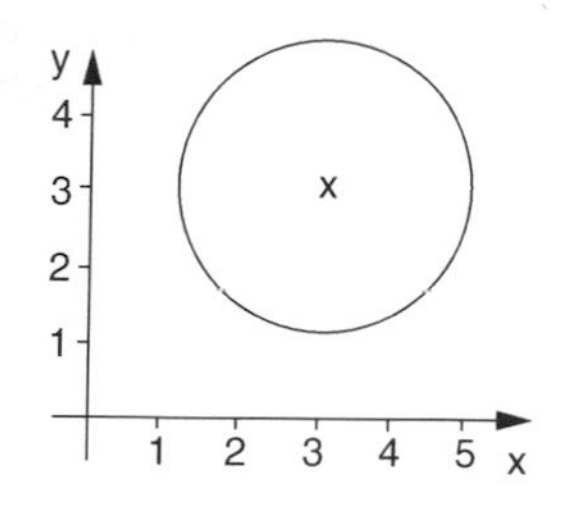

Der Kreis hat den Radius $R = 2$ und den Mittelpunkt (3, 3)

a) Geben Sie die Gleichung des Kreises an.

....

b) Um welchen Vektor r_0 muss das Koordinatensystem verschoben werden, damit die Kreisgleichung folgende Form hat

$x'^2 + y'^2 = 4$

$\vec{r}_0 = \ldots\ldots\ldots\ldots\ldots$

▷ 13

23

Das war das Notwendige über Drehungen im zweidimensionalen Raum.
Das Ergebnis von *zwei* hintereinander ausgeführten Drehungen um die Winkel φ und Ψ ist *einer* Drehung um den Winkel $(\varphi + \Psi)$ gleichwertig. Dieser Satz wird im Lehrbuch in Abschnitt 19.2.2 systematisch abgeleitet.

Sie haben jetzt die Wahl:

Gleich weitergehen und Abschnitt 19.2.2 überspringen ▷ 24

Ableitung studieren: Lehrbuch, Abschnitt 19.2.2
Seite 119-120 ▷ 24

43

Benutzen Sie das Schema:

Das Skalarprodukt aus der 1. Zeile von A und der 1. Spalte von B ist: $3 \cdot 0 + 2(-1) = -2$.

Das Skalarprodukt aus der 2. Zeile von A und der 1. Spalte von B ist $3 \cdot 6 + 1(-1) = 17$.

Vervollständigen Sie nun die 2. Spalte.

$$\begin{pmatrix} 3 & 0 \\ -1 & 4 \end{pmatrix} = B$$

$$A \cdot B = \begin{pmatrix} 0 & 2 \\ 6 & 1 \end{pmatrix} \begin{pmatrix} -2 & \dots \\ 17 & \dots \end{pmatrix}$$

BITTE ZURÜCKBLÄTTERN ---------------------▷ (44)

53

Jetzt müsste es Ihnen gelingen, die Übungsaufgaben 19.2.1 und 19.2.2 auf Seite 134 des Lehrbuchs zu lösen. Aber erst morgen oder später rechnen.

Zweckmäßig wäre es, noch einmal Ihre Notizen mit den Definitionen und Transformationsformeln zu ordnen.

Jetzt ist eine Pause angebracht. Sie haben Sie sich auch wirklich verdient.

BITTE ZURÜCKBLÄTTERN ---------------------▷ 

63

Sie haben das

des Kapitels erreicht.

2

Welche Typen von Transformationen wurden in der Einleitung genannt?
Können Sie zwei aus dem Gedächtnis rekapitulieren?

1. ....

2. ....

3

13

a) $(x-3)^2+(y-3)^2=4$ oder $x^2-6x+y^2-6y=-14$
b) $\vec{r}_0=(3,\ 3)$

....

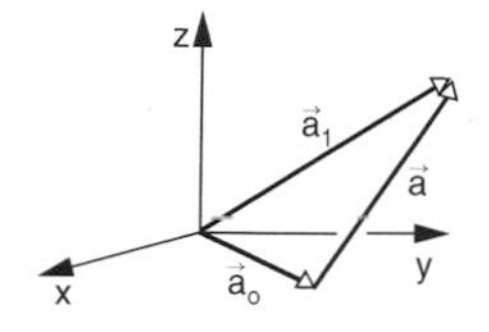

Der Vektor $\vec{a}$ hat Anfangspunkt $\vec{a}_0=(1,1,0)$
Endpunkt $\vec{a}_1=(1,3,2)$

a) Komponenten von $\vec{a}=\ldots\ldots\ldots$

b) Betrag von $\vec{a}$: $|\vec{a}|=\ldots\ldots\ldots$

Das Koordinatensystem wird verschoben um den Vektor $\vec{u}=(1,1,1)$
c) Neuer Anfangspunkt $\vec{a}'_0=\ldots\ldots$ d) Neuer Endpunkt $\vec{a}'_1=\ldots\ldots$
e) Komponenten von $\vec{a}'$: $\vec{a}'=\ldots\ldots$ f) Betrag von $\vec{a}'$: $|\vec{a}'|=\ldots\ldots$

-----------------▷

14

24

Drehungen im dreidimensionalen Raum

STUDIEREN SIE im Lehrbuch 19.2.3 Drehungen im dreidimensionalen Raum
Lehrbuch, Seite 121-122

BEARBEITEN SIE DANACH Lehrschritt ---------------------▷ 25

42

Bilden Sie das Matrizenprodukt $A \cdot B$.

$$A = \begin{pmatrix} 0 & 2 \\ 6 & 1 \end{pmatrix} \qquad B = \begin{pmatrix} 3 & 0 \\ -1 & 4 \end{pmatrix}$$

$$A \cdot B = \begin{pmatrix} 0 & 2 \\ 6 & 1 \end{pmatrix} \cdot \begin{pmatrix} 3 & 0 \\ -1 & 4 \end{pmatrix} = \begin{pmatrix} & \\ & \end{pmatrix}$$

Erläuterung oder Hilfe erwünscht --------------------▷ (43)

Lösung gefunden --------------------▷ (44)

BITTE ZURÜCKBLÄTTERN ZUM LEHRSCHRITT 44

52

$$A_D = \begin{pmatrix} 1 & 0 & 0 \\ 0 & \cos\varphi & \sin\varphi \\ 0 & -\sin\varphi & \cos\varphi \end{pmatrix}$$

....

Rechengang: Die Transformationsformeln für eine Drehung mit dem Winkel φ um die x-Achse lauten:

$$x = x$$
$$y = y \cdot \cos\varphi + z \cdot \sin\varphi$$
$$z = -y \cdot \sin\varphi + z \cdot \cos\varphi$$

Damit erhalten wir für die Drehmatrix $A_D = \begin{pmatrix} 1 & 0 & 0 \\ 0 & \cos\varphi & \sin\varphi \\ 0 & -\sin\varphi & \cos\varphi \end{pmatrix}$

--------------------▷ (53)

62

inverse Matrix

$$AA^{-1} = A^{-1}A = E = \begin{pmatrix} 1 & 0 \\ 0 & 1 \end{pmatrix}$$

....

Die Berechnung inverser Matrizen wird im nächsten Kapitel gezeigt. Damit ist dieses Kapitel geschafft. Aber vergessen Sie nicht, zu wiederholen und – später – einige Übungsaufgaben im Lehrbuch zu bearbeiten. Sie wissen doch, Übungsaufgaben sollte man gerade dann rechnen, wenn sie etwas Mühe machen.

--------------------▷ (63)

3

1. Koordinatenverschiebung oder Translation.
2. Drehungen im 2- und 3-dimensionalen Raum.

....

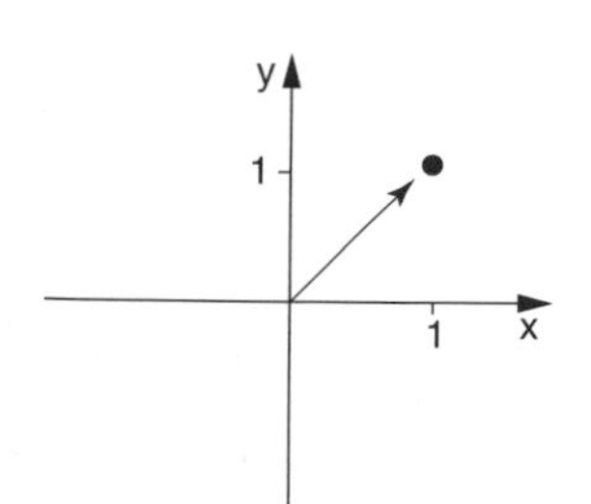

Zeichnen Sie ein Koordinatensystem, das um den Winkel $\varphi = 45^\circ$ gedreht ist. Geben Sie die Koordinaten für den Ortsvektor $r = (1,\ 1)$ im neuen System an.

$r' = \ldots\ldots\ldots\ldots\ldots$

4

14

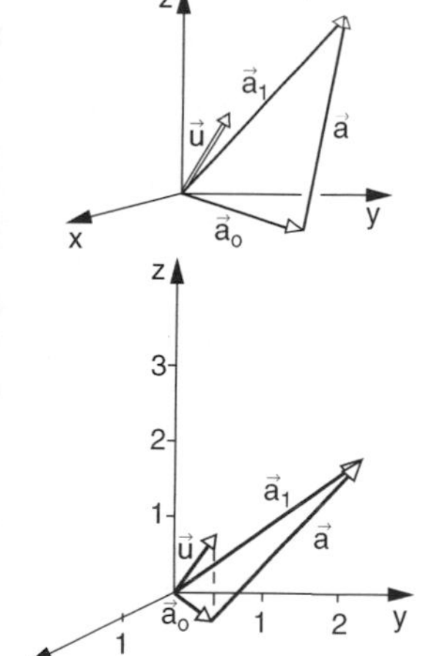

a) $\vec{a} = (0,2,2)$

b) $|\vec{a}| = \sqrt{0+2^2+2^2} = 2\sqrt{2}$

c) $\vec{a}'_o = (0,0,-1)$

d) $\vec{a}'_1 = (0,2,1)$

e) $\vec{a}'_1 = (0,2,2)$

f) $|\vec{a}'| = |\vec{a}|$

Zeichnen Sie das um $\vec{u} = (1,1,1)$ verschobene Koordinatensystem ein und überprüfen Sie das Rechenergebnis.

15

25

Das dreidimensionale Koordinatensystem wird um die z-Achse gedreht.

Der Drehwinkel sei $\frac{\pi}{2}$.

Berechnen Sie die neuen Komponenten des Ortsvektors $\vec{r} = (2,\ 3,\ 1)$ im gedrehten System.

$\vec{r}' = \ldots\ldots\ldots\ldots\ldots$

--------------------- ▷ 26

41

$c_{33} = a_{31}b_{13} + a_{32}b_{23} + a_{33}b_{33}$

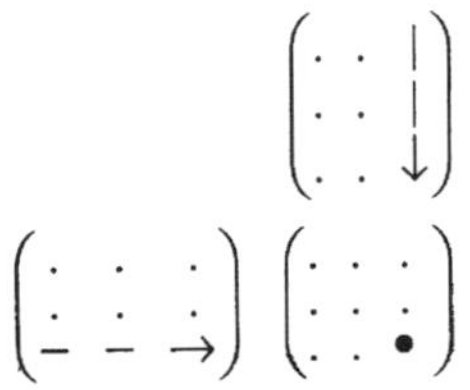

Die Matrizenmultiplikation ist unübersichtlich. Es ist hilfreich, sich die Matrizen in der angegebenen Form anzuordnen. Dann ist die Zuordnung der Spaltenvektoren und Zeilenvektoren unmittelbar zu erkennen.

▷ 42

51

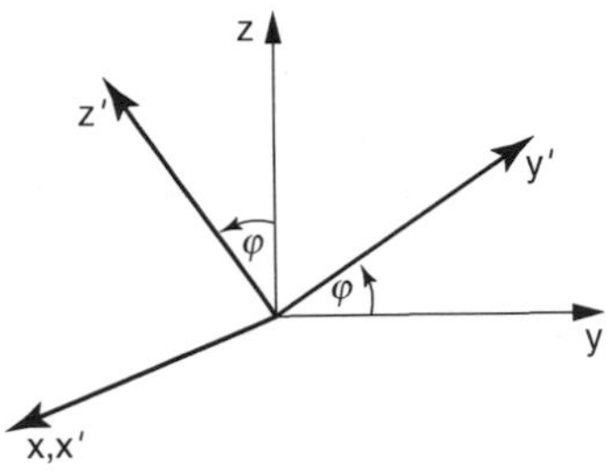

Stellen Sie die Matrix auf für eine Drehung im dreidimensionalen Raum um die x-Achse.

Der Drehwinkel sei φ.

Drehmatrix $A =$ ....

▷ 52

61

$AB = \begin{pmatrix} 2 & 2 \\ 8 & 3 \end{pmatrix}$ $\qquad$ $BA = \begin{pmatrix} 2 & 4 \\ 4 & 3 \end{pmatrix}$

Bei der Matrizenmultiplikation ist die Reihenfolge von Bedeutung: $A \cdot B \neq B \cdot A$

Gegeben sei eine Matrix A. Dann heißt A^{-1} .... Matrix

$A = \begin{pmatrix} 1 & 2 \\ 4 & 3 \end{pmatrix}$ $\qquad$ $A^{-1} = \begin{pmatrix} -\frac{3}{5} & \frac{2}{5} \\ \frac{4}{5} & -\frac{1}{5} \end{pmatrix}$

Bilden Sie $A \cdot A^{-1} =$ .... $\qquad$ $A^{-1} \cdot A =$ ....

▷ 62

4

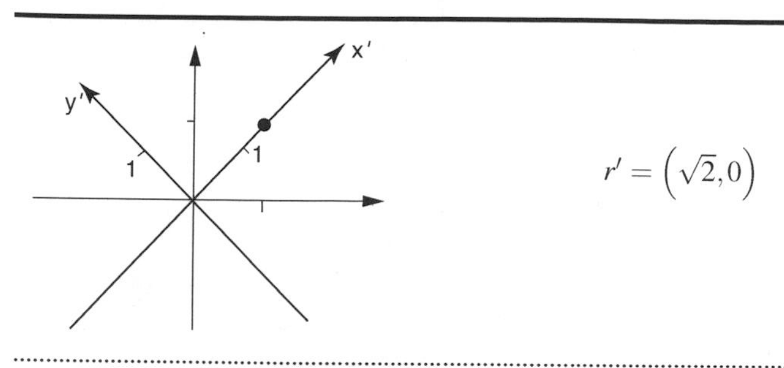

$r' = \left(\sqrt{2}, 0\right)$

In Lehrbüchern werden die Probleme meist bereits in geeigneten Koordinaten dargestellt. Dann ist die Arbeit bereits getan.
Wenn Sie jedoch selbständig ein Problem lösen müssen, geht es oft genau darum, die geeigneten Koordinaten zu finden. Und wenn Sie diese gefunden haben, müssen Sie verschiedene Koordinaten ineinander umrechnen können.
Daher üben wir hier Koordinatentransformationen.

---------------------- ▷ 

15

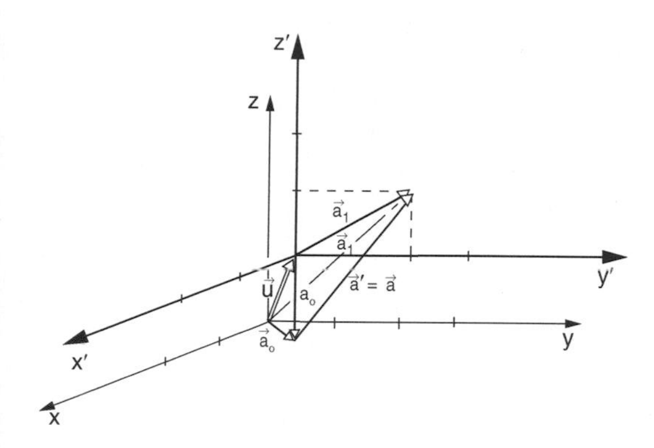

Der Vektor bleibt erhalten: $\vec{a} = \vec{a}'$

---------------------- ▷ 

26

$\vec{r}' = (3, -2, 1)$
Hinweis: Es gibt in diesem Fall zwei Lösungswege:

a) Wir können die Transformationsgleichungen benutzen. Dieser Weg führt immer zum Erfolg.
b) Wir überlegen: Bei der Drehung um die z-Achse bleibt die z-Achse erhalten: $z' = z$.
Die x-Achse wird in die y-Achse gedreht: $x' = y$
Die y-Achse fällt in die negative x-Achse: $y' = -x$.
Damit haben wir schon als Transformationsformeln
$x' = y$. hier: $x' = 3$
$y' = -x$ hier: $y' = -2$
$z' = z$ hier: $z' = 1$ also $\vec{r}' = (3, -2, 1)$

---------------------- ▷ 27

40

$c_{11} = a_{11}b_{11} + a_{12}b_{21} + a_{13}b_{31}$

Man kann sich die Matrizenmultiplikation anhand des Schemas merken.

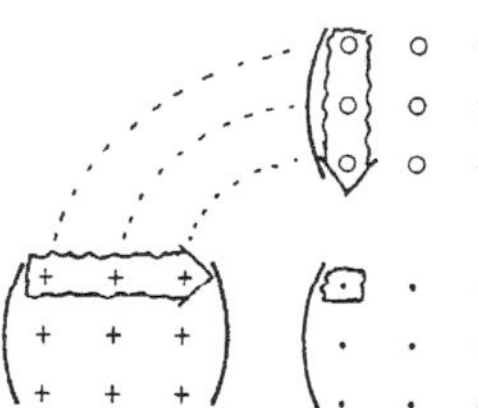

c_{11} kann als Skalarprodukt des Zeilenvektors $\vec{a}$ und des Spaltenvektors $\vec{b}$ aufgefasst werden. Das Verfahren ist sinngemäß für jedes Element zu übertragen.

Geben Sie nun c_{33} an und markieren Sie die zugehörige Zeile und Spalte.

$c_{33} = \ldots\ldots\ldots\ldots\ldots$

▷ 41

50

$$\begin{pmatrix} -1 & 0 \\ 0 & -1 \end{pmatrix}$$

Rechengang: Die Drehmatrix lautet $\begin{pmatrix} \cos\varphi & \sin\varphi \\ -\sin\varphi & \cos\varphi \end{pmatrix}$

Wir setzen für φ den Winkel $\varphi = \pi$ ein: $\begin{pmatrix} \cos\pi & \sin\pi \\ -\sin\pi & \cos\pi \end{pmatrix} = \begin{pmatrix} -1 & 0 \\ 0 & -1 \end{pmatrix}$

Zu der Drehung um 180° gehört also die Matrix: $\begin{pmatrix} -1 & 0 \\ 0 & -1 \end{pmatrix}$

Dies kann man sich auch leicht anschaulich überlegen, denn $x' = -x$ und $y' = -y$.

▷ 51

60

$AE = \begin{pmatrix} 1 & 2 \\ 4 & 3 \end{pmatrix}$ $\qquad EA = \begin{pmatrix} 1 & 2 \\ 4 & 3 \end{pmatrix}$

Bei der Multiplikation mit der Einheitsmatrix ist die Reihenfolge ohne Bedeutung.

$A = \begin{pmatrix} 1 & 2 \\ 4 & 3 \end{pmatrix}$ $\qquad B = \begin{pmatrix} 2 & 0 \\ 0 & 1 \end{pmatrix}$

Bilden Sie

$AB = \begin{pmatrix} \ldots & \ldots \end{pmatrix}$ $\qquad BA = \begin{pmatrix} \ldots & \ldots \end{pmatrix}$

▷ 61

5

Koordinatenverschiebungen – Translationen

Beim Mitrechnen und Exzerpieren lernen Sie aktiv. Was Sie mit eigenen Worten ausdrücken können, haben Sie verstanden. Rechnungen, die Sie selbst reproduzieren können, haben Sie im Kopf.

STUDIEREN SIE im Lehrbuch 19.1 Koordinatenverschiebungen – Translationen
Lehrbuch, Seite 115–116

BEARBEITEN SIE DANACH Lehrschritt ----------------------▷ 

16

Drehungen
Drehungen im zweidimensionalen Raum

Verfolgen Sie den Rechengang aufmerksam, denn: „Reading without a pencil is daydreaming.“
Notieren Sie sich die Transformationformeln für die Drehung eines zweidimensionalen Koordinatensystems um einen Winkel.

STUDIEREN SIE im Lehrbuch 19.2.1 Drehungen im zweidimensionalen Raum
Lehrbuch, Seite 117-119

BEARBEITEN SIE DANACH ---------------------▷ 

27

Leiten Sie sich die Transformationgleichungen ab für eine Drehung um die y-Achse mit dem Drehwinkel φ.

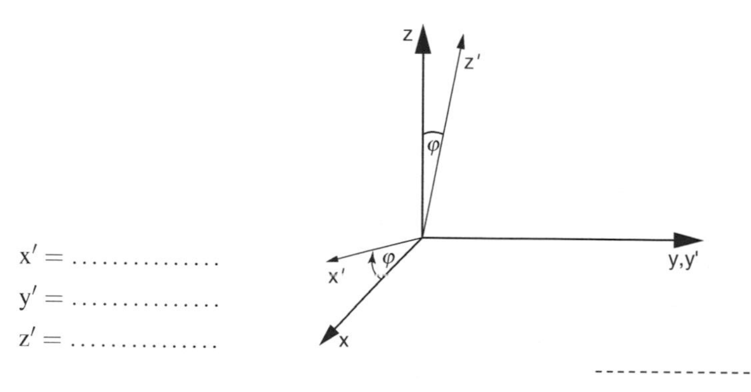

---------------------▷ 28

39

AC, BC, BA und CB sind möglich.
Hinweis: Die Zahl der Spalten der ersten Matrix muss gleich der Zahl der Zeilen der zweiten Matrix sein.

....

Zu multiplizieren seien zwei Matrizen. Geben Sie zunächst das Matrixelement c_{11} an. Hilfsschema benutzen.

$$\begin{pmatrix} a_{11} & a_{12} & a_{13} \\ a_{21} & a_{22} & a_{23} \\ a_{31} & a_{32} & a_{33} \end{pmatrix} \begin{pmatrix} b_{11} & b_{12} & b_{13} \\ b_{21} & b_{22} & b_{23} \\ b_{31} & b_{32} & b_{33} \end{pmatrix} = \begin{pmatrix} c_{11} & \dots & \dots \\ \dots & \dots & \dots \\ \dots & \dots & \dots \end{pmatrix}$$

$c_{11} = \dots\dots\dots\dots$

▷ 40

49

y, x, x', y'

Stellen Sie die Matrix für eine Drehung des zweidimensionalen Koordinatensystems um 180° auf. Sie können die Formeln auf Ihrem Merkzettel oder aus der Formelsammlung benutzen.

....

▷ 50

59

$$AB = \begin{pmatrix} 3 & 4 \\ 19 & 2 \end{pmatrix} \qquad (AB)^T = \begin{pmatrix} 3 & 19 \\ 4 & 2 \end{pmatrix}$$

....

Gegeben seien

$$A = \begin{pmatrix} 1 & 2 \\ 4 & 3 \end{pmatrix} \qquad E = \begin{pmatrix} 1 & 0 \\ 0 & 1 \end{pmatrix}$$

Bilden Sie

$$AE = \begin{pmatrix} \dots & \dots \end{pmatrix} \qquad EA = \begin{pmatrix} \dots & \dots \end{pmatrix}$$

▷ 60

6

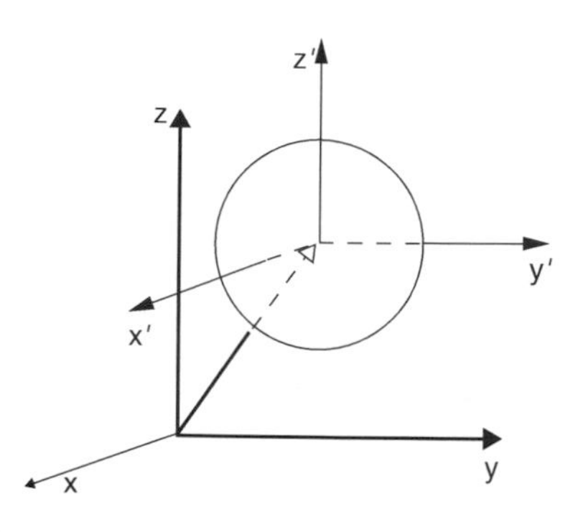

Eine Kugel hat den Radius $R = 2$. Der Ortsvektor zu ihrem Mittelpunkt hat die Koordinaten (3,2,4). Die Gleichung für die Kugel ist damit

$$4 = (x-3)^2 + (y-2)^2 + (z-4)^2$$

Folgende Transformation stellt eine Verschiebung des Koordinatenursprungs in den Punkt (3,2,4) dar:

$$x' = x - 3 \qquad y' = y - 2 \qquad z' = z - 4$$

Damit geht die Gleichung für die Kugel über in

$4 =$ ....

Nach der Koordinatentransformation hat der neue Ortsvektor zum Mittelpunkt der Kugel die Koordinaten ....

--------------------▷ 7

17

Das rechtwinklinge x-y-Koordinatensystem werde gedreht um den Winkel $\varphi = \frac{\pi}{2}$.

Welche Komponenten hat in dem neuen Koordinatensystem der Vektor $\vec{r} = (1,2)$?
Benutzen Sie die Formeln auf Ihrem Merkzettel! Wir wollen ja üben, bestimmte Sachverhalte so zu exzerpieren, dass man später auf sie zurückgreifen kann.

$r' =$ ....

--------------------▷ 18

28

$$x' = x\cos\varphi + z\sin\varphi$$
$$z' = -x\sin\varphi + z\cos\varphi$$
$$y' = y$$

Erläuterung:

Bei einer Drehung um die y-Achse wird die y-Komponente eines Vektors $\vec{r} = (x,\ y,\ z)$ nicht verändert. Die Projektion $\vec{r}_{xz} = (x,\ z)$ des Vektors $\vec{r}$ in die x-z-Ebene wird nach der Formel aus 19.2.1 transformiert, wobei hier y durch z ersetzt werden muss.

Kleine

--------------------▷ 29

38

$$\begin{pmatrix} 3 & 0 & 2 \\ -1 & 1 & -2 \\ 2 & -3 & 0 \end{pmatrix} \cdot \begin{pmatrix} 4 \\ 6 \\ 5 \end{pmatrix} = \begin{pmatrix} 3\cdot 4 & +0\cdot 6 & +2\cdot 5 \\ -1\cdot 4 & +1\cdot 6 & -2\cdot 5 \\ 2\cdot 4 & -3\cdot 6 & +0\cdot 5 \end{pmatrix} = \begin{pmatrix} 22 \\ -8 \\ -10 \end{pmatrix}$$

Vorübung zur Multiplikation zweier Matrizen. Welche Produkte lassen sich bilden?

$$A = \begin{pmatrix} 1 & 4 \\ 2 & 3 \end{pmatrix} \qquad B = \begin{pmatrix} 1 & 1 \\ 2 & 2 \\ 2 & 1 \end{pmatrix} \qquad C = \begin{pmatrix} 1 & 4 & 2 \\ 0 & 3 & 8 \end{pmatrix}$$

☐ AB ☐ AC ☐ BC

☐ CB ☐ CA ☐ BA

--------------------▷ 39

48

Darstellung von Drehungen in Matrizenform

STUDIEREN SIE im Lehrbuch 19.4 Darstellung von Drehungen in Matrizenform
Lehrbuch, Seite 128-129

BEARBEITEN SIE DANACH Lehrschritt --------------------▷ 

58

$$A^T = \begin{pmatrix} 1 & 4 \\ 2 & 3 \\ 0 & 2 \end{pmatrix} \qquad (A^T)^T = \begin{pmatrix} 1 & 2 & 0 \\ 4 & 3 & 2 \end{pmatrix} = A$$

Gegeben seien

$$A = \begin{pmatrix} 1 & 2 & 0 \\ 4 & 3 & 4 \end{pmatrix} \qquad B = \begin{pmatrix} 1 & 0 \\ 1 & 2 \\ 3 & -1 \end{pmatrix}$$

Bilden Sie

$$AB = \begin{pmatrix} \dots\dots\dots \end{pmatrix} \qquad (AB)^T = \begin{pmatrix} \dots\dots\dots \end{pmatrix}$$

--------------------▷ 59

7

$4 = x'^2 + y'^2 + z'^2 \qquad r' = (0,\ 0,\ 0)$

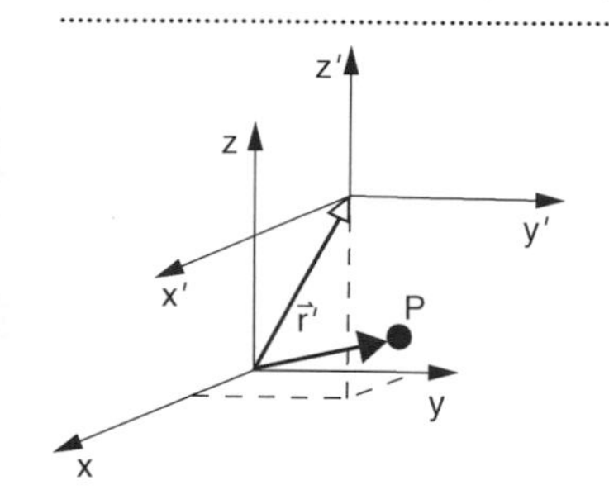

Welche Koordinaten hat der Ortsvektor zum Punkt $P = (5,\ 7,\ 2)$ bei folgender Koordinatentransformation:

$x' = x - 3$

$y' = y - 2$

$z' = z - 4$

$r' = \ldots\ldots\ldots$

Lösung gefunden ▷ 10

Erläuterung oder Hilfe erwünscht ▷ 8

18

$\vec{r}\,' = (2, -1)$

Hinweis: Diese Aufgabe können wir auf zwei Arten lösen:

a) Wir skizzieren die Koordinatensysteme vor und nach der Drehung und lesen aus der Zeichnung ab: $r' = (2, -1)$

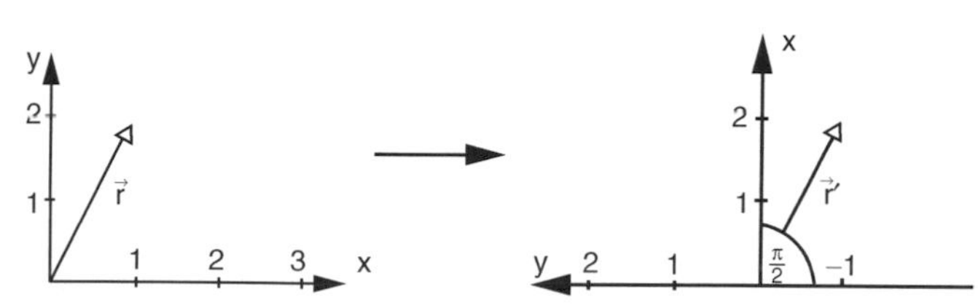

b) Wir benutzen die Transformationsformeln $x' = x\cos\varphi + y\sin\varphi \qquad y' = -x\sin\varphi + y\cos\varphi$

Wir setzen ein: $\varphi = \frac{\pi}{2}$, $x = 1$ und $y = 2$. ▷ 19

29

Matrizenrechnung

Rechnen Sie die Beispiele des Lehrbuches sorgfältig mit. Dieser Abschnitt ist lang und enthält neue Rechenregeln. Zerlegen Sie ihn deshalb für sich in Teilabschnitte.

STUDIEREN SIE im Lehrbuch 19.3 Matrizenrechnung
Lehrbuch, Seite 123-129

BEARBEITEN SIE DANACH Lehrschritt ▷ 30

37

$$\begin{pmatrix} 1 & 2 \\ -3 & 6 \end{pmatrix} \begin{pmatrix} 4 \\ 1 \end{pmatrix} = \begin{pmatrix} 6 \\ -6 \end{pmatrix}$$

....

Berechnen Sie den Ausdruck unten. Benutzen Sie das Schema und schreiben Sie die Anordnung, die die Übersicht erleichtert, auf einen Zettel.

$$\begin{pmatrix} 3 & 0 & 2 \\ -1 & 1 & -2 \\ 2 & -3 & 0 \end{pmatrix} \cdot \begin{pmatrix} 4 \\ 6 \\ 5 \end{pmatrix} = \begin{pmatrix} \\ \\ \ldots\ldots\ldots \end{pmatrix}$$

--------------------▷ 38

47

a) $\begin{pmatrix} 2 & 6 & 2 \\ 1 & 3 & 2 \\ 2 & 5 & 3 \end{pmatrix}$

b) $\begin{pmatrix} 2 \\ 1 \\ 2 \end{pmatrix}$

....

Kurze PAUSE

--------------------▷ 48

57

Hier sind Beispiele:

schief-symmetrische Matrix $\begin{pmatrix} 0 & 1 & 7 \\ -1 & 0 & -3 \\ -7 & 3 & 0 \end{pmatrix}$ symmetrische Matrix $\begin{pmatrix} 4 & 2 & 0 \\ 2 & 1 & 1 \\ 0 & 1 & 3 \end{pmatrix}$

Diagonalmatrix $\begin{pmatrix} 2 & 0 & 0 \\ 0 & 1 & 0 \\ 0 & 0 & 5 \end{pmatrix}$

....

Es sei $A = \begin{pmatrix} 1 & 2 & 0 \\ 4 & 3 & 2 \end{pmatrix}$

Bilden Sie $A^T = \ldots\ldots\ldots\ldots$

$(A^T)^T = \ldots\ldots\ldots\ldots$

--------------------▷ 58

8

Lesen Sie im Lehrbuch noch einmal Abschnitt 19.1. Lösen Sie dabei folgende Aufgabe.

Das x, y, z-Koordinatensystem wird um den Vektor $\vec{r}_o = (2, -1, 3)$ verschoben.

a) Zeichnen Sie das neue Koordinatensystem in die Skizze ein.

b) Der Punkt P mit dem Ortsvektor $\vec{r} = (2, -2, 4)$ hat dann die neuen Koordinaten

$x' = \ldots\ldots\ldots\ldots$

$y' = \ldots\ldots\ldots\ldots$

$z' = \ldots\ldots\ldots\ldots$

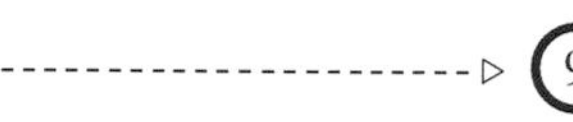
▷ 9

19

Das Koordinatensystem wird um den Winkel $\varphi = \frac{\pi}{3}$ gedreht.

Hier gibt es nur einen Weg, Sie müssen die Transformationformeln benutzen.

Berechnen Sie den Vektor $\vec{r}$, der aus $\vec{r} = (-2,\ 1)$ entsteht.

$\vec{r}\,' = \ldots\ldots\ldots\ldots$

Lösung gefunden ▷ 21

Erläuterung oder Hilfe erwünscht ▷ 20

30

Schreiben Sie die Spalten und Zeilen der Matrix auf:

$$A = \begin{pmatrix} 1 & 2 & 4 \\ -3 & 6 & 2 \end{pmatrix}$$

Spalten: ....

Zeilen: ....

▷ 31

36

$$\begin{pmatrix} 0 & 1 \\ 3 & 4 \end{pmatrix} \begin{pmatrix} 1 \\ 2 \end{pmatrix} = \begin{pmatrix} 2 \\ 11 \end{pmatrix}$$

Man kann sich die Berechnung durch ein Hilfsschema sehr erleichtern. In der unten stehenden Anordnung erhalten wir die Komponenten des Vektors $\vec{r}$, indem wir das innere Produkt des Vektors $\vec{r}$ mit der jeweiligen Zeile der Matrix bilden.

x' ist: $r' \cdot$ (1. Zeile) $\qquad$ y' ist: $r' \cdot$ (2. Zeile)

Berechnen Sie $\begin{pmatrix} 1 & 2 \\ -3 & 6 \end{pmatrix} \begin{pmatrix} 4 \\ 1 \end{pmatrix} = \begin{pmatrix} \ldots \end{pmatrix}$

▷ 37

46

Sie haben entweder einen – verzeihlichen – Rechenfehler gemacht oder Sie beherrschen die Regeln zur Multiplikation von Matrizen noch nicht sicher. Im letzteren Fall ist es notwendig, den Abschnitt 19.3 im Lehrbuch noch einmal zu studieren und anhand des Textes folgende Aufgaben zu lösen:

a) $\begin{pmatrix} 3 & 2 & 0 \\ 1 & 0 & 1 \\ 2 & 1 & 1 \end{pmatrix} \cdot \begin{pmatrix} 0 & 2 & 0 \\ 1 & 0 & 1 \\ 1 & 1 & 2 \end{pmatrix} = \ldots\ldots\ldots\ldots$

b) $\begin{pmatrix} 3 & 2 & 0 \\ 1 & 0 & 1 \\ 2 & 1 & 1 \end{pmatrix} \cdot \begin{pmatrix} 0 \\ 1 \\ 1 \end{pmatrix} = \ldots\ldots\ldots\ldots$

Denken Sie an das Hilfsschema.

▷ 47

56

A Nullmatrix $\quad$ B Diagonalmatrix $\quad$ C Einheitsmatrix
D symmetrische Matrix $\quad$ E schief-symmetrische Matrix

Bei Unsicherheit studieren Sie Ihre Liste und das Lehrbuch erneut.

....

Geben Sie je eine 3×3 Matrix als Beispiel an:

schief-symmetrische Matrix $\begin{pmatrix} \\ \ldots\ldots \end{pmatrix}$ $\quad$ symmetrische Matrix $\begin{pmatrix} \\ \ldots\ldots \end{pmatrix}$

Diagonalmatrix $\begin{pmatrix} \\ \ldots\ldots \end{pmatrix}$

▷ 57

9

a)

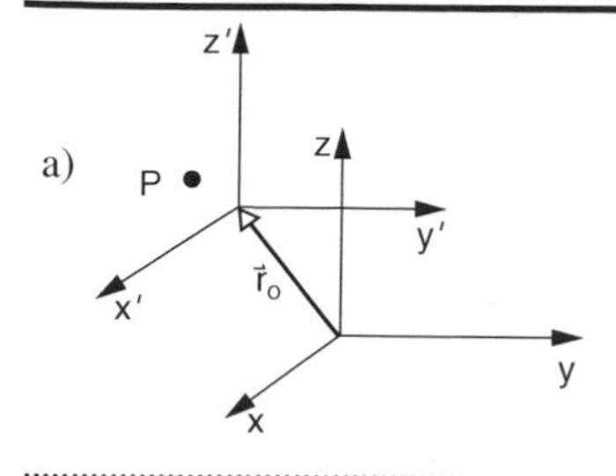

b) P hat die neuen Koordinaten
$x' = 0$
$y' = -1$
$z' = 1$

Welche Koordinaten hat der Ortsvektor $\vec{r}$ zum Punkt $P = (5, 7, 2)$ nach folgender Koordinatentransformation

$$x' = x - 3$$
$$y' = y - 2$$
$$z' = z - 4$$
$$\vec{r}' = \ldots\ldots\ldots\ldots\ldots$$

▷ 10

20

Es war $\varphi = \frac{\pi}{3}$, $\vec{r} = (x, y) = (-2,\ 1)$
Einsetzen in die Transformationformeln gibt

$$x' = -2\cos\frac{\pi}{3} + 1\sin\frac{\pi}{3}$$
$$y' = 2\sin\frac{\pi}{3} + 1\cos\frac{\pi}{3}$$

Hinweis: $\cos\frac{\pi}{3} = \frac{1}{2}$ und $\sin\frac{\pi}{3} = \frac{1}{2}\sqrt{3}$

$$\vec{r}' = (x',\ y') = (\ldots\ldots\ldots\ldots\ldots)$$

▷ 21

31

Spalten: $\begin{pmatrix} 1 \\ -3 \end{pmatrix}, \begin{pmatrix} 2 \\ 6 \end{pmatrix}, \begin{pmatrix} 4 \\ 2 \end{pmatrix}$ Zeilen: $(1 \quad 2 \quad 4)$, $(-3 \quad 6 \quad 2)$

Man spricht auch von Zeilenvektoren und Spaltenvektoren.

Gegeben seien zwei Matrizen:

$$A = \begin{pmatrix} 1 & 3 \\ 2 & 1 \\ 4 & 8 \end{pmatrix} \qquad B = \begin{pmatrix} 5 & 2 & 1 \\ 7 & 3 & 9 \end{pmatrix}$$

A ist eine .... Matrix

B ist eine .... Matrix

Kann man A und B addieren? ...

▷ 32

35

Zu berechnen ist das Produkt einer Matrix A mit einem Vektor $\vec{r}$.
Das ergibt einen neuen Vektor $\vec{r}'$.

$$A \cdot \vec{r} = \begin{pmatrix} a_{11} & a_{12} \\ a_{21} & a_{22} \end{pmatrix} \begin{pmatrix} x \\ y \end{pmatrix} = \begin{pmatrix} x' \\ y' \end{pmatrix}$$

Die Definition für die Berechnung ist

$$\begin{pmatrix} x' \\ y' \end{pmatrix} = \begin{pmatrix} a_{11}x + a_{12}y \\ a_{21}x + a_{22}y \end{pmatrix}$$

Berechnen Sie anhand der Definition das Produkt $\begin{pmatrix} 0 & 1 \\ 3 & 4 \end{pmatrix} = \begin{pmatrix} 1 \\ 2 \end{pmatrix} = \begin{pmatrix} \\ \ldots\ldots\ldots \end{pmatrix}$

----------▷ 36

45

$$\begin{pmatrix} 1 & 0 & -2 \\ -1 & -1 & 2 \\ 2 & 1 & 0 \end{pmatrix}$$

....

Lösung gefunden ----------▷ 48

Fehler gemacht ----------▷ 46

55

Bezeichnen Sie folgende quadratische Matrizen

$A = \begin{pmatrix} 0 & 0 & 0 \\ 0 & 0 & 0 \\ 0 & 0 & 0 \end{pmatrix}$ .... matrix

$B = \begin{pmatrix} 4 & 0 & 0 \\ 0 & 2 & 0 \\ 0 & 0 & 3 \end{pmatrix}$ .... matrix

$C = \begin{pmatrix} 1 & 0 & 0 \\ 0 & 1 & 0 \\ 0 & 0 & 1 \end{pmatrix}$ .... matrix

$D = \begin{pmatrix} 1 & 5 & 3 \\ 5 & 2 & 1 \\ 3 & 1 & 1 \end{pmatrix}$ .... matrix

$E = \begin{pmatrix} 0 & -5 & -3 \\ 5 & 0 & -1 \\ 3 & 1 & 0 \end{pmatrix}$ .... matrix

----------▷ 56

10

$\vec{r}' = (x'\ y'\ z') = (2,\ 5,\ -2)$

Der Übergang vom x,y,z-Koordinatensystem in das System $x'\ y'\ z'$ erfolge durch eine Verschiebung des Koordinatenursprungs um den Vektor $\vec{r}_o = (0,\ 1,\ 3)$.

Der Ortsvektor $\vec{r} = (1,\ 13,\ -4)$ geht bei dieser Transformation über in den Ortsvektor r'.

$\vec{r}' = \ldots\ldots\ldots\ldots$

Erläuterung oder Hilfe erwünscht --------------------▷ 11

Lösung gefunden --------------------▷ 12

21

$\vec{r}' = \left(-1 + \frac{1}{2}\sqrt{3},\ \sqrt{3} + \frac{1}{2}\right) = (-0{,}134,\ 2{,}23)$

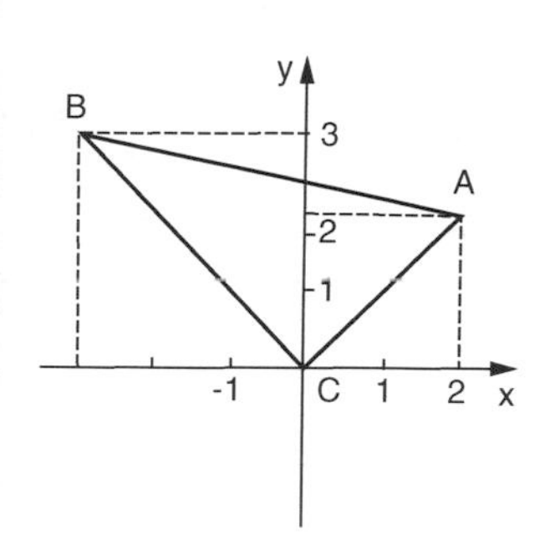

Gegeben sei ein rechtwinkliges Dreieck mit den Punkten

A = (2, 2) B = (−3, 3) C = (0, 0).

Drehen Sie das Koordinatensystem so, dass A und B auf die Achsen fallen:

a) Drehungswinkel bestimmen:

$\tan\varphi = \ldots\ldots\ldots$ $\varphi = \ldots\ldots\ldots$

b) Koordinatentransformation für A und B durchführen und neue Lage einzeichnen.

A′ = ... B′ = ...

BITTE ZURÜCKBLÄTTERN --------------------▷ 22

32

$A = 3 \times 2$ Matrix $B = 2 \times 3$ Matrix
Man kann sie nicht addieren, weil die Zahl der Spalten und Zeilen nicht übereinstimmt.

Addieren Sie die zwei Matrizen

$$A = \begin{pmatrix} 4 & 0 & 2 \\ 2 & 0 & 4 \\ 0 & 1 & 0 \end{pmatrix} \qquad B = \begin{pmatrix} -3 & 1 & -1 \\ 0 & 1 & -2 \\ 1 & 0 & 1 \end{pmatrix} \qquad C = A + B = \begin{pmatrix} & & \\ & & \\ & & \end{pmatrix}$$

....

Welches ist die notwendige Bedingung dafür, dass zwei Matrizen addiert werde können?

....

----------------▷ 33

34

$$3A = \begin{pmatrix} 12 & 0 & 6 & 3 \\ 6 & 0 & -12 & 6 \\ 0 & 33 & 0 & 30 \end{pmatrix}$$ Hinweis: Jedes Element wurde mit 3 multipliziert.

....

Berechnen Sie das Produkt aus der Matrix A und dem Vektor r.

$$A = \begin{pmatrix} 1 & 2 \\ -3 & 6 \end{pmatrix} \qquad \vec{r} = \begin{pmatrix} 4 \\ 1 \end{pmatrix} \qquad A\vec{r} = \ldots$$

Lösung gefunden -------------------- ▷ (37)

Erläuterung oder Hilfe erwünscht -------------------- ▷ (35)

44

$$\begin{pmatrix} -2 & 8 \\ 17 & 4 \end{pmatrix}$$

....

Berechnen Sie noch $\begin{pmatrix} 0 & 1 & 1 \\ 0 & 0 & -1 \\ 1 & 0 & 0 \end{pmatrix} \cdot \begin{pmatrix} 2 & 1 & 0 \\ 0 & -1 & 0 \\ 1 & 1 & -2 \end{pmatrix} = \ldots\ldots\ldots\ldots$

Benützen Sie das Hilfsschema.

-------------------- ▷ (45)

54

Spezielle Matrizen

In diesem Abschnitt lernen Sie einige spezielle Formen der Matrizen kennen: Einheitsmatrizen, Diagonalmatrizen u.a.

Legen Sie eine Liste mit den Merkmalen dieser speziellen Matrizen an und reproduzieren Sie ihre Merkmale und Namen anschließend aus dem Gedächtnis.

STUDIEREN SIE im Lehrbuch 19.5 Spezielle Matrizen
Lehrbuch, Seite 130-133

BEARBEITEN SIE DANACH Lehrschritt -------------------- ▷ 

11

Wenn der Koordinatenursprung um $\vec{r}_o$ verschoben wird, hat ein Ortsvektor $\vec{r}$ die neuen Koordinaten: $\vec{r}' = \vec{r} - \vec{r}_o$

Ausführlich geschrieben:
$$x' = x - x_o$$
$$y' = y - y_o$$
$$z' = z - z_o$$

Jetzt zur Aufgabe, Sie brauchen nur einzusetzen:

Gegeben $\vec{r}_o = (1,\ 13,\ -4)$
$\vec{r} = (0,\ 1,\ 3)$

Gesucht $\vec{r}' = \ldots\ldots\ldots\ldots\ldots$

BLÄTTERN SIE ZURÜCK ------▷

22

a) $\tan\varphi = 1$ $\varphi = \dfrac{\pi}{4}$ oder $\varphi = 45°$

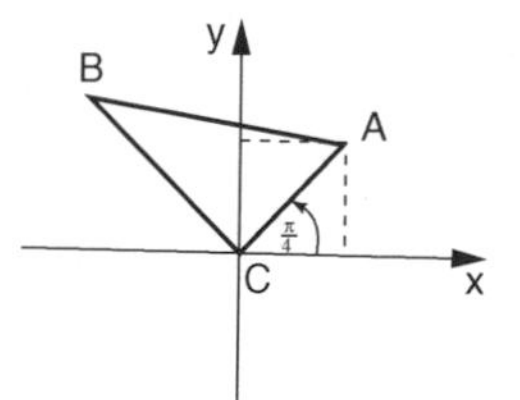

b) $A' = (2\sqrt{2},\ 0)$

$B' = (0, 3\sqrt{2})$

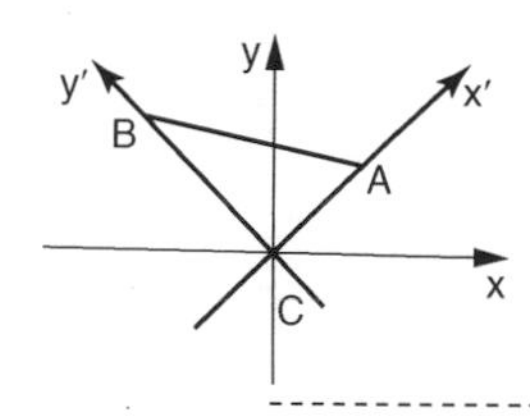

BLÄTTERN SIE ZURÜCK ------▷ 23

33

$$C = \begin{pmatrix} 1 & 1 & 1 \\ 2 & 1 & 2 \\ 1 & 1 & 1 \end{pmatrix}$$

Bedingung: Übereinstimmung in Zeilenzahl und Spaltenzahl.

....

Gegeben sei $A = \begin{pmatrix} 4 & 0 & 2 & 1 \\ 2 & 0 & -4 & 2 \\ 0 & 11 & 0 & 10 \end{pmatrix}$

Geben Sie an: $3A = \begin{pmatrix} & \\ & \end{pmatrix}$ ....

------▷ 34

ZUM NÄCHSTEN LEHRSCHRITT GELANGEN SIE DURCH UMDREHEN DES BUCHES. DANN FINDEN SIE LEHRSCHRITT 34 OBEN AUF DER SEITE 164. DANACH GEHT ES WIE GEWOHNT WEITER. BEI DER ELEKTRONISCHEN VERSION ENTFÄLLT DIESER SCHRITT.